普通高等教育精品教材

# 节能与新能源科技导论

张秀彬 赵正义 编著

上海交通大学出版社
SHANGHAI JIAO TONG UNIVERSITY PRESS

**内容提要**

本书从自然界与人类社会发展的唯物辩证关系出发,阐述两者之间相互影响的作用机理,同时围绕节能与新能源展开系统的科普性论述,以加强人们对节能与新能源技术的重视,并在相应的章节中根据阅读的连贯性适当介绍节能与新能源开发的基本理论与实用技术。

本书采用普及与提高相融合的方法,兼顾普通读者与专业人士的阅读需求,既可以作为高校能源工程、电气工程及管理工程专业的本科生教学用书或研究生的参考书,也可以作为从事节能减排与新能源开发技术人员、行政与企业管理人员,以及普通民众的科技读物,以便拓宽知识面,从而适应新世纪科学与技术的高速发展。

**图书在版编目(CIP)数据**

节能与新能源科技导论/ 张秀彬,赵正义编著. ——
上海: 上海交通大学出版社,2022.7
ISBN 978 - 7 - 313 - 26692 - 7

Ⅰ. ①节… Ⅱ. ①张…②赵… Ⅲ. ①节能-研究②
新能源-研究 Ⅳ. ①TK01

中国版本图书馆 CIP 数据核字(2022)第 047016 号

**节能与新能源科技导论**
JIENENG YU XINNENGYUAN KEJI DAOLUN

编　　著: 张秀彬　赵正义
出版发行: 上海交通大学出版社　　　　　　地　　址: 上海市番禺路 951 号
邮政编码: 200030　　　　　　　　　　　电　　话: 021 - 64071208
印　　制: 上海景条印刷有限公司　　　　　经　　销: 全国新华书店
开　　本: 710 mm×1000 mm　1/16　　　印　　张: 17
字　　数: 301 千字
版　　次: 2022 年 7 月第 1 版　　　　　　印　　次: 2022 年 7 月第 1 次印刷
书　　号: ISBN 978 - 7 - 313 - 26692 - 7
定　　价: 68.00 元

# 序　　1

老子的《道德经》早在数千年前就有云："道冲，而用之或不盈。"又云："持而盈之，不如其已。"其哲学思想竟然与现代科学会有如此相符之处，实在令人叹服！

良好的生态环境是自然界恩赐给人类的基本生存条件，但是，大自然每时每刻又在提醒和警示人类——所有活动都必须遵循自然规律，一旦人类活动致使自然界无法进行自我修复，导致生态失衡，那人类或将处于被大自然"报复"的境地。

出版本书的目的在于要与大家共同努力，维持人类与自然界的生态平衡，以免使自然界的生态失衡发展到更严重的地步。

自己的教学与科研生涯已过半个多世纪，我曾经涉足过动力、能源与发电工程，热工控制，信息处理与模式识别，人工智能，电气工程与自动化，电子通信技术，新能源及其智能控制等领域，从中汲取了颇为丰富的知识营养。虽然我的若干学术著作相继问世，但我仍然还有一种欲将知识"升华"去回报社会的愿望。

于是，我与密友赵正义决定从理论和生产实际两大视角广泛审视节能对自然生态保护的重要意义与作用，同时，也从科技与工程两大领域向读者提供新能源开发原理和生产研发的可行性。在此，特别感谢赵正义先生长期以来对高等教育和科研工作的大力支持和帮助！

《节能与新能源科技导论》一书中含有对节能与新能源开发的理论原理阐述，还向读者提供了可以直接使用的发明专利技术，目的在于希望自己的理论概括和技术总结能为我国的节能减排事业做出贡献。值此机会，我还要对撰写这本书予以大力支持的上海交通大学电气工程系主任尹毅教授表达由衷的谢意！感谢我所教授过的学生们为撰写此书所提供的素材和试验数据。

但愿世上处处都会像古人诗云"春路雨添花，花动一山春色"般的美妙，让人尽享"月出惊山鸟，时鸣春涧中"的悠然自得。我深信，经过人类的共同努力，一定能够将曾经破损的自然修复，并蕴养出全新的美颜！这就是我们撰写本书所要追求的目标。

张秀彬

于上海交通大学

# 序　2

作为"60后"的我，在亟待启蒙时，偏偏遇上了特殊的历史时期，迷迷糊糊地走进了小学，又在朦胧中走出了中学。

"夜深斜搭秋千索，楼阁朦胧烟雨中"，人生十字路口，我踌躇而不知所向……

1978年，我国开始实行改革开放的政策，顷刻间，阵阵春风拂面而来，唤醒我，让我勇于投身改革开放的大潮之中，从此踏上了实业的"天际云游"之路。

20多年前，由于进修高级管理人员工商管理硕士（EMBA），我在上海交通大学的校园幸遇张秀彬教授，他的博学多识深深地影响了我。我们相交多年，耳濡目染，我亦在跨学科的学林之间游历了多年，有一种力量引导我在寒夜中探路。学林虽茂密，但久而久之，我也学会了辨清学林中的枝与叶。

在与张秀彬教授团队的"产学研"结合过程中，我最终将自己的注意力集中在节能与新能源科技领域，并筹建了"安得利节能科技集团股份有限公司"，决心在该领域为国家和社会实现"碳达峰"和"碳中和"的目标贡献自己的力量。

十分感谢张秀彬教授和我的团队成员（赵圣仙、潘跃明、张宁、江晨龙等）为节能与新能源科技开发工作做出的努力。为回报大家的辛勤劳作，谨以《节能与新能源科技导论》作为一份薄礼献给大家。

"不要人夸好颜色，只留清气满乾坤"。

赵正义

于上海

# 目　　录

# 第1章 全球能源结构及其转型趋势

第一次工业革命以来,人类对化石能源的开发及利用不断加强,能源问题从未像今天这样受到人们的关注。

当今世界,能源供应及化石能源利用所引起的气候变化已经成为影响全球经济乃至国家关系的焦点问题。无论是发达国家还是发展中国家,无论是能源生产大国还是能源消费大国,均在能源及其相关问题中殚精竭虑,并力图在国际大博弈中能够切实维护好自身的利益。可以说,这只不过是国家之间的一种利益博弈,然而,人们更应该关心的是如何维护人类社会发展与大自然之间的生态平衡关系。

毋庸置疑,自然界是万物赖以生存的基础,人的生命活动每时每刻都离不开它,但是两者之间又相互影响和相互作用,并由此构成千变万化的人类与自然之间的辩证矛盾关系。如果人类只一味地从大自然攫取自己所需要的物质与能源,却没有学会对大自然主动"反哺",那必然会导致人类与自然界的失衡。何况,生态环境又是大自然的有机体,是人类生存和发展的基本条件,这就需要人们正确认识自然,维护好自然生态环境,才能使我们人类更好地生存与发展。因此,人类需要在生产与生活中对节约能源和维持能源的持续发展有所行动。同时,探索、开发与利用可再生、清洁无污染以及能够循环利用的新能源,应该作为人类持之以恒的努力方向。

概括地说,节能与新能源开发已经成为当今世界能源结构转型的必然趋势。所谓"节能",就是人们要努力在减少能源消耗量的情况下生产出与原先同样数量、同样质量的产品;或者说,是以原来同样量级的能源消耗量生产出数量更多和质量更好的产品。当然,"节能"更是包含消除能源在日常生产和生活中的无端消耗。所谓"新能源"(new energy, NE),一般又称非常规能源,是指传统能源之外的各种形式能源,如太阳能、地热能、风能、海洋能、生物质能和核聚变能等。这些新能源具有一个共同的特点,即清洁、无污染,因此又被人们称为清洁能源。就清洁能源而言,自然应该包括水能的利用与开发。因此,在谈论"碳减排"的问题时,需要将典型清洁水能的应用列入清洁能源(即"新能源")的范畴。

## 1.1 节能和新能源开发的现实意义及长远影响

节能与新能源开发涉及全球的自然生态平衡、人类的生存保障和人类社会的长期健康发展问题。自然界存在的诸多客观制约因素迫使人类对节能与新能源开发必须予以重视。从以下的分析中并不难看出,为什么需要依靠各国人民来共同构建和维护自然生态平衡的约束机制,才能达到人类社会持续健康发展的目标。

### 1.1.1 碳排放与气候变化的关系

节能与新能源开发受到全球关注的一个重要原因是碳排放与全球气候变化有密切的关系。世界各国积极协商、制订的国际"碳减排"机制,就是为了减少人类在化石燃料利用过程中所排放的二氧化碳($CO_2$)含量而建立的。无疑,这也影响着绝大多数国家的未来发展。

当前,全球应对气候变化问题的国际制度框架和规则体系正在加速形成,并正朝着"目标量化、规则细化、约束硬化"的方向发展,如何应对气候变化也将成为今后相当长时间内全球性问题的重大聚焦点。

据统计,从第一次工业革命至今,人类已经向大气排放了约 555 t 的 $CO_2$。人类持续排放 $CO_2$ 所引起的温室效应已经造成地球冰川(冰盖)加速融化,这是不争的事实。在近现代,地球两极冰盖的融化速度更是达到惊人的程度。图 1-1 所示为地球北极冰盖面积 1980—2012 年的变化情况,如今这种趋势仍在持续,却无"停滞"的迹象[1]。

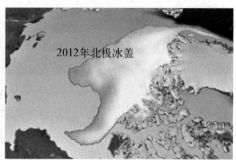

1980年北极冰盖　　　2012年北极冰盖

**图 1-1　地球北极冰盖变化**[1]

不仅北极,地球南极冰盖面积收缩的状况也不容乐观。地球南极2015 年的冰盖如图 1-2 所示,尽管科学家直到现在也无法确定南极冰盖消融的真正原因,但是目前,南极洲西部的浮冰层正以每年大约 7 m 的收缩速度消融却是人们不得不面对的很可能会危及人类生存环境的现实问题。

图 1-2　2015 年地球南极冰盖图[2]

英国南极考察队的冰川学家利用美国国家航空航天局(NASA)监视冰层的卫星对南极冰盖进行观察,有 20 个冰架正在因底层暖水而融化,而风海流的变化正在将更多的暖水运送至南极冰盖底层。

随着南极冰层的融化、变薄,大陆上其他地区的冰川也会逐渐滑向海洋,使得海平面上升速度更快。同时,冰盖对细微的气候变化也十分敏感。据科学家估计,如果整个南极冰盖都开始融化,全球海平面将上升 16 英尺(16 ft = 4.88 m),而这一情况有可能在几十年内发生,哪怕是乐观估计,也过不了几百年,残酷的现实或将横摆在人类面前,该如何应对已经成为人类亟待解决的问题[2]。

科学家们用一张图来讲述南极冰层厚度和未来 $CO_2$ 排放量之间的关系(见图 1-3)。当未来 $CO_2$ 排放量为 0 时,则冰层情况就可以维持在当前的情况,厚度可达 3 km[见图 1-3(a)];当 $CO_2$ 排放量为 500 t 时,气温上升幅度在 2 ℃ 以内,冰层厚度还可以保留原有的 95%[见图 1-3(b)];当 $CO_2$ 排放量为 1 000 t 时,冰层开始消退,冰层厚度会收缩到原有的 90%[见图 1-3(c)];当 $CO_2$ 排放量为 2 500 t 时,冰层厚度将收缩到原有的 66%[见图 1-3(d)];当 $CO_2$ 排放量为 5 000 t 时,冰层厚度将收缩到原有的一半[见图 1-3(e)];当 $CO_2$ 排放量为 10 000 t 时,冰层厚度将消失殆尽[见图 1-3(f)]。

也就是说,如果我们把地球上的资源全部燃烧完毕,约产生 10 000 t 的 $CO_2$,这时候冰块几乎完全消失,剩下的一小块区域的冰层已经覆盖不到 2 km 的直径范围。同时,科学家还发现,由于 $CO_2$ 的过多排放,南极洲西部冰源正在变得极度不稳定。21 世纪,海平面可能会上升 0.6~0.9 m。1 000 年后,海平面可能会上升 2 m。这是一件对人类极为危险的事情[3]。总之,如果对 $CO_2$ 排放量不断增大的趋势不加阻止,其后果将不堪设想。

如今,地球两极冰盖面积的收缩趋势还在继续。冰川(冰盖)加速融化不仅

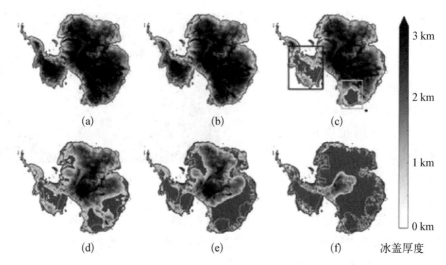

图 1-3　不同 $CO_2$ 排放量对南极冰盖面积的影响[4]

(a) $CO_2$ 排放量为 0；(b) $CO_2$ 排放量为 500 t，冰盖面尚存 95%；(c) $CO_2$ 排放量为 1 000 t，冰盖面尚存 90%；(d) $CO_2$ 排放量为 2 500 t，冰盖面尚存 66%；(e) $CO_2$ 排放量为 5 000 t，冰盖面尚存 50%；(f) $CO_2$ 排放量为 10 000 t，冰盖面消失殆尽

会造成海平面上升导致陆地面积缩小，原先低洼的陆地和海岛都有可能不复存在，原有的生态环境都将遭到破坏，还会引起地球重力失衡、离心力增大，以及赤道上下地区的压力增大，还会直接导致地球自转加快（每一天的时间将被缩短）。如果冰川继续融化下去，地球地轴就可能倾斜，从而出现板块漂移，紧接着发生地震、火山爆发和海啸等自然灾害，甚至导致地球移极。届时，地球气候变化所产生的后果将是人类无法预料的，很可能会改变或直接威胁到人类的生存状况，不可小觑。

尽管如今的地球仍然处于宇宙运行中的冰川期，但是这个在宇宙中的小环境受到人类活动的影响却日益显著，并不断恶化，绝对不可忽视。这就需要人类纠正自身的行为方式，才有可能使受损的地球自然环境得到应有的补偿[1]。

2021 年 6 月 23 日，中东地区的副热带高压携带强烈干热气流闯入俄罗斯时，圣彼得堡气温达到 35.9 ℃，打破其历史纪录，日均气温高达 30.3 ℃，几乎"赶超"我国长江中下游的"伏旱"水平。这是圣彼得堡这座城市所出现的前所未有的高温状况。日本气象厅监测也显示，当前俄罗斯西北部气温比以往偏高 10 ℃甚至更多。科学事实已经证明，俄罗斯的高温气候还只是一个开始。随着太平洋"炸弹型"低压的增强，北美西海岸的副热带急流已经被完全破坏，副热带高压在加拿大温哥华、美国西雅图附近"横空出世"，干热气团从加利福尼亚州出发，在俄勒冈州、华盛顿州以及加拿大西海岸停滞下沉，正准备"压榨"而"提炼"出更干、更热的气团。

众所周知,美国西雅图的地理位置相当靠北,比我国的哈尔滨还靠北,而与黑龙江的鹤岗相当。西雅图是温带海洋性气候,常年面对太平洋寒凉的海风,一般夏季午后很少超过 30 ℃,夜里也很少超过 18 ℃,以往偶有高温时,最多也就持续一天而已。

正因如此,在西雅图及附近地区,普通人家以往都无须安装空调,甚至无须购买电风扇。但是,在 2021 年突发高温的状况下,民众急需的空调机、风扇等电器在西雅图城内就出现了无法及时买到的情形。如此,昼夜高温持续时间破百年纪录的极端热浪已被美国媒体称为是"千年难得一遇"的事。

欧美的极端高温是西风急流失灵、西风带紊乱的表现,而这巨大波动的能量有可能在几个星期后传到东亚地区。2021 年 5 月以来,西北太平洋副热带高压也不太正常。如果此次欧美西北风带能量发生传递,也可能会导致太平洋副热带高压的剧烈波动。

还有值得注意的是,这场极端旱灾已经进一步席卷巴西。巴西正在面临 91 年来最严重的干旱,大量生活水库蓄水量开始见底,甚至已经波及玉米、大豆、咖啡等农作物的生产,或将威胁巴西国民的粮食安全。巴西研究机构的数据显示,只有不到一半的国民能够持续获得充足的食物,约有 1 900 万人或将面临饥饿[5]。

所有这些异常气象的出现均与人类 $CO_2$ 的排放具有直接的关联性。2021 年诺贝尔物理学奖获奖者 Syukuro Manabe、Klaus Hasselmann 和 Giorgio Parisi 的研究成果(地球气候物理模型)已经清晰地表明"大气温度的升高是由于人类排放的二氧化碳"的缘故。同时也证明,温室效应对地球上的生命影响极大,大气中的温室气体(二氧化碳、甲烷、水蒸气和其他气体)会吸收地球的红外辐射,而且还会将吸收的能量释放出来去加热周围和地表下方的空气。可见,大力加强节能与新能源技术的研发及推广应用,在修复和维护自然生态环境的同时,也是绝大多数国家在气候变化博弈中谋求社会经济利益和增强国际话语权的共同选择。

### 1.1.2　地球化石能源开采的有限性

尽管在化石燃烧过程中可以通过诸多新技术来实现 $CO_2$ 的减排和被排放空气的净化,但是地球上所蕴藏的化石能源毕竟是有限的,这就使得人类企图无节制地利用化石能源的行为始终存在一个客观的制约因素。地球化石能源的有限性与人类需求的无限性两者之间的矛盾势必会导致未来地球化石能源的枯竭,这也迫使人类着力开发新的替代能源。

英国石油公司(BP Amoco)的科技报告《2020年世界能源统计报告》显示,至2019年底,全球石油探明储量为2 446亿吨,储采比为49.9年。按照2018年的储采比计算,全球石油也只能供人类开采53年。以同样的方式计算,现有天然气储量也不过能满足人类60多年的开采,而煤炭储量也只能开采100多年。尽管在创新技术的支撑下,化石能源探明储量和可以开采年限仍有增长和延长的可能,但人类正在走向化石能源枯竭的时代已是不争的事实[6]。

按照美国《油气杂志》发布的油气产储量统计报告的评估数据,尽管2017年全球的石油剩余探明地质储量约为$2.3\times10^{11}$ t,同比增长了0.4%,但是储采比也仅为57年。

另外,从化石能源生产与需求的区域分布来看,其存在着严重的不平衡性。以石油为例,据BP发布的《世界能源统计年鉴(2020)》,在石油资源储量分布方面,2019年中东国家石油储量为1 129亿吨,占全球份额为46.2%;南美和中美洲地区为509亿吨,占全球份额为20.8%;北美地区363亿吨,占全球份额为14.8%;欧洲地区为19亿吨,占全球份额为0.8%;非洲地区为166亿吨,占全球份额为6.8%;亚太地区为61亿吨,占全球份额仅为2.5%。其中,中东等区域是全球最大的石油输出地,而北美和亚太却是全球最大的消费地。这种不平衡性又成为产油国家与消耗石油的国家之间难以消除的矛盾,当然也就成为国家间开展经济、政治外交的内在驱动力,甚至成为国家间相互制约乃至发生局部战争的诱发因素[7]。

归结为一点,对化石能源的节约利用和积极发展新能源是世界上任何一个国家谋求可持续发展乃至维护国家安全的必然选择。

### 1.1.3　能效与经济性竞争的关系

当今世界,在节能与新能源产业发展中,许多发达国家已经采取了迅速且具体的行动,并试图依靠新能源开发、提高能效等技术措施来促进经济复苏,以便未来在全球经济竞争中继续占据各自的优势地位。

就我国而言,相关统计数据显示,1980年—2017年,我国的单位国内生产总值(GDP)能耗强度下降了79%,但是与世界平均水平及发达国家相比,仍然偏高,节能活动还存在广阔的提升空间。

具体地说,高耗能工业产品的能源成本占生产成本的比例较高。以钢铁行业为例,我国的这一比例将近30%,而国外现代化钢铁企业生产能耗成本一般不到其钢铁生产成本的20%。我国最先进的钢铁企业(原宝钢集团)的能耗还占生产成本的20%,而国际先进的钢铁企业(如日本新日铁公司)的能耗占生产总成本的比例仅为14%。

我国能源成本比例高的重要原因在于生产过程中的用能效率低下。显然,降低能源成本是降低我国高耗能产品生产成本的最可行、潜力最大的技术途径,进而才能达到提高能源使用效率、提高产品竞争力的目标。

也就是说,高耗能产品能耗水平的下降能够有效降低产品的生产成本,为企业带来更好的效益和市场竞争力。以日本钢铁企业为例,1975年日本钢铁联合企业的钢材生产成本中能源费用的比例为36%,通过持之以恒的节能工作,1996年日本钢铁企业能源成本的比例已降低到16%,通过20多年的时间,能源成本降低了20%,而同期的每吨钢能耗也下降了20%左右。日本钢铁企业发展壮大并成为当今世界钢铁强国的历史能够充分说明提高能源使用效率、降低能源成本在高耗能产业发展中的重要性。

目前,我国政府已经将能源生产和消费两个方面的改革战略作为经济社会转型发展的着力点和突破口。其中,企业通过节能技术的创新来提高能效作为这一战略的重要组成部分,不仅能推动能源转型,还能为企业带来可观的经济效益和市场机遇。

我国的现状和国外的成功事例均表明,提高能源利用效率,由此降低产品的能源成本,是提升高耗能产品竞争力的"技术上可行,经济上合理"的最佳途径之一[8]。

总之,节能减排是新型工业化持续发展的一种有效手段。遏制"三高一资"("高成本、高污染、高能耗、资源型")产业过度投资,逐步转变经济增长方式,改造传统产业,促进产业结构优化升级,加快高新技术产业的发展,走科技含量高、经济效益好、资源消耗低、环境污染少、人力资源得到充分发挥的工业化道路是我们今后发展的必然趋势。

## 1.2　全球能源结构转型大趋势

能源结构转型由多方面的工作构成,需要一个国家在科学技术、社会经济、制度驱动、金融(资金筹集)体制改革等方面齐头并进,才能取得有效成果。

### 1.2.1　新能源在节能减排中的重要作用

《巴黎协定》(*The Paris Agreement*)是由全世界近200个缔约方共同签署的气候变化协定,是对2020年后全球应对气候变化的行动做出的统一安排。为了达到设定的全球大气温升值远低于 2 ℃的目标,必须使全世界 $CO_2$ 减排量超过 90%(降低到原有排放量的 10%以内)[9]。

为了达到节能减排的目标,可再生能源的开发已经站到了历史的关键地位上,因为这种技术途径所具备的"碳减排"潜力可以占到世界预定的整个"碳减排"目标的 60%。如果考虑直接使用可再生能源带来的额外减排(如电力驱动和热泵供暖等电气"二次能源"的应用推广),这一比例还将增加到 75%。如果再加上提高能效的技术措施,这一比例更是将会增加到 90%。其中,太阳能和风力发电的能量转换效率比化石燃料用于发电要高得多。同时,相对于化石燃料的一次能源利用,使用电力驱动和热泵供暖的系统效率还会进一步提高。

可再生能源电气化程度的提高必然会降低一次能源的使用总量。同时,通过可再生能源和能效之间的协同作用,还可以解决提高效率和增加可再生能源份额这一双重任务的技术问题,最终使得电力在终端能源使用中的份额从 19%增加到 50%。这就使电动和电热技术在用户端的使用中发挥出越来越大的作用。

据估计,到 2050 年,约 70%的小型汽车、公共汽车、两轮(代步)车和三轮(农用)车以及卡车等交通工具将由电力驱动,替代原有的化石燃料驱动装置。

可以预测,利用可再生能源发电的份额将从目前的 25%上升到 2050 年的 86%。2050 年,太阳能和风能等可再生能源将占总发电量的 60%左右。到 2050 年,可再生能源发电总量将从目前的 7 000 太瓦时(1 TW·h=$10^9$ kW·h)增加到 47 000 TW·h,增长近 6 倍。

必须指出,在未来几十年内,循环经济将发挥越来越重要的作用,有助于减少能源消耗,提高资源利用效率,并可通过创新技术提高工业过程的效率。

### 1.2.2 新能源与电气化的协同作用

能源的利用包含一次利用和二次利用。所谓"一次利用",即对能源的直接利用,如曾经有过、现在仍然存在的风能风车,水能的水车、水磨坊,太阳能热水器,化石燃料的燃烧供暖等。所谓"二次利用",即将能源转换为其他形式的能量,然后再对新形式的能源实施二次利用。其中,最为典型的是发电(转化为电能),因为电能是最方便传输和再转换为其他形式能量的一种能量形式。

利用低成本可再生能源和终端用能电气化之间的协同作用是降低整个社会 $CO_2$ 排放的关键解决方案,这也是电气化的未来发展方向,具体体现如下。

(1)新能源(可再生能源)的重点在于转换为电能的二次利用技术的推广,涉及可再生能源电气化技术解决方案的研究。

（2）以可再生能源中的风能和太阳能为例，在其转换为电能的过程中，涉及能量转换装置、电能传输或储存等技术问题。

（3）无论是风力发电还是太阳能光伏发电，关键的问题是如何解决电能输出"不稳定"的问题，如何实现与主电网的柔性并接（并网）技术，以及如何最大限度地降低风电或太阳能光伏发电的输出谐波成分等。

这就需要对微电网和分布式发电的并网等相关技术的解决方案有所掌握，才能为实现新能源的推广与普及做出有效的工作。日益发展的电力系统将改变电力部门与需求之间的互动方式。

由上述预测可知，到 2050 年，86% 的发电将是可再生的，其中 60% 又将来自风能和太阳能，风电和太阳能光伏发电将主导电力扩建（电力系统扩展），两者的总装机容量将分别超过 6 000 GW（$1\,\text{GW}=10^9\,\text{W}=10^6\,\text{kW}$）和 8 500 GW。当生产如此规模的可再生能源时，匹配（协调）供需之间的关系，需要建立一个智能化、数字化的电力系统，这就是人们开始接受并使用的"智慧能源"和"智能电网"的新概念和新技术。

未来电力系统将与当今的系统形态不同，其中新出现的分布式能源、电力交易和需求的智能响应等都会在整个电气化进程中突出其地位和作用。到 2050 年，电力在终端能源应用中的份额将从目前的 20% 增加到 50%，工业和建筑用电量替代化石能源一次利用的比例还将翻倍。

在运输方面，到 2050 年，电力供能比例需要从目前的 1% 提高到 40%。这就意味着，交通部门的转型规模最大。到 2050 年，电动汽车的数量将超过 10 亿辆。电动汽车，包括纯电动汽车（如锂电池等蓄电池和超级电容驱动电机汽车）和燃料电池汽车（如氢燃料电池驱动电机汽车等），均是未来的发展方向。

随着城市化在世界范围内的迅速发展，清洁的交通和"创世纪颠覆性"（无线传感、遥感、数字化、智能化、大数据、云计算、空天移动通信、物联网等）的服务技术及其智能管理是保持城市宜居的必要条件。以可再生能源电力为动力的轨道交通与乘用车辆等将成为城市交通的主要动力形式，均可以通过智能城市规划、充电和供应基础设施的推出以及智能监管来实现。

所有这些均需依靠新能源与电气化的协同作用才能得以实现。

## 1.2.3　新能源的未来运营模式

互联互通和大数据的应用，加上智能驾驶、自动驾驶和交通工具共享方式的出现，带来了更多的移动服务解决方案，这将有助于降低能耗，提高交通运输的能效。概括地说,未来新能源的运营模式大体上可以归纳为以下几种类型。

1) 城市化发展催生新能源电气化

基础设施(道路与建筑物等)建设、城市发展项目以及工业等设施(装备)开发和部署可再生的供热或制冷解决方案也是节能减排的关键举措之一。此外,电加热和电制冷在需求方面提供了相应的灵活性,允许电力部门和终端使用部门(用户)之间进行更大的融合。这些都是新能源电气化显现出的技术优势。

到 2050 年,电力系统会因为新增超过 14 000 GW 的太阳能和风能发电装机容量而使得电力网络规模发生根本性的转变。彼时,要求电力部门必须具备更大的灵活性,以适应太阳能和风能发电的时令性变化,需要在技术和广泛的市场解决方案中采取更加灵活的措施。例如,需要国家电网或地区电网之间实现互联互通,以达到电力供需的动态平衡。

2) 智能电表的普及提供了负荷供给时间的优化

智能电表的普及对推进新时代电网智能化进展所起的作用具有十分显著的技术优势。智能电表可以实现实时定价,有助于将需求转移到电力供应充足的时段。

同时,智能电表的普及也会促进储能技术的发展,如电网将提供 9 TW·h 的储能(不包括抽水蓄能),以及 14 TW·h 的电动汽车电池。电解槽的容量也将大幅增加,以生产可再生的氢气($H_2$)。需求侧管理(如工业生产)可以对负荷供电时间进行优化调整,其他用电形式的电力储存(如建筑物在夜间储能)都将有助于进一步整合各种可再生能源的配置与传输。

3) 智慧能源与智能电网促进可再生能源迅速增长

智慧能源与智能电网反映出公用事业和消费者在不断演变自我角色。灵活性的电能供应,通过储存(电能、热能、$H_2$ 等)、电网互联以及新的市场运营规则来实现,这将成为未来智慧能源极为普遍的运行模式。当然,这也会促使需求方发挥应有的作用,如可以调整电动汽车充电、热泵运行和制氢的时间,以匹配可再生能源的可变发电量;促进储能技术的普及与推广,如电动汽车可以储存几个小时电能,热能可以储存几天,$H_2$ 可以储存整个季节,等等。

可再生能源日益成为成本最低的电力供应选择。随着成本的持续下降、技术的改进和创新,可再生能源市场将会迅速扩大。

4) 基础设施建设是新能源技术得以推广的重要保障

当然,一个严重依赖可再生能源的电能供给系统将不同于过去传统的电力系统,需要在电网、基础设施和能源转换技术灵活性方面进行大量投资。总之,围绕新能源技术推广的基础设施建设将成为重要且必需的物质基础。

5）经济补贴的调整将改变社会对能源的适配性

在可再生能源领域，对发电技术的经济补贴不断减少（计划到 2050 年经济补贴将被取消），需要一段时间来实现再平衡，而支持工业和运输部门脱碳所需的可再生能源和增能提效技术的补贴将不断增加。从使用化石燃料到政府补贴可再生能源的重新平衡，将改变能源部门的主流投资方向，使之远离化石燃料及化石运输、储存、传送等的"依赖性"，进而显著降低运行经济成本，以适应新能源分布与运营新格局。

对这些情形的评估表明，人们对可再生能源在未来几十年的能源结构中将发挥越来越重要的作用，以及电气化在最终能源消耗中的作用达成了共识。对比分析还表明，能源需求、能效和可再生能源份额之间存在明显的相关性。可以预见，可再生能源占据较高份额时，生产效率才能重新提高。

## 1.2.4　能源结构转型的技术、经济基础

开发可再生能源、提高能效和扩展电气化是能源转型的三大基石。这些支柱性的技术现已具备，且极具成本竞争力。

为了配合国家能源结构转型，显然电力部门还需要采取一些关键性的行动。

1）电力部门需要进行相应的转型

（1）开发高度灵活的电力系统（通过灵活的供应、输电、配电、储能、需求响应等来实现），并辅以灵活的运行性能。

（2）需要更好的市场信息管理，以应对分布式发电的不确定性和可变性。

（3）对电力市场重新进行设计，以便对具有高可变、可再生能源系统实现最佳投资。

2）数字化是扩大能源转型的关键因素

（1）智能化解决方案离不开数字化技术（如人工智能、物联网、区块链等）的支撑，并需要运用许多不同的科学方式助力电力系统的技术进步。

（2）随着可变可再生能源份额的上升，需要加快智能化技术的配置。

3）加快交通和供热部门的电气化

（1）必须支持电动汽车充电基础设施建设。

（2）应推广替代性供暖技术，如在工业和建筑中使用的热泵等。

（3）电力和终端使用部门必须联合起来，仔细规划电气化战略，并考虑更广泛的社会对电力需求的变化。例如，电动汽车的智能充电可以提高电力系统的灵活性，在避免网络堵塞的同时，实施可再生能源优化集成技术。

4）充分利用可再生电力产生的 $H_2$

（1）建立一个稳定、支持性政策框架。为实现规模快速扩大，需要建立一套全面的政策来鼓励整个供应链（设备制造商、基础设施运营商、汽车制造商等）对 $H_2$（用于氢燃料电池驱动装置）供应的适当投资。

（2）推广可再生能源中的 $H_2$ 认证。在上游，可以通过认证计划，促进可再生发电能力的充分利用，这将有助于记录电力使用情况，并进一步突出电解槽（用于生产氢等技术装置）的系统附加值。

5）供应链应该满足可持续生物能源日益增长的需求

（1）必须以环境、社会和经济上可持续的方式生产生物能源。除了不断增加的粮食需求外，在现有农田和草地上生产具有成本效益的生物能源。

（2）以生物质为基础的工业设施加工现成的生物质残渣，如纸浆和纸张、木材和食品残渣等。

（3）在航空、航运和长途公路运输等行业，生物燃料可能是未来几年脱碳的主要选择之一。必须有针对性地关注这些行业的发展，制订具体政策，开发先进的生物燃料及相关的生物燃料供应链。

6）全球能源系统的脱碳规划需要政府的政策支持

（1）政策制定者需要制定长期能源规划战略，国家需要调整政策和法规，以促进和打造一个脱碳能源体系。

（2）可再生能源开发和提升能效是减少能源使用部门碳排放的技术支柱。政府必须为能源转型制定一个兼顾气候和能源需求的长期战略规划。

（3）政策应为投资行为创造适当的条件，不仅要让国家或社会资金投资于提升能效和可再生能源开发与供应的经济领域，还要投资于电网、电动汽车充电、储能、智能电表等的设计与生产关键基础设施建设。

（4）国家需要制定政策来加强公共部门和私营部门之间的密切合作，因为私营部门可以成为能源转型的一种辅助驱动力。例如，鼓励企业采购清洁能源来增加对可再生能源的需求，投资推广电动汽车充电基础设施等以增强新能源的普及。

（5）各地政府需要创造一个监管环境来促进系统创新，运用数字化技术实现更加智能化的能源系统建设，通过扩展的电气化技术来促进部门融合，并接受去中心化的发展趋势。也就是说这种创新需要扩展到市场、法规、电力部门的新运营实践和新商业模式中。

（6）循环经济的社会实践可以推动对新能源的需求而大幅减少碳排放量，如应扩大水资源、金属废料、物质残渣和零星原材料的再利用和再循环。

（7）在能源关税方面,需要避免低效补贴,制订的法规应允许其随时间和空间而变化或调整。

（8）加快部署开发利用可再生能源和提高能效措施的融资计划。

（9）国家和地方各级政府需要确保电力、工业、建筑和运输部门的减排行动得到保障和鼓励,这对到 2050 年实现全球能源转型至关重要[10]。

## 1.3　我国在节能与新能源开发中的历史使命

如今,我国正处于工业化和城镇化快速发展的历史阶段,世界能源问题和全球气候变化对我国发展的影响日益突出,使得节能与新能源产业受到高度关注。以低碳为中心的科技经济竞争已经成为未来世界竞争的主题。我国能源结构曾经以煤为主,为应对气候变化,我国在国际“协约”中做出了自主减排的承诺,这些因素决定了节能与新能源产业发展的重要性和迫切性。

地球的资源和经济发展的客观形势使得我国在推进战略性新兴产业发展中,已经把节能与新能源产业放在更加突出的位置,并将其确定为战略性新兴产业中的主导。基于能源利用效率明显偏低而可再生能源蕴藏量又比较丰富的事实,发展节能与新能源产业自然就具有巨大的潜力和广阔的前景。

### 1.3.1　节能与新能源开发的技术着力点

新中国成立以来,中国的能源生产能力大幅提高,主要能源产品品种和产量大幅增加,能源结构不断优化,供应保障能力极大增强。但是,2017 年以前的统计数据显示,在我国的能源结构中,以煤为主的状况并未得到改变,我国仍是世界上煤炭在能源使用中占比最高的国家之一(见表 1 - 1)。同时还发现,2017年,由于煤炭与油气二者在总能源结构中的占比仍然有所增加,新能源所占比重非但没有增加,反而下降了。

表 1 - 1　我国以往的一次能源结构数据

| 年　份 | 煤炭所占比重/% | 油气所占比重/% | 新能源所占比重/% |
| --- | --- | --- | --- |
| 1978 | 70.7 | 25.9 | 3.4 |
| 1990 | 76.2 | 18.7 | 5.1 |
| 2000 | 67.8 | 25.5 | 6.7 |
| 2008 | 69.0 | 22.0 | 9.0 |
| 2017 | 72.0 | 23.0 | 5.0 |

图 1-4 所示是 1965—2017 年我国能源消费结构趋势。图中 MTOE 表示百万吨油当量。着眼未来,受资源存量状况和产业结构的影响,我国在相当长的时间内以煤为主的能源结构很难改变。另外,作为化石能源中最典型的高碳能源,中国煤炭还具有高硫、高灰分特征,这不仅不利于温室气体的排放控制,还会对控制二氧化硫($SO_2$)等空气污染物的排放带来压力。

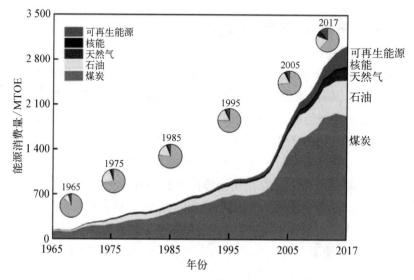

**图 1-4 1965—2017 年我国能源消费结构趋势[11]**

显然,大力推进煤炭等化石燃料清洁利用技术的研发与推广,努力实现高碳能源低碳化利用是降低 $CO_2$、$SO_2$ 等污染物排放和保护环境的迫切需求,也是重要的技术发展目标。

此外,我国石油对外依存度高,不仅加大了我国经济运行的风险,同时还会威胁国家安全。近年来,由于石油需求增长速度远快于国内自身石油生产增长速度,我国石油对外依存度更是迅速攀升,石油对外依存度已经达到 51%。目前,在世界石油格局和石油定价体系中,美国控制着 60% 以上的世界石油资源,并在冷战后牢牢掌握着世界石油价格的话语权。多年来,我国在国际石油定价体系中一直处于十分被动的地位,是国际石油价格的被动承受者。我国进口的石油主要来自沙特阿拉伯、伊朗、安哥拉等海湾和非洲地区。众所周知,海湾和非洲地区政局历来动荡,我国在这些地区的影响力与西方国家相比存在较大差距。其次,马六甲海峡是我国石油运输的生命线,谁控制了这个海峡,谁就控制了我国的经济命脉。目前,马六甲海峡被新加坡、马来西亚、印度尼西亚三国共管,但美国、日本,甚至印度都在试图控制这一重要海上交通通道,我国在这一区域却没有实质性的控制力。近年来,我国经济的快速发展和石油消耗量的大幅增加引起了全球的关注,一些别有用心的人开始制造和散布"中国能源威胁论",把我国看成是国际能源的"掠夺者",把"中国因素"看成是国际原油价格上涨的主要推动力等。国际上试图通过控制石油来遏制我国发展的暗流始终在涌动,致使我国参与国际能源合作的压力不断加大。

本着对人类、对未来高度负责的态度,我国做出了重大的自主减排承诺。在未来重要发展战略期,我国必须把节能减排与新能源的开发利用放在更加突出的位置。快速的经济发展和居于世界前列的 $CO_2$ 排放总量使我国正在成为全球合作应对气候变化舞台上的"主角";同时,国际社会对我国在"碳减排"问题上的期望值也越来越高。在哥本哈根联合国大会上,我国从国情和实际出发,做出了到 2020 年单位国内生产总值 $CO_2$ 排放量比 2005 年下降 40%～45% 的自主减排承诺,彰显了中国负责任的大国形象。然而,会议期间部分发达国家代表却不切实际地要求中国把"碳减排"承诺份额提高到 60%,甚至要求承诺"绝对减排",把共同但有区别的责任原则完全置之度外。事实上,即使是实现 40%～45% 的承诺目标也已十分不容易,我国已经付出了艰苦卓绝的努力。这是因为,当前我国仍旧是一个发展中国家,我国的碳排放不是欧美等发达国家的"奢侈排放",而是一类"生存排放";我国在国际产业分工中正承担"世界工厂"的职责,来自发达国家的"转移排放"规模庞大且仍在日益增加;我国在减排援助方面做出了让步,减排目标的实现完全依靠自身的努力[12]。

可以说,在当前和今后的一个时期,我国能源发展环境必然日趋复杂。由于油气上游投资削减,未来全球油气市场不排除会出现结构性短缺、区域性供应趋紧的情况,我国能源安全保障任务更加艰巨。因此,需要科学地把握我国能源转型发展的着力点。这些着力点的掌握体现在以下几个方面。

(1) 需要统筹推进现代能源产业体系建设,增强我国能源生产和储运能力,促进多种能源互补融合,优化能源空间发展布局。

(2) 尊重能源科技创新规律,把握世界能源技术发展趋势,大力推进能源技术创新,掌握能源革命和能源转型的主动权。

(3) 统筹国内国际两个市场和国内国外两种资源,形成多元化、稳定的能源供给格局,保障我国能源安全;还要激发各类市场的主体活力,深化能源行业竞争性环节市场化改革,为能源转型发展注入动力和活力。

(4) 坚持绿色发展与节约能源资源优先,大幅提高能效和发展能源循环利用,推动太阳能、风能等清洁能源的高效利用。

(5) 继续实施能源惠民利民工程,促进能源公平发展,改善人民生活品质[13]。

## 1.3.2　我国节能与新能源的发展前景

首先,节约能源与新能源开发利用涉及各行各业和亿万家庭,是当今我国对经济社会影响最广、对相关产业带动能力最强的产业。

能源是经济生产和人民生活的基础。从工业产品制造到交通运输,再到居家生活,无不与能源息息相关。从近中期来看,我国人均能源消费水平还很低(相对于发达国家而言),相对于东部地区,中西部很多地区的能源使用条件较差。随着人口增加、工业化和城镇化进程的不断加快,特别是重工业、化工业和交通运输的快速发展,汽车和家用电器大量进入普通家庭,中西部地区的能源需求会有快速上升的势头。

目前,严峻的能源供需形势加上 40%～45% 的自主减排承诺,决定了今后若干年内,任何行业以及几乎所有的家庭都将或多或少地参与到节能与新能源的推广和应用行动之中。从长期来看,节能与新能源产业对经济生产和人民生活的影响必将更加显著。

此外,从我国目前所确定的七大战略性新兴产业(节能环保、信息、生物、新能源、新能源汽车、高端装备制造和新材料)来看,其大都与节能和新能源产业发展密切相关,且相辅相成。试想,没有新能源技术做支撑,电动汽车的应用就无从谈起;没有以节能为前提,新材料的市场前景极为有限;没有节能与新能源产业的快速发展,保护环境的目标就很难乃至无法实现。反过来,新材料、信息技术、生物技术的发展也必将为节能与新能源产业的发展提供重要支撑,电动汽车本身就是节能与新能源技术应用于实践的重要产业。

毫不夸张地说,节能与新能源产业的发展将对产业链上其他产业和横向关联产业产生较大的促进作用,这种显著的技术扩散和经济乘数效应(乃至指数增长效应)使节能与新能源产业有可能成为未来中国经济发展中的主要增长点。

必须指出,我国目前的能源总体利用效率明显偏低,节能产业的发展是促进经济发展方式转变、提高企业生产效益的有力措施。我国从"九五"时期就提出了转变经济增长方式,但到目前为止,粗放型的增长方式依然存在。我国单位GDP 产品的能源加工、转换、储运和终端利用效率明显低于发达国家,比如单位产值的石油消耗量是日本的 4.3 倍、美国的 2.4 倍、韩国的 1.5 倍,单位产值的水资源消耗量是发达国家的 8～10 倍,电力、钢铁、有色金属、石化、建材、化工、轻工、纺织 8 个高耗能行业的平均单位产品能耗比世界先进水平高 47%,而这 8个行业的能源消耗量占工业部门能源消耗总量的 73%。在建筑耗能方面,我国目前的建筑能耗已占全社会终端能耗的 27.5%。我国现有城乡建筑面积达 $4 \times 10^{10}$ $m^2$，95% 左右是(电与燃气)高耗能建筑，单位建筑面积采暖能耗相当于气候条件相近的发达国家的 2～3 倍。从交通耗能来看，我国机动车油耗水平比欧洲高 25%，比日本高 20%。

能源利用效率明显偏低也意味着我国节能潜力巨大。尽管我国人口众多，人均资源占有量低。但是，据统计，我国能源消耗占世界总量的 1/4，我国单位能耗创造的 GDP 仅为 0.7 美元，而世界平均水平为 3.2 美元。与此同时，我国 $CO_2$ 排放量占世界总量的 1/3，到 2015 年已经超过美国成为世界第一排放大国。必须看到，目前中国科技进步对经济增长的贡献率不足 40%，而发达国家普遍超过 70%。

着眼未来，节能行业无疑具有良好的市场前景，其具有较高的经济效益，能够大幅度拉动投资和创造有就业机会的产业。大力发展节能产业是我国进一步应对国际金融危机和全球气候变化双重挑战的有力措施，也是我国在挑战中把握发展机遇的主要着力点。

此外，中国水能、风能、生物质能、太阳能等可再生能源蕴藏量丰富，核能亦具有较大的利用潜力。新能源产业是支撑中国经济走向低碳、绿色并在未来国际竞争中抢占科技经济制高点的核心力量。具体地说，全国水能蕴藏量为 $6.76 \times 10^8$ kW，可开发率达 56%，年发电量可达 $2 \times 10^{12}$ kW·h，但目前全国水电装机容量(功率)仅为 $1.7 \times 10^8$ kW，水电在一次能源中的比重仅为 7.4%。全国陆地可利用风能资源加上近岸海域可利用风能资源共计约 $1 \times 10^9$ kW，但截至目前，我国风电总装机容量仅为 $1.221 \times 10^7$ kW。我国生物质资源可转换为能源的潜力约为 $5 \times 10^8$ t 标准煤，今后随着造林面积的扩大和经济社会的发展，潜力可达 $1 \times 10^9$ t 标准煤，但目前我国对生物质能的利用明显不足，且仍以直接燃烧为主。我国太阳能资源非常丰富，2/3 的国土面积年日照小时数在 2 200 h 以上，目前对太阳能的利用远远不够充分。在核能方面，我国是世界上少数几个拥有完整核工业体系的国家之一，但是目前全国已投产的核电站装机容量仅为 $8.85 \times 10^6$ kW，年发电量为 $6.84 \times 10^{10}$ kW·h，仅为全国年耗电量的 2%。从技术基础看，除极少数发达国家外，我国在新能源开发及利用方面与国外差距并不大，有些领域甚至具有同步发展优势。

当前，一场以低碳技术为中心的国际科技经济竞争已悄然展开，低碳、绿色将是全球经济的基本走向，万万不可错失发展先机。因此，在今后的发展历程中，需要充分利用自身的优势使国家走上持续高速发展的历史征程。

从长期来看，能够支撑低碳经济发展的核心力量非新能源技术研发及其大规模推广应用莫属。立足当前国内资源的条件,面向未来国际竞争需求,大力构建以新能源开发利用为核心的低碳技术体系是我国抢占未来国际科技经济制高点的核心要素。

## 参考文献

[1] 张秀彬.论科创辩证律[M].香港:中国国际文化出版社,2017.

[2] 王裳.每年7米 南极冰盖消融 恐令古生物复活[N].信息时报,2012-04-27.

[3] 威锋网.烧尽世界能源 南极洲会消失 上海、纽约会消失[EB/OL].(2015-09-13)[2021-11-09]https://www.cnbeta.com/articles/tech/429473.htm.

[4] 佚名.当地球能源被烧尽,南极洲上海纽约会消失[OL].威锋网,2015-09-13.https://www.cnbeta.com/articles/tech/429473.htm.

[5] 吴羽.一场极端旱灾正在席卷全球[N].中国基金报,2021-06-28.

[6] BP. BP statistical review of world energy[R].London:BP,2020.

[7] 中商产业研究院.2022年全球石油储量大数据预测分析[EB/OL].(2022-02-25)[2022-03-09]https://www.163.com/dy/article/H12S2E510514810F.html.

[8] 白泉,佟庆.通过提高能效增加高耗能工业产品竞争力势在必行[J].经济经纬,2004(3):79-81.

[9] 王际杰.《巴黎协定》下国际碳排放权交易机制建设进展与挑战及对我国的启示[J].环境保护,2021(7):58-62.

[10] 赵新宇,李宁男.能源投资与经济增长:基于能源转型视角[J].广西社会科学,2021(2):112-120.

[11] 董康银.低碳约束背景下中国能源转型路径与优化模型研究[D].北京:中国石油大学,2019.

[12] 周元,孙新章.以节能和新能源产业为主导推进战略性新兴产业发展[J].中国人口资源与环境,2010,20(12):31-34.

[13] 吕建中.科学把握中国能源转型发展的着力点[J].世界石油工业,2020,27(6):1-5.

# 第2章 节能与环境工程的关系

环境科学(environmental science)是一门研究人类社会发展活动与环境演化规律之间相互作用关系,寻求人类社会与环境协同演化、持续发展途径与方法的科学。环境科学包括微观环境科学与宏观环境科学两大部分。微观环境科学,要研究环境中的物质在有机体内迁移、转化、蓄积的过程和运动规律,以及其对生命的影响和作用机理,尤其是人类活动排放出来的污染物质对环境的影响与作用。宏观环境科学要研究人与环境之间的相互作用、相互制约关系,力图发现社会经济发展和环境保护之间的协调规律。总之,环境科学要探索全球范围内的环境演化规律,人类活动与自然生态之间的关系,环境变化对人类生存的影响,以及区域环境污染的防治技术和管理措施等。

环境工程(environmental engineering)或环境工程学是环境科学的一个分支,主要研究如何保护和合理利用自然资源,利用科学的手段解决日益严重的环境问题、改善环境质量、促进环境保护与社会发展。环境工程是研究和从事防治环境污染和提高环境质量的科学技术。环境工程与生物学中的生态学、医学中的环境卫生学和环境医学,以及环境物理学和环境化学有关。环境工程学的核心工作内容是环境污染源的治理。具体地说,环境工程学是在人类同环境污染做斗争、保护和改善生存环境的过程中形成的一门工程科学。

历史上,从开发和保护水源来说,中国早在公元前2300年前后就创造了凿井技术,促进了村落和集市的形成。从给排水工程来说,中国在公元前2000年以前就用陶土管修建了地下排水道;古罗马约在公元前6世纪才开始修建地下排水道。在污水处理方面,中国在明朝(1368年—1644年)以前就开始采用明矾净水;英国到19世纪中叶,才开始建立污水处理厂,20世纪初开始采用活性污泥法处理污水。此后,卫生工程、给排水工程等逐渐发展起来,形成了一门技术学科。

在大气污染控制方面,为消除工业生产造成的粉尘污染,美国在1885年发明了离心除尘器。进入20世纪后,除尘、空气调节、燃烧装置改造、工业气体净化等工程技术逐渐得到推广应用。

人类在固体废物处理方面的历史更为悠久。公元前 3000 年—公元 1000 年,古希腊对城市垃圾采用填埋的处置方法。在 20 世纪,固体废物处理和利用的研究工作不断取得新进展,出现了利用工业废渣制造建筑材料等工程技术。

在噪声控制方面,中国和欧洲一些国家的古建筑中,墙壁和门窗位置的安排都考虑到了隔声的问题。20 世纪,人们对噪声控制问题进行了广泛的研究,从 20 世纪 50 年代起,建立噪声控制的基础理论,形成了环境声学。

20 世纪以来,根据化学、物理学、生物学、地学、医学等基础理论,解决废气、废水、固体废物、噪声污染等问题,单项治理技术有了较大的发展,逐渐形成了治理技术的单元操作、单元过程,以及某些水体和大气污染治理工艺系统。

20 世纪 50 年代末,我国提出了资源综合利用的观点。20 世纪 60 年代中期,美国就已开始了技术评价活动,并在 1969 年的《国家环境政策法》中规定了环境影响评价制度。至此,人们认识到控制环境污染不仅要采用单项治理技术,还要采取综合防治和控制环境污染的措施,以防止在采取局部措施时与整体发生矛盾从而影响清除污染的效果[1]。

环境系统工程和环境污染综合防治的研究工作已经迅速发展,并陆续出现了环境工程学的专门学术著作,形成了一门新的学科。

为了净化和保护环境,人类不得不投入大量的资金开发各种技术及设备,而这些技术和设备的使用必然需要消耗能源,这反过来又涉及节能技术问题。如若不能处理好两者之间的关系,既加快自然界能源的消耗,同时又可能造成新的环境污染。如此一来,节能与环境工程便有了不可分割的关系。

当前,为了实现全世界的"碳减排"目标,我国政府在向世界庄严承诺的同时,已经在社会生产与民众生活的垃圾处理方面又跨出了令世人瞩目的一大步——形成生产/生活垃圾分类、集中清运、科学处理和再生利用的完整体系,全国上下都在自觉主动地配合国家的科学规划和决策,这再一次充分体现出中华民族为了全人类的利益而努力,为了建设人类命运共同体而努力的精神。

## 2.1 生态的正负效应

生物与环境以及生物种群之间所构成的生物系统称为"生态系统"。生态平衡(ecological equilibrium)是指在一定时间内生态系统中的生物和环境以及生物各个种群之间,通过物质传送、能量转换、自然循环和信息交互,使系统中的各个组成物质相互之间达到高度适应、协调和统一的状态。

当生态系统处于平衡状态时,系统内各组成成分之间保持一定的比例关系,能量、物质的输入与输出在较长时间内趋于平衡,结构和功能处于相对稳定状态;当系统受到外来因素干扰时,能够通过自我调节能力(特性)使系统恢复到初始的稳定状态。

生态平衡是一种相对平衡而不是绝对平衡,因为任何生态系统都会与外界发生直接或间接的联系,会经常遭到外界的干扰。生态系统对外界的干扰和压力具有一定的弹性,其自我调节能力也是有限度的。如果外界干扰或压力在其所能忍受的范围之内,当这种干扰或压力去除(消失)后,其可通过自我调节能力使系统恢复;如果外界干扰或压力超过了它所能承受的极限,其自我调节能力也就必然会遭到破坏,此时生态系统就会衰退,甚至崩溃。通常把生态系统所能承受压力的极限称为"阈限"。例如:草原应有合理的载畜量,超过了最大适宜的载畜量,草原就会退化;森林应有合理的采伐量,采伐量超过生产量,必然引起森林的衰退;污染物的排放量不能超过环境的自净能力,否则就会造成环境污染,危及生物的正常生活,甚至导致其死亡等。自然生态的这种自我调节能力类似于控制系统对小扰动或大扰动所承担的自动调节功能,前者可以通过"线性描述"轻易就能使系统达到稳定状态,后者属于"非线性形态",往往会使系统产生"发散",甚至根本无法找到"稳定解"。

当然,生态平衡又是一种动态的平衡,而不是静态的平衡,这是因为变化是宇宙间一切事物的根本属性,生态系统这个自然界复杂的实体,当然也处在不断变化之中。例如:生态系统中的生物与生物、生物与环境以及环境各因子之间不停地进行能量交换与物质流动;生态系统也在不断地发展和进化,生物量由少到多、食物链由简单到复杂、群落由一种类型演化为另一种类型等。因此,生态平衡不是静止的,总会因系统中某一部分先发生改变,引起不平衡后,然后依靠自我调节能力又进入新的平衡状态。正是这种从平衡到不平衡再到建立新的平衡的反复过程,推动了生态系统整体和各组成部分的演化。但是,一旦生态系统遭到"大扰动"的破坏,生态的修复则需要一个相当长的时期,甚至有可能出现灾难性的后果,在自然生态还没有获得新的稳定时,人类在内的生物界或已经处于或临近自身的毁灭状态。

所有对生态的"扰动"都是对生态系统的负效应,所谓生态平衡也可以说是一种正、负效应的对立统一过程。人类对自然资源(如化石能源)的无节制开发与利用,将会造成地球资源与人类生存条件关系的失衡。

## 2.1.1  人类生产与生活对生态环境的负效应

人类生产和生活活动产生的大量废气、废水、垃圾等,不断排放到环境中,以及人类对自然资源的不合理利用或掠夺性利用,都会使环境质量恶化,产生近期或远期的负效应,使生态平衡失调。

人类使用的煤和石油等化石燃料释放出二氧化碳、甲烷、氮氧化物、二氧化硫及其他有害气体和粉尘,对大气的污染极为严重。由此形成的毒雾和酸雨,是大气污染的最突出表现。"杀人的烟雾"于 1930 年首次出现在比利时,1948年—1962 年,又四度笼罩伦敦,烟雾中二氧化硫和粉尘的浓度,大大超过人们所能承受的极限,欧洲历史上累计有 6 000 余人因此而死亡。

如今,雾霾也与中国的诸多城市"形影不离",成为影响民众生活与健康、国家经济持续发展的严重阻碍因素[2]。

环境中各生态因子存在相互联系与制约的关系。环境中的任何一个生态因子遭到损伤或丧失,必然会引起生态系统的负面连锁反应,最终会导致整个生态系统的严重破坏。

这就是说,环境保护不仅需要停留在人类的意识之中,还要通过实际行动来实现对环境的保护。环境保护就是运用环境科学的理论和方法,在利用自然资源的同时,深入认识污染和破坏环境的根源及危害,有计划地保护环境,预防环境质量恶化,控制环境污染,促进人类与环境的协调发展,从而真正达到提高人类生活质量、保护人类健康、造福子孙后代的目标。这是社会发展的根本性问题。

## 2.1.2  我国的环境现状

尽管经过多年的努力,我国的环境状况有所改善,但是不得不说,当前我国的环境状况仍然不容乐观。

1) 大气污染以煤烟为主

大气污染属煤烟型污染,以烟尘危害最大,污染程度在加剧,并造成面积大、持续时间长的雾霾空气,严重影响华北、东北及其邻近地区,甚至也影响到长三角区域民众的身体健康。

2) 存在酸雨

酸雨主要分布在长江以南、青藏高原以东地区及四川盆地,华中地区酸雨污染尤为严重。

3) 水域污染严重

江河湖库水域普遍受到不同程度的污染,除部分内陆河流和大型水库外,污染呈加重趋势,工业发达城镇附近的水域污染尤为突出。

七大水系(珠江、长江、黄河、淮河、海滦河、辽河、松花江)中,黄河流域、松花江、辽河流域水污染较为严重。大淡水湖泊总磷、总氮污染面广,富营养化严重。四大海区以渤海和东海污染较重,南海较轻。渔业水域生态环境恶化的状况没有根本改变,并呈加重趋势。

4) 城市环境污染加重

城市环境污染呈加重趋势。城市地面水污染普遍严重,呈恶化趋势,致使绝大多数河流持续受到不同程度的污染,需要着力解决好雨水与居民污水排放的分流,以及污水处理与净化的技术问题[3]。

如此等等均需关注并尽快加以改善。

### 2.1.3　生态平衡的辩证思考

维护生态平衡是人类的一种文明行为,有必要予以辩证思考与哲学反思。

1) 生态文明与生态平衡的唯物辩证观

生态文明是人类社会继工业文明之后的新型文明形态,是对长期以来主导人类社会物质文明的修复和校正,是对人与自然关系的历史的总结和升华。面对工业文明所造成的残酷生态危机和环境恶化,任何一个国家与民族均有反思的义务与责任。

人类在不同的文明阶段,对人与自然关系的认识是不同的。传统自然观经历了古代朴素自然观和近代机械自然观两个阶段。古代朴素自然观认为,人始终是自然界的一部分,人的最高目的和理想不是行动,不是去控制自然,而是静观,即作为自然的一员,深入自然中去,领悟自然的奥秘和创造生机。

机械自然观来源于古希腊的"原子论",始于西方文艺复兴时期,兴于近代科学革命中。其实,机械自然观到 19 世纪后半叶就已经受到挑战,20 世纪初渐趋衰微,这是因为虽然其在西方思想史乃至世界思想史上曾经居于统治地位,并延续了相当长的历史时期,成就骄人,但也存在尖锐的思维缺陷。由它所产生的、并反过来支持它的主客二分论这种形而上学的思维也与它一样命运多舛,成为被指责的现代生态环境危机的深层思想根源。

近代机械自然观更是认为人与自然是分离的和对立的,自然界没有价值,只有人才有价值。从第一次工业革命开始,近代机械自然观发展了人类中心主义的价值观,为人类无限制地开发、掠夺和操纵自然提供了伦理基础。

如今,我们在考虑改造自然与利用自然为人类服务的同时必须考虑对自然的呵护,让人类真正成为自然生态平衡的成员。

2）人与自然的辩证统一观

人与自然在实践基础上的辩证统一是马克思主义人化自然观的实质内容。它主要包括如下内容：① 人们应从实践角度出发,用辩证思维去把握人与自然的关系;② 自然生态系统和社会系统之间的关系也是辩证统一的;③ 人类应致力于维护生态平衡,促进社会与自然协调发展。

总之,生态平衡以及人与自然的关系是唯物辩证法的对立统一,形象地说,就是一种正与负的对立统一。一旦统一遭到破坏,对立双方就会产生对抗。生态平衡本身就是自然运动规律的体现。人类的行为只要违背了自然规律,就无力"对抗",最终只能接受自然对人类的负面效应。

必须深刻领会习近平总书记在主持第十八届中共中央政治局第六次集体学习时的讲话(2013 年 5 月 24 日):"生态环境保护是功在当代、利在千秋的事业。要清醒认识保护生态环境、治理环境污染的紧迫性和艰巨性,清醒认识加强生态文明建设的重要性和必要性,以对人民群众、对子孙后代高度负责的态度和责任,真正下决心把环境污染治理好、把生态环境建设好,努力走向社会主义生态文明新时代,为人民创造良好生产生活环境。"[4]

## 2.2 节能对环境保护的作用

在环境工程中不断找寻节能减排的有效路径与解决措施,有利于环境工程改造项目的顺利进行,能够减少资源浪费,还能够提升资源的利用率,实现对环境的治理与保护,从而完成环境工程改造的根本任务。因此,将节能减排技术科学合理地应用到环境工程改造中,能够改善与优化自然环境,为社会主义经济建设的可持续发展提供保障。

### 2.2.1 环境工程中的低碳经济概念

改革开放以来,在我国社会主义经济建设与文化融合的基础上,社会建设逐渐呈现多元化发展趋势。为使节能减排低碳策略应用到环境工程改造中,相关企业应对传统的制度模式进行优化与创新,从而更好地取得节能减排的效果。

1）节能减排低碳经济概念

在经济领域,与科学发展观相关的概念主要包括低碳经济、循环经济、绿色经济和环境保护等。

（1）低碳经济是以低能耗、低污染、低排放为基础的经济模式,是人类社会继农业文明、工业文明之后的又一次重大进步。低碳经济实质是能源高效利用、清洁能源开发、追求绿色 GDP 的经济发展模式,其核心是能源开发和减排的技术创新、产业结构和制度的创新以及人类生存发展观念的根本性转变。

低碳经济提出的大背景是全球气候变暖对人类生存和发展的严峻挑战。随着全球人口和经济规模的不断增长,能源使用带来的环境问题及其诱因不断地被人们认识,不只是烟雾、光化学烟雾和酸雨等的危害,大气中 $CO_2$ 浓度升高带来的全球气候变化也已被确认为不争的事实。在此背景下,"碳足迹""低碳经济""低碳技术""低碳发展""低碳生活方式""低碳社会""低碳城市""低碳世界"等一系列新概念、新政策应运而生。能源与经济以至价值观实行大变革的结果,可能将为逐步迈向生态文明走出一条新路,即摒弃 20 世纪的传统增长模式,直接应用 21 世纪的创新技术与创新机制,通过低碳经济模式与低碳生活方式,实现社会可持续发展。

(2) 循环经济的完整表达是资源循环型经济,以资源节约和循环利用为特征,是与环境相和谐的经济发展模式,强调把经济活动组织成一个"资源—产品—再生资源"的反馈式系统,其特征是低开采、高利用、低排放。所有的物质和能源均能在这个不断进行的经济循环系统中得到合理和持久的利用,从而把经济活动对自然环境的影响降低到尽可能小的程度。

循环经济的根本目的是要求在经济流程中尽可能减少资源投入,系统地避免或减少废物排放,同时还要通过废弃物的再生利用来达到减少废物处理量的目的。准确地说,"再循环"是一个过程,即"竭力避免和减少废弃物的产生→循环利用→最终科学处置"的循环过程。竭力避免和减少废弃物的产生就是要在生产源头(输入端口)通过技术改造和创新来节省资源,提高单位生产产品的资源利用率,预防或减少废物的产生。循环利用就是对于源头不能削减的污染物或经过消费者使用的包装废弃物、旧货等加以回收利用,使它们回到经济循环中来。最终科学处理就是要对无法循环利用的最终废弃物通过科学的方法加以处理。其中,有些废弃物还存在循环利用的价值,比如垃圾焚烧发电、有机质发酵处理为农田肥料等。总之,环境与发展协调的最高目标是实现从源头的控制到物质流出末端的治理,从利用废物到逐渐减少废物的产生形成质的飞跃,要从根本上减少自然资源的消耗,从而减少环境负载和污染[5]。

(3) 绿色经济是以传统产业经济为基础,以经济环境和谐为目的而发展起来的一种新的经济发展形式。这是产业经济为适应人类环保与健康而产生并表现出来的一种发展状态。

或者说,绿色经济是一种以资源节约型和环境友好型经济为主要内容,资源消耗低、环境污染少、产品附加值高、生产方式集约化的一种经济形态。绿色经济综合性强,覆盖范围广,带动效应明显,能够形成并带动一大批新兴产业,有助于创造就业和扩大内需,是推动经济走出危机"泥淖"和实现经济稳增长的重要支撑。同时,绿色经济以资源节约和环境友好为重要特征,以经济绿色化和绿色产业化为内涵,包括低碳经济、循环经济和生态经济在内的高技术产业,有利于转变我国经济高能耗、高物耗、高污染、高排放的粗放式发展模式,有利于推动我国经济集约化发展和可持续增长。

当然,绿色经济就是一种融合了人类现代文明,以高新技术为支撑,使人与自然和谐相处,能够可持续发展的经济,也是市场化和生态化有机结合的经济,更是一种充分体现自然价值和生态价值的经济。它是一种经济再生产和自然再生产有机结合的良性发展模式,是人类社会可持续发展的必然产物。

(4) 环境保护简称环保,涉及的范围广、综合性强,主要涉及自然科学和社会科学的许多领域,还有其独特的研究对象。环境保护方式包括行政、法律、经济、科学技术、民间自发环保组织等的社会行为。环保的目标和衡量标准是合理利用自然资源,防止环境的污染和破坏,以求自然环境与人文环境、经济环境共同平衡可持续发展,从而扩大有用资源的再生产,保证社会的发展。

环境问题是我国 21 世纪面临的最严峻挑战之一,保护环境是保证经济长期稳定增长和实现可持续发展的基本国家利益。环境问题解决得好关系到我国的国家安全、国际形象、广大人民群众的根本利益,以及全面小康社会的实现和持续,可为社会经济发展提供良好的资源环境基础,使所有人都能获得清洁的大气、卫生的饮水和安全的食品,也是政府的基本责任与义务。

2) 要走出的概念误区

目前,围绕经济发展的新概念、新名词非常多,大多在主题词之后冠以"经济"二字,诸如环保经济、服务经济、旅游经济等。冠以"经济"二字也无不可,问题的关键在于,无论哪种经济,在世界经济发展的新时期,都要遵循"低碳、循环、绿色"的原则,而且要付诸行动。在这些包括了深刻内涵的科学概念基本定型之后,指导人们如何行动,怎么去达到这些科学概念所界定的那种境界,才是最需要我们去做的工作。

3) 既要注重单位资源消耗,更要重视对消耗总量的控制

作为一个物质生产企业,进行生产和再生产就必然要消耗大量的物质资源。资源消耗量不仅取决于单位产品的消耗,还取决于生产规模的大小。

就工业而言,在生产规模不断扩大的情况下,资源消耗总量与生产规模扩大成正比的增长是不可避免的客观事实。在"蛋糕"还没有做到足够大的情况下,

控制经济总量增长的力度只能是适当的,不能因噎废食,止步不前。这就要把节能降耗的真功夫落实到单位产品消耗上,使单位产量资源能源消耗保持下降态势。只有这样,才能使一个企业的生产规模增长大于它所消耗的物质资源的增长。每个企业均达到了这一要求,那么整个国家单位 GDP 所消耗的物质资源才会有所下降,同理,GDP 总量的增长才能大于物质资源消耗总量的增长幅度。

4) 节能减排的个人作为与贡献

从国家到地方,从大企业到小企业,"节能减排,保护环境"的宣传和教育已经进行了若干年,但对于广大人民群众来说,这方面的意识还远远不够。

从总体上看,节能减排,建设资源节约型、环境友好型社会,主要还是要靠国家和地方各级政府,特别是企业来实现。此外,还有一个因素不可忽视,即加大节能减排的宣传教育力度,提高全民的节约意识,让每个公民都知道自身行为与低碳环保、自身健康有关。动员大众行动起来,为人类自身的生存发展,为子孙后代还能有一个好的生存环境,还能享受蓝天白云和明媚的阳光,做出应有的贡献,这是一股巨大的社会力量。如果每一个人每月节省 1 度(1 度 = 1 kW · h)电,节省 1 kg 水,少用 0.1 m³ 燃气,一个 14 亿人口的大国,其节省的总量是何等可观!

据专业人士计算,在以碳为主要能源的社会环境中,每使用 1 度电就需要排放 0.997 kg $CO_2$,每使用 1 t 水就需要排放 0.194 kg $CO_2$,每使用 1 m³ 天然气就会排放 1.946 kg $CO_2$。可见,保护环境人人有责,关系到每个人的切身利益,只有人人参与环保工作,"节能减排"的努力才能取得显著成效,这有着极其巨大的现实与历史意义[6]。

5) 企业对节能减排的重要影响

近年来,我国企业对节能减排问题已经相当重视。但是,仍有部分企业(单位)将经济效益作为企业发展的首要任务,对节能减排与污染物超标排放不以为意,从而对环境造成严重的污染。因此,要想全面实现节能减排,促进经济发展,就应对企业整体结构进行调整与改进,推动生态经济的融合发展,从而为建设生态文明社会奠定坚实基础。

在城市化进程不断发展的前提下,从社会发展的现状来分析,做好节能减排是促进社会经济发展的重要方面,同时也能够提升企业在激烈市场环境中的竞争优势。为有效控制与降低环境工程改造中节能减排的成本预算,也需要结合科学技术来推动低碳经济的高效运行。

### 2.2.2 环境工程改造过程中的节能减排措施

现阶段,要想在环境工程中开展节能减排工作,相关企业需要加大执行力度,对节能减排工程进行严格监管。国家与地方政府均需对节能减排的重要地位进行全新的认识与掌握,并对公共资源进行合理配置。在政府支持的前提下,推动节能减排的有效落实。企业还应将节能减排作为责任与义务,严格遵守相关法律法规,并提高对节能减排的重视程度。

在环境工程改造过程中,为了节能减排策略能够有效实施,城市企业发展过程需要对产业结构进行调整与规划,对环境进行治理,提升企业的竞争优势。环境工程建设还应以节能减排为根本任务,构建生态环境体系,从而带动市场经济的发展。

目前,环境工程企业需要对生产模式进行创新改革,建立健全完善的节能减排管理机制。此外,环境工程企业需要按照生态环境保护原则,对环境污染进行合理控制,采用科学合理的解决措施,提升节能减排的整体质量与效率。

在环境工程改造过程中,应对相关细节进行合理规划,转变工作人员的传统思维,将节能减排理念进行推广与实施。在环境工程的设计中,应将绿色设计理念融入其中,以此达到节能减排的根本目标。

具体地说,打造立体式污染治理体系更易发现区域经济发展中存在的问题,从而逐步提出高效的治理措施。以往的经济发展较为粗放,部分区域过于重视经济发展而忽视环保,使区域生态环境遭受较大的破坏,严重威胁该区域人们的生活质量。在打造立体式污染防治工作中,各行各业应注重创新,重视对现有管理工作的改进,深入引导环境治理工作有序开展,对一些污染严重的企业进行整改,发挥自身重要作用,逐步打造高效的治理体系,适应新时期区域经济发展的各项需求。立体式污染防治的具体措施包括建设资源节约型和环境友好型的发展体系、完善现有法规与治理体系、推动领导干部污染治理评价体系、构建科技评价体系、建立社会治理行动体系。具体分类上还应包括行政、企业和公众"三大"层面。

(1)在区域经济发展中,为了更为有效地落实节能减排工作,还需制订合适的工作机制,逐步构建多元化治理体系,适应当前区域经济发展的需求。在政府层面的工作中,应合理使用法律与各项行政手段,对区域经济发展中存在的问题进行深入细致的引导,完善财政补贴各项政策,发挥政府调节的重要作用,逐步构建完善的政府节能减排机制。

(2)在企业层面的工作中,企业管理人员应重视节能减排在企业自身经营中的应用,从而构建完善的治理体系。企业应不断提高法制观念,重视信息公开,并接受政府部门和公众的监督,积极承担当前企业发展中遇到的各种问题,加大对设备的资金投入,营造良好的企业内部环境。

(3)在公众层面,同样需要各部门的引导,不断提高公众的节能环保意识。在日常生活中,节约资源,选择合适的交通方式,既可减少资金的消耗,又能降低对周边环境的负面影响,同时营造良好的日常生活与工作氛围,节约用电、用水,养成良好的环保行为习惯。

通过建立政府、企业与社会公众治理行动体系,各部门发挥自身重要作用,逐步深化各项发展目标,共同营造区域经济发展的良好氛围[7]。

## 2.2.3 环保能源与资源的选用方法

要想有效实施环境工程改造中的节能减排措施,重要的是对工程中存在的资源进行整合,实现资源的再利用,避免资源浪费现象的发生,从而达到节能减排的最终目标。此外,在环境工程实施过程中,应首选节能环保材料或是使用节能设备。在公路环保工程设计中,同样应选择(使用)无污染、无刺激性气味,且防腐蚀性较强的设备与涂料,尽可能避免对周围环境产生污染。在选择管道类材料时,应选择硬度与耐久性、抗腐蚀性能较强的环保材料,降低对大气环境的污染。

至于能源选择,可优先选用太阳能、风能等可再生的环保型清洁能源。对于夜间工作环境,应使用既能够保持足够光亮,又能够节省能源的灯具,这样既保证在夜间施工时有充足的光照,也能够有效控制能源的无端浪费,实现节能减排的目标。

就环保型资源而言,尽管有多种分类方法,但最为实用的分类方法就是按照可降解特性进行分类,具体如下。

(1)聚乳酸材料。聚乳酸属于聚酯家族。聚乳酸是以乳酸为主要原料聚合得到的聚合物,原料来源可再生。聚乳酸的生产过程无污染,且产品可生物降解,可实现在自然界中的循环,因此是理想的绿色高分子材料。

(2)光降解塑料。光降解塑料是指被光照射后能够发生降解的塑料。此类制品一旦埋入土中,失去光照,降解过程则停止。生产工艺简单、成本低,缺点是降解过程中受环境条件的影响较大。

(3)淀粉基塑料。淀粉基塑料是利用化学反应对淀粉进行化学改性,减少淀粉的羟基,改变其原有的结构,从而改变淀粉相应的性能,把原淀粉变成热塑性淀粉。

（4）乙烯与一氧化碳（CO）共聚物。乙烯与CO共聚物又称聚酮，是乙烯与CO交替排列，具有线性结构的半结晶聚合物，是一种可光降解、高机械性能的新型高分子材料。

（5）乙烯-醋酸乙烯酯共聚物。乙烯-醋酸乙烯酯共聚物是一种通用高分子聚合物（ethylene-vinyl acetate copolymer，EVA），分子式是$(C_2H_4)_x \cdot (C_4H_6O_2)_y$，可燃，燃烧气味无刺激性，耐海水、油脂、酸、碱等化学品腐蚀，抗菌、无毒、无味、无污染。

资源与能源之间也存在紧密的相互制约关系，如果资源选择不当，造成的不仅仅是环境污染问题，长此以往，为了消除已经存在的污染所需要耗费的能源可能是不可估量的。因此，环保资源的选用与节能的努力方向紧密相连。

### 2.2.4　废物回收循环利用的意义

在环境工程改造过程中，必然要涉及建材废料等废旧物的回收问题，这就要从资源再利用的视角出发，为社会发展达成节能减排的战略目标提供保障。

通常情况下，处理废弃物的主要方法为深埋或是焚烧，但在使用传统方法处理废弃物时，需要消耗大量的土地资源，而在对废弃物进行焚烧的过程中还会产生大量的$CO_2$气体，直接影响大气环境，亦会产生大量的能耗。因此，在对环境工程改造的具体施工过程中，为保证环境不受影响，相关工作人员应对废弃物进行合理分类，实现资源的二次利用。对于可以实现再次利用的资源，应将其放置在固定区域，从而有效节省时间，方便快速找寻。这也就是当前所实施的全民垃圾分类的意义所在。

对于工程中存在的不可直接利用的资源，如施工过程中产生的废水、污水，为尽量减少对环境的污染，可先将废水集中引入蓄水池中，此后再向蓄水池中加入适量的活性炭，也可以通过安装过滤净化器设备等方式，对污水进行沉淀、吸附等，从而实现污水净化。此外，如果其中存在可以进行循环再利用的液体，可将其集中整理，用于对公路地面的清洗或是对相关设备设施的清洁擦拭，而对于满足排放条件的污水，可以按照相关要求排放处理。对于废弃物中的污泥、砂石或是其他杂质，需对其进行系统化深层次的划分。结合杂质的具体状况，根据杂质类别可使用高温堆肥或是粉碎处理等方法进行妥善处理。通过加工将其用作肥料或是其他建设所需的资源，体现其新的作用与价值，从而降低环境工程改造过程中的垃圾存量。如此一来，在保证环境工程实现节能减排的基础上，也能够有效控制环境工程的成本预算，提升环境工程的经济效益[8]。

其中，因电子设备的更新换代而出现的大量电子垃圾，其随着电子科技的飞速发展,还会持续累积。通过回收利用,可以回收大量(包括金属、贵金属和塑料等)的可用再生资源,既能节约资源,又能节约能源。

提及废物回收循环利用,自然会想到关于此类物质的机械化与智能化分拣与处理装置技术的研发和推广。当废物回收过程实现智能化分拣与处理时,人类生活与环保工程之间才有可能达到完美结合。

目前,国内外已经先后研发出各种垃圾智能分拣装置,尽管是国外首先研制并推广的垃圾分拣机器人产品,但国内一些企业在技术借鉴的基础上,也已生产出同类技术产品。

人工智能分拣机器人能够对混合可回收垃圾进行精准分类。现场的工作人员通过大数据对机器人进行训练后,让机器人具有类似人脑的判断能力,从而对废弃物进行快速准确识别和分类。此类机器人能够根据客户要求,将不同物品、不同材质的废弃物分类,如涤纶树脂(polyethylene terephthalate,PET)、高密度聚乙烯(high density polyethylene,HDPE)、聚丙烯(polypropylene,PP)、玻璃、液体食品的包装产品、易拉罐、衣服、鞋子、纸张等 20 多种可回收物。所有的这些废弃物原本是人工分拣的,现在完全可以交给人工智能装置来完成。

## 参考文献

［1］宣兆龙.装备环境工程[M].北京：北京航空航天大学出版社,2015.

［2］符启琳.化石燃料燃烧对大气的污染及应对措施[J].新教育,2011(10)：45 - 45.

［3］王宇.中国的环境现状与根源探析[J].甘肃科技纵横,2009,38(2)：68 - 69.

［4］习近平.在主持十八届中央政治局第六次集体学习时的讲话[EB/OL].(2015 - 07 - 20)
[2021 - 11 - 09]http://www.gov.cn/xinwen/2018-06/30/content_5302445.htm.

［5］陆雄文.管理学大辞典[M].上海：上海辞书出版社,2013.

［6］于翔.正确把握科学概念认真做好实际工作——关于节能减排的思考[J].2011(3)：
50 - 53.

［7］梁义成.浅谈节能减排政策与立体式污染防治体系[J].皮革制作与环保科技,2021(3)：
10 - 11.

［8］王辉,黄艳燕.环境工程改造中节能减排实施路径的有效分析[J].资源节约与环保,2021
(2)：7 - 8.

# 第3章 节能技术发展概述

节能技术和措施遍及人类社会、经济、生产和生活的方方面面,可以节能和能够做到节能的地方几乎无处不在。通过多年的研究与积累,世界各国专家已经开发了多种节能技术:包括使用新型高技术装备来改进能源消耗方式;降低生产过程的能耗,并回收生产过程各阶段所释放的热能;开发多种高效实用的新型能源转变形式,以适应高新技术发展的需求;采用能效高的新生产程序,尽可能使用耗能低的材料和产品(如节能型主机、环保制冷剂、节能型玻璃、LED 节能型灯);等等。

## 3.1 特高压输电技术在节能中的突出特点

从理论上讲,当前我国已经成熟运行的特高压(ultra high voltage,UHV)输电技术是一项十分突出的高新技术。特高压输电使用 1 000 kV 及以上的电压等级输送电能,是世界上最先进的输电技术。特高压输电是在超高压输电的基础上发展的,其目标仍是在原有超高压输电技术的基础上继续提高输电能力,实现大功率的中远距离输电,以及实现远距离的电力系统互联,并建成联合电力系统。特高压输电具有明显的经济效益。据估计,1 条 1 150 kV 输电线路的输电能力可代替 5~6 条 500 kV 线路,或 3 条 750 kV 线路;可减少铁塔用材 1/3,节约导线 1/2,节省包括变电所在内的电网造价 10%~15%。1 150 kV 高压线路走廊大约为同等输送能力的 500 kV 线路所需走廊的 1/4,这对于人口稠密、土地宝贵的国家和地区,将会带来巨大的经济和社会效益[1]。

### 3.1.1 国外特高压输电技术发展概况

早在 20 世纪 70 年代,苏联就开始了 1 000 kV 高压交流输变电技术的研究工作。1985 年 8 月,埃基巴斯图兹—科克切塔夫线路(497 km)以及 2 座 1 150 kV 变电站(升压站)建成,并按照系统额定电压 1 150 kV 投入工业运行。

从 20 世纪 70 年代开始,意大利和法国受西欧国际发供电联合会的委托,对欧洲大陆选用交流 800 kV 和 1 050 kV 输电方案进行论证,之后意大利政府主持对特高压交流输电项目进行基础技术研究、设备制造等一系列工作,于 1995 年 10 月意大利建成了 1 050 kV 试验工程,至 1997 年 12 月,在系统额定电压(标称电压)1 050 kV 电压下进行了 2 年多的试运行,取得了一定的运行经验,为后续的工程推广奠定了技术基础和开发经验。

1988 年,日本就开始建设 1 000 kV 的输变电工程。日本此类特高压电力系统主要集中在东京电力公司所属电力网。1999 年,东京电力公司建成 2 条总长度为 430 km 的 1 000 kV 输电线路和 1 座 1 000 kV 变电站。其中,第 1 条是从北部日本海沿岸原子能发电厂到南部东京地区的特高压输电线路,长度为 190 km,被称为南北线的南新泻干线和西群马干线;第 2 条是连接太平洋沿岸各发电厂的特高压输电线路,长度为 240 km,被称为东西线路的东群马干线与南磐城干线。

### 3.1.2　我国特高压输变电技术对世界的影响

2009 年 1 月 6 日,我国自主研发、设计和建设的 1 000 kV 交流输变电工程——晋东南—南阳—荆门特高压交流试验示范工程顺利通过试运行验收。这是我国第一条特高压交流输电线路,标志着我国在远距离、大容量、低损耗的特高压核心技术和设备国产化上取得了重大突破,对优化能源资源配置,保障国家能源安全和电力可靠供应具有重要意义[2]。

2013 年 9 月 25 日,我国首条同塔双回路特高压交流输电工程——"皖电东送"工程建成投运。此工程西起安徽淮南,经皖南、浙北到达上海,线路全长656 km,共有 1 421 座铁塔,每年能够输送超过 500 亿度电,相当于为上海新建了 6 座百万千瓦级的电厂(站)[3]。

迄今为止,我国特高压输电运营线路总计已经达到 27 570 km,累计的输送电量更是超过了 11 457.777 亿 TW·h。这就足以看出我国特高压技术在世界上的技术优势,相信在今后,我国的这项技术将会取得更大的突破!

当前,印度、巴西、南非等国家正在积极推进特高压交、直流工程建设,其中,巴西等国家将采用我国的特高压输电技术。

### 3.1.3　特高压对节能技术的启发

当然,特高压(UHV)输电技术的应用与推广属于国家层面的大工程,不是一般中小型企业和个人所能任意主导的。但是,这带给人们 2 个层面的思维启示：国家主导高端节能技术的研究；中小型企业与个人承担中低层节能技术的开发、实用与推广。两者相辅相成，构成整个社会的节能有机结构。当整个大电网在大幅度提高清洁能源比重，并普及特高压输电技术时，必然能够为电气化节能技术奠定牢固的技术经济基础。

以下小节将重点阐述社会中低层面节能技术的理论原理与应用技术。诸如通过控制方式最大限度地降低生产过程的能耗，从而提高单位产品质量的能效；采用智能化技术手段（如楼宇的智能控制、中央空调机房水泵的智能控制等）降低甚至消除人为能源浪费，来达到节能的目标。

## 3.2　能源系统主力装备的节能技术

所谓能源系统主力装备，是指大功率能源利用装置。如电力系统中的热力发电、核电和水力发电等主力机组，就是能源系统主力装备的典型代表。

我国除了水力发电已经具备相对成熟的高效率水轮发电机组制造技术外，核电技术发展也已取得长足进步，其在安全性和热效率等诸多方面均已得到显著提高。就核电技术而言，我国在引进消化吸收国际先进三代核电技术的基础上，依托大型先进压水堆技术，已经先后开发出具有自主知识产权的大型先进核电装置。这些装置均具有安全系数高、经济性能好、创新成果多等特点。目前，我国已经拥有两种自主设计的三代核电技术，分别为"国和一号"和"华龙一号"。其中，"国和一号"采用"非能动"安全设计理念，单机功率达到 $1.5×10^6$ kW，是我国目前自主设计与建造的最大功率的核电机组。虽然"国和一号"与"华龙一号"所采用的技术路线有所不同，但是它们都标志着我国核电研制能力的最高水平[4]。

不过，现有已经商业化运行的核电装置均属于核裂变技术范畴的发电设备。核裂变反应最大的问题在于此类核电站一旦发生核泄漏，将会对周边相当大范围内的区域产生极难消除的核污染，对自然环境及环境中生物的生存都会造成难以挽回的伤害。因此基于核裂变反应原理所建立的核电站安全保障技术就成为首先必须考虑的问题。

本书将在第 4 章（新能源的构成及其应用技术）中阐述核聚变的技术优势和发展前景。本章 3.2 节部分，也仅对常规（传统）大型发电装置中主力设备的节能技术展开原理性的阐述。

### 3.2.1　热力发电厂机组节能改造方法

纵然热力发电装置系统尚有诸多节能技术亟待进一步改进和完善，不过热力发电在我国专家的持续努力下,在节能增效方面也已取得了长足进步。

燃煤发电机组是电力生产常用设备,化石燃料在我国热力发电中仍然占据较大份额。发电机组运行期间会出现能耗过高现象,导致机组发电效能达不到预定水平,不利于区域用电的优化运行。

目前,国内燃煤发电厂主要由燃烧、汽水、电气、控制等系统组成,只要其中某个部分(系统)存在故障或技术缺陷,均会影响整个发电系统的生产效率。

1) 影响燃烧系统能效的可能因素

影响供电煤耗的相关因素如下:① 汽轮机本体性能低,主要是因为高、中、低压汽缸效率均低于设计值,而高、中压汽缸轴封的漏气量往往要比设计值扩大一倍以上;② 热力系统汽水损失,主要为热力系统阀门泄漏及锅炉连续排污等因素所造成的热能损失;③ 可调运行参数偏离设计值;④ 厂内用电过量,无形之间增加了不少电能损耗。

2) 节能技术保障方法

针对上述化石燃料热电厂机组存在的技术问题,为了有效且充分地发挥各机组的功能,应重点做好汽轮机组热力系统的优化、降低锅炉排烟温度和空气预热器的漏风率等方面的技术改进,具体的技术保障方法简述如下。

(1) 优化热力系统。

一般来说,各台机组自投产运行以来,由于热力系统疏水庞大,机组无论以何种方式启停,当疏水阀门采用同时动作的单一控制模式时,不仅会造成本体扩容器超压,在启停过程中因中压汽缸上下温差大,还易造成疏水阀吹损,导致正常运行时疏水阀门内漏严重,大量蒸汽短路至凝汽器,使凝汽器热负荷加大,造成大量的蒸汽损失,影响机组真空度。为了减轻凝汽器热负荷,减少蒸汽损失,应对热力系统进行技术优化。

(2) 改进省煤器以降低锅炉排烟温度。

根据锅炉特性分析,其排烟温度一旦高于设计值,如300 MW负荷机组的排烟设计值为132.7 ℃,在实际运行中为140~145 ℃。在这种情况下,往往采取每台机组的省煤器增加1~2圈受热管的方法来扩大受热面以达到更好的换热效果。同时对水平低温过热器则增加1圈传热管,并采用改进空气预热器受热面等技术手段,找出最佳锅炉改造方案来降低机组排烟温度。

(3) 降低空气预热器的漏风率。

目前,供汽炉空气预热器大多为容克式三分仓回转式空气预热器,采用的是能自动调节的漏风控制装置。该漏风控制装置往往存在故障频繁、漏风率不能有效控制等技术缺陷,其漏风率只能控制在11%~12%。同时,在运行中又往往往会因多次漏风而造成空气预热器主马达电流大幅波动,以至降低了漏风控制装置的自动制动效果,影响锅炉的正常运行。甚至当机组负荷较低时,还有可能发生跳机事故,这势必会威胁机组的安全、稳定运行。

3)汽水系统的节能优化

热电厂的汽水系统节能优化一般包括以下几个方面。

(1)改造气化炉。

就煤的气化床而言,共有3种典型的气化炉装置:喷流床、流化床和固定床气化炉。3种气化炉各有利弊,均处于技术发展的初级阶段,显然需对技术水平予以进一步提升。

图3-1所示为一种常压下的循环流化床热煤气工艺系统原理流程,锅炉燃料煤通过流化床的气化处理后送入锅炉燃烧器,会显著提高化石燃料煤的燃烧效率,此流化床技术已经被广泛应用于燃煤发电机组。

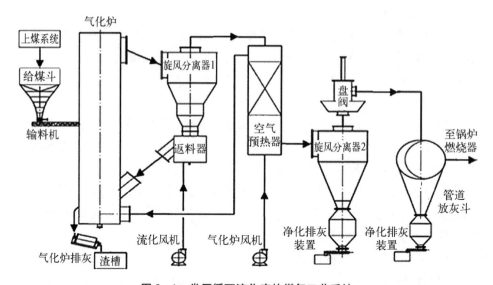

**图3-1 常压循环流化床热煤气工艺系统**

流化床工艺不仅能够对煤起到气化的作用,它还具备良好的脱硫效果,既能辅助碳的完全燃烧,还能减少排烟对环境空气的污染。

(2)改进煤气净化系统。

当然,就现有技术而言,由于高温除灰和脱硫技术还不够成熟,大多情况下,仍然采用湿法除尘和低温脱硫技术。因此,需要进一步创新与改造实施技术。

(3)提高供电效率。

余热锅炉和汽轮机均可采用再热的三压系统,压力和温度参数由再热式余热锅炉来决定,汽轮机与余热锅炉相配,因此能够进一步提高供电效率[5]。

当然,还有诸多技术措施可以提高热电厂汽水系统的节能效果,更为详尽的技术内容可以参阅相关专业技术文献,此处不再赘述。

4）燃气轮机的设计优化

热力发电厂包括燃煤蒸汽轮机发电机组和燃气轮机发电机组两大类。

除了上述燃煤蒸汽轮机发电机组主机(主力装备)的节能技术外,燃气轮机发电机组同样也存在节能技术改造问题。

对于燃气轮机装置,为了提高联合循环的效率,需选择效率达到35.7%的燃气轮机机组。同时,积极采用整体空分系统的方案,即空气装置所需空气一部分由独立空气压缩机提供,另一部分由燃气轮机压气机抽气提供。后者所占比例被称作"空分"集成度。空分集成度越高,整机系统节能效果越显著。

5）电气系统的节能改进技术

热电厂电气系统能耗占热电厂总能耗的比重并不是很大,所以以往对热电厂电气系统节能方面的重视程度不高。不过,从整体节能的视角考虑,热电厂电气系统的能耗毕竟也占用发电总量的一部分,无端的消耗,大可不必。

随着新材料、变频调节技术的发展和应用,热电厂电气系统在设计上也采取了节能措施,节能效果明显。现从以下几个方面阐述这些节能的技术方法。

(1) 降低变压器的有功功率损耗。

变压器的有功功率损耗可以用式(3-1)表示,即

$$\Delta P_b = P_0 + \beta P_k \qquad (3-1)$$

式中,$\Delta P_b$ 为变压器有功功率损耗;$P_0$ 为变压器的空载损耗;$P_k$ 为变压器的有载损耗;$\beta$ 为变压器的负载率。

变压器的空载损耗 $P_0$ 主要取决于变压器铁芯的材质及变压器内部结构。由于材料的快速更新和技术的进步,以及变压器厂对变压器结构设计的不断改进,新开发的高序号节能型变压器比低序号节能型变压器的空载损耗低,如10 kV 级的 S11 系列比 S9 系列的空载损耗平均下降了30%,年运行成本平均下降 11.68%。负载损耗 $P_k$ 主要取决于变压器绕组的电阻,并与变压器负载率的平方成正比,因此,选用阻值较小的铜芯变压器,并让变压器负载率运行在额定满负载的75%～85%,可以获得较好的节能效果。

(2) 减少线路上的能量损耗。

由于线路上存在电阻,有电流流过时,必然会产生线路有功功率损耗 $\Delta P$,且

$$\Delta P = 10^3 I^2 R \qquad (3-2)$$

式中，$I$ 为线路电流；$R$ 为线路电阻。

线路上的电流 $I$ 由负荷决定，要减少线路损耗，只有减小线路电阻 $R$。线路电阻

$$R = G\frac{L}{S} \tag{3-3}$$

式中，$G$ 为电导；$L$ 为线路长度；$S$ 为线路截面积。

因此，减少线路的损耗主要采用以下几个措施：① 选用电导率较小的铜作为导体，如选用配电室汇流铜母排、铜芯电力电缆等；② 优化电缆布线线路，缩短配电房与各个辅机设备之间的电缆敷设距离，从而减少总体电缆线路长度；③ 按经济电流密度选择载流导体截面积，不论是配电到汇流母排，还是电厂的各类重要辅机设备配电电缆，回路传输功率大，可在投资优化的同时，降低线损能耗。

（3）提高系统功率因数。

热电厂系统中的用电设备绝大部分是鼠笼型异步交流电动机，其在运行时会产生滞后的无功，需要从系统中引入超前的无功相抵消，而超前的无功功率是从系统经高、低压线路传输到用电设备的，因此在传输线路上会产生有功损耗。要提高系统的功率因数，就必须在系统中采用电容补偿，因为电容器产生的是超前的无功功率 $Q_C$，两者可以与电感无功功率 $Q_L$ 相互抵消，即

$$Q = Q_L - Q_C \tag{3-4}$$

因此，可以通过提高功率因数，减小无功的需求量。

（4）风机、水泵类负载的变频节能。

在热电厂使用的风机、水泵中，如锅炉鼓、引风机、二次风机、锅炉给水泵、循环水泵等，大部分设备按额定功率运行。

风机流量的设计按照我国现行的火电设计规程，设计时以系统最大风量和风压作为参考值来选择电动机，一般风流量的富裕量设定在 $5\%\sim10\%$，风压富裕量设定在 $10\%$，再加上电动机型号不能完全匹配，只能往大级别功率电机上靠，从而选用富裕量偏大的风力电机。这就会引起不必要的过大冗余量，不仅造成投资浪费，还会增加电厂运行过程的用电负荷。况且，现实中其调节大多采用风门、挡板、起停电机等进行控制，无法形成闭环自动调节，往往又会造成电能的浪费。

水泵流量的设计同样为最大流量，压力的调控均停留在控制阀门开度的大小、电机的启停等方式上。电气控制采用直接、星形/三角形（Y-△）、自耦合降

压启动,不能改变电机的转速,不具备软开关启动的功能,既对机械产生较大冲击,还会使传动系统寿命缩短,且震动及噪声大,功率因数也低。

总之,热电厂的风机/水泵类设备配置较多,通常热电厂根据满负荷工作需用量来选择风机水泵的型号。但是,风机水泵在实际运行中,大部分时间并非工作于满负荷状态。因此,采用变频器直接控制风机、泵等设备是最科学的控制方法,即利用变频器内置 PID 调节软件,直接调节电动机的转速,使其保持恒定的水压、风压,从而满足系统要求的压力。当电机达到额定转速的 $80\%$ 时,理论上其消耗的功率为额定功率的 $51.2\%$,去除机械损耗、电机铜/铁损等影响,节能效率会明显提高。同时,也可以实现闭环恒压控制,节能效率还将进一步提高。由于变频器可实现大功率电动机的软停、软启,避免了启动时的电流冲击,可减少电动机故障,同时也降低了对电网容量和无功损耗的要求。

随着近几年大功率电子器件和电力电子技术及其控制算法的持续发展与进步,热电厂风机与泵等设备的节能效果已经得到极大改观,并取得显著的节能效益[6]。

6) 控制系统

异步电机在额定负载下的工作效率较高。采用传统额定励磁控制的变频器供电的异步电机调速系统,可以进一步提高异步电机额定工况下的运行效率。然而,当异步电机处于轻载运行或负载变化范围较宽的工况时,常用的恒压频率比控制或矢量控制方式普遍存在电机铁芯损耗过高的问题,电能使用效率不佳。

以热电厂锅炉风机变频节能改造为例,结合风机等流体机械的变频节能原理,从直接效益和间接效益两个方面清晰可见风机变频改造所取得的节能效果。这不仅可以从单台送风机变频改造前后的年电能消耗总量差值直接获得可节约电能的大小,还可从提升控制精度、完善保护功能等方面看出变频改造的技术优势[7]。

对于热电厂大功率电机的变频节能控制,大多采用"交(AC)-直(DC)-交"的变频控制方式。为了能够在保持电网功率因数不变的情况下降低直流侧谐波成分,变频电源一般采用二极管整流与全控器件"逆变"结构(见图 3-2)。其中,电网侧三相交流电(380 V/50 Hz)经二极管组成的整流桥全波整流成直流电。该直流电具有高压脉动性特点,需要通过储能元件电容或电感进行滤波。之后,由大功率电力电子器件构成的逆变器在脉冲宽度调制(pulse width modulation, PWM)方式下实现对功率器件的控制。最终,可向电机负载输出电压和频率可变的交流电[8]。

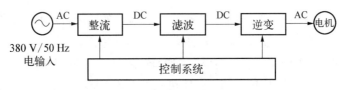

图 3-2 "交-直-交"变频结构原理

通过控制变频电源的切入或断开,实现工频电源的切换,从而达到变频节能目的的方法称为变频节能控制技术。变频节能控制系统在日常生产生活中的应用已经较为广泛,特别是在调速场合中的应用,可在一定程度上减少能源的不必要浪费,经济效益显著,其主要节能应用可归结为以下 3 个方面。

(1) 调速节能。

由电机学可知,三相异步电动机的转速与电源频率有关,通过改变电动机输入电源的频率即可实现电动机转速的调节。风机、泵类负载属于平方降转矩负载,它们的转矩与转速的平方成正比,而电动机转轴输出功率与转速则成立方关系。随着转速的下降,电动机转轴输出功率下降得十分明显,调速节能的效果显著,因此在此类设备中应用变频调速系统实现节能较普及。不过必须指出,只有负载处于工频运行状态下,才能实现调速节能;当电力拖动系统工作于最大效率区时,并不能通过调速来降低负载的能源消耗。

(2) 无功补偿节能。

无论是鼓风机、引风机、空气压缩机还是水泵等负载,均属于混合性负载,既不是纯电容性负载也不是纯电感性负载,因此这些设备在交流电的作用下会出现部分电能不做功,而消耗电能用于建立电场或磁场,于是便产生了无功功率。当生产过程中的运转机械正常工作时,无功功率的增加不仅会造成线路损耗和设备发热损耗,同时还会降低电网侧的功率因数,必然会造成能源浪费,且浪费相当严重。变频装置配置无功补偿电容,可明显减少负载内部的无功损耗,提高电网侧有功功率的占比,从而可充分利用变频电源输出的有功功率电能。

(3) 软开关启动节能。

传统电动机往往采用直接开/关的启动方式,启动瞬间的电流值一般可达到额定电流的 10～20 倍。过大的启动电流会引起电网电压下降,从而影响电网上其他用户的正常用电,且瞬间过大的启动转矩还会损坏电枢绕组和转动机构。变频装置具备软开关启动功能,可将电动机启动电流峰值控制在额定范围以内,有效减小了电动机启动时对电网和负载的冲击,既能延长电动机使用寿命,又能产生一定的节能效果。这是变频调速技术在电机运行节能中最为显著的表现,其在电厂中大功率电动机装置上的表现尤为突出。

## 3.2.2　锅炉余热利用技术

火力发电厂在生产电能的同时,不断消耗一次能源并排放大量的 $CO_2$、$SO_2$、$SO_3$、$NO_x$ 及烟尘等污染物。其间,造成火力发电厂能效水平低的主要因素是存在较大的燃料燃烧效率损失、锅炉与管道的热损失等。如何降低发电机组的能耗指标,提高机组的经济性,降低污染物的排放,还需从机组各项热损失中寻找余热"复用",显然这是节能减排的一条有效途径。

具体地说,火力发电厂热力循环系统存在各种余热,如锅炉排烟热量、锅炉排污热量、除氧器蒸汽热量、冷却发电机产生的热量以及各种冷却器散发的热量等。理论和实践均能够证明,在锅炉烟道中加装低压省煤器能够降低排烟温度,这是一种提高经济性、节约能源的有效措施,已经被普遍采用[9]。

1) 低压省煤器节能原理

低压省煤器安装在锅炉尾部空气预热器之后,吸收利用锅炉排烟余热。省煤器的水侧连接于汽轮机回热系统的低压部分,其内部流过的介质不是高压给水,而是凝结水系统提供的低压凝结水,因压力较低,故称为低压省煤器。低压省煤器系统通常从某个低压加热器引出部分或全部的凝结水,在低压省煤器内吸收排烟热量,降低烟温,而凝结水被加热升温后再回到低压加热系统,起到循环换热的作用。

低压省煤器系统串联或并联在低压加热回路中,代替部分低压加热器,可看作是汽轮机低压回热系统的一部分。低压省煤器将排挤部分汽轮机的回热气,在汽轮机进气量不变的情况下,该部分被排挤的气会在汽轮机继续做功,因此,在燃料消耗量不变的情况下,可以多发电量,从而提高机组的经济效率。

2) 低压省煤器接入方式及其技术改造

低压省煤器接入热力系统的方式有多种,但就其实质而言,只有两种连接方式:一种串联于热力系统中,简称串联式低压省煤器系统;另一种并联于热力系统中,简称并联式低压省煤器系统。

低压串联系统的优点是流过低压省煤器的水量最大,在低压省煤器的受热面积一定时,锅炉排烟的冷却程度和低压省煤器的热负荷越大,排烟余热利用程度越高。串联系统的缺点是凝结水的流动阻力增大时,可能会因凝结水泵的压头不足而使其流动不畅,此时必须更换凝结水泵。

低压并联系统的优点是可以不必更换凝结水泵,因为省却绕过一个或几个加热器所减少的阻力,足以补偿低压省煤器及连接管道所增加的阻力。此外,还可以方便实现余热能源的梯级开发利用。缺点是低压省煤器的传热"温压"比低压串联系统低,由于分流量小于全流量,低压省煤器的出口水温将比采用串联系统时高,其排烟余热利用程度相对偏低。

低压省煤器的总体布置采用的是双烟道错列管排逆流布置,分为甲乙两侧,分别安装在引风机后面的两个水平烟道内。烟气从引风机出口烟道上行,进入两个改造后的水平联通烟道,烟气自前向后水平方向冲刷省煤器蛇形管;由凝结水系统流出的低压主凝结水,经布置在烟气进口上方的低压省煤器入口集箱后,进入低压省煤器蛇形管;经蛇形管排流入布置于烟气出口下方的出口集箱,经母管汇集后,流入除氧器[10]。

锅炉余热利用是热力发电厂节能的一项重要技术途径。

### 3.2.3 城市集中供热系统的节能功效

随着北方地区城市冬季供热需求的不断增加,热网对热源供热能力和供热量的要求也在不断提高。在当前不可再生能源存量日趋紧张的情况下,节能降耗,降低供热成本,提高经济效益已成为供热机组面临的一项重要任务[11]。同时,快速的城市化建设进程又使得集中供热问题日益突出,城市需要在多层面实现可持续、智慧型发展,以应对多方面的挑战。因此,深入研究智慧城市的供热机组余热利用尤为重要。

在热电厂没有实现热电联产的情况下,汽轮机排汽中的热量靠循环水带到空冷岛进行散热,大量余热白白浪费,其中凝汽器的冷源损失最大,约占总热损失的60%[12]。可见,热电厂的余热利用问题很值得研究。

1) 热电厂对城市供热的余热利用技术问题简述

对于直接空冷发电机组,由于其"背压"的适应范围较广,最高允许运行"背压"可以达到60 kPa,完全涵盖了低真空供热要求的运行背压。因此,可以在汽轮机本体不动的情况下进行汽轮机高背压循环水供热[13]。

低真空循环水供热系统如图3-3所示。汽轮机低真空供热技术就是通过降低汽轮机凝汽器的真空度来提高汽轮机的排汽温度。在供热初期和末期,"热用户"所需的供热温度不高,一般供水温度不超过70 ℃,此时通过汽轮机排出的乏汽加热热网循环水至所需的供热温度,并送至热网来完成对外供热。

在深冬供热期,外界热负荷增加,所需的供热温度升高,单靠汽轮机排汽的加热温度无法满足热网需求,还需采用采暖"抽汽"对其进行二次加热,从而达到外界所需的供热温度,以满足供热要求。

目前,采用该技术的凝汽式汽轮机组的真空度最低约为0.05 MPa,排汽温度一般为80 ℃,该工况下循环水温度为50~60 ℃,符合供热所需的温度。在冬

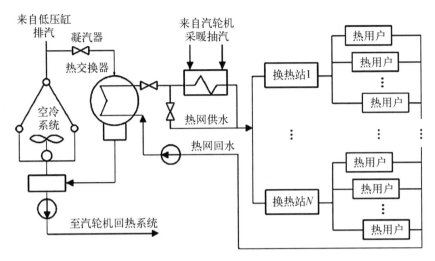

来自低压缸排汽　　凝汽器

热交换器

空冷系统

至汽轮机回热系统

来自汽轮机采暖抽汽

热网供水

热网回水

换热站1

换热站N

热用户
热用户
热用户

热用户
热用户
热用户

**图 3-3　直接空冷发电机组低真空供热系统**

季供暖期,采用高"背压"运行方式,并增设热网循环水管道切换系统。非供暖期,将汽轮机低压转子及相应部件更换为纯凝转子,使汽轮机在原设计背压下运行。

2)智慧城市供热系统的余热利用优化技术

可以肯定,我国北方地区集中供暖中的节能和系统技术优化始终是一项需要持续研究的课题。特别是智慧城市概念的提出和智慧城市技术的可行性已经成为人们日益重视的发展方向。

智慧城市是信息技术和人工智能应用相结合的城市发展模式,是城市信息化高级阶段的体现[14]。

智慧城市供热系统的余热利用优化技术是将智慧城市技术与城市供热系统余热利用相结合,从而实现现代化城市供热系统的余热利用高效率、低能耗、智能化发展。但是,目前对智慧城市供热系统余热利用方面的研究较少,其实现方法和技术均尚未成熟,如何将智慧城市技术与城市供热系统的余热利用进行完美融合,以实现智慧城市对城市整体供热系统的全面感知与智能化控制,是当下亟待解决的主要问题。

针对如何将智慧城市技术与城市供热系统余热利用技术相结合的问题,可以利用互联网技术把智慧城市供热系统中的供/回水温度、供/回水压力流量、室外和室内温度以及热用户各供水管道泵、压力计、流量计和温度表等智能化传感器与变送器连接起来,形成智能化物联网,实现对整个城市供暖系统的全面感知。进而利用云计算、人工智能等技术,对感知信息进行智能处理和分析,对供热系统各个分支上的管道泵及节流阀做出智能化的响应,使城市供热系统变成真正拥有智慧功能的城市系统。

为了进一步提高现代化城市集中供热技术的高效率、低耗能、智能化发展水平,将智慧城市技术和城市供热机组的余热利用技术相结合,即将传统供热机组余热利用的供热方式进行改造,采用直接由热源加热的热网供水送至各个"用热区域"的方式,实现城市集中供热。同时,在传统供热系统技术改造的基础上,通过智慧城市物联网技术对整个城市供热系统进行全面感知,实现对热网及热用户供热管路上水泵和节流阀等设备的精准、快速、智能化控制。

智慧城市供热机组余热利用与优化处理能够有效提高供热系统的一次换热效率,使余热利用更加充分,为城市未来集中供热系统的智慧型发展和节能降耗提供了新思路[15]。

## 3.3　绿色建筑及其节能技术

随着科技的发展,节能技术已经越来越完善,且涉及方方面面,楼宇建筑也不例外。例如:现代化的楼宇基本上均配置自动控制系统技术;大多数中央空调机房(水泵)也已经采用智能控制技术,其中的主机均已采用节能型机组,并使用环保制冷剂等;建筑外墙玻璃使用节能型玻璃;灯具选用 LED 节能型灯;等等。

### 3.3.1　绿色建筑设计理念

随着我国经济的高速运转,绿色环保理念已经深入人心,绿色建筑理念也逐渐应用在现代建筑领域中。绿色建筑设计理念的意义重大,原因如下:一方面可以保证建筑符合环保标准,提高建筑的质量和使用效率;另一方面,减少了废弃物和污染物的排放,减轻因建筑带来的环境污染,从而更好地为实现绿色环保和经济可持续发展做出相应的贡献。因此,在建筑设计中,遵守绿色建筑设计理念,将绿色环保意识融入设计中,科学有效地进行建筑设计,从而为人类提供一个生态和谐、资源节约、居住舒适的环境。绿色建筑设计理念应该包含自然、地域、建材、水资源等的科学合理利用。

1) 地域优势的科学合理利用

基于所处环境和气候的不同,我国的地域复杂多样。只有深入了解当地的环境情况和地域特点,才能在地形复杂的地域成功建设绿色建筑,并结合特点对建筑进行合理规划,从而使绿色建筑与周围环境和谐统一。

2）自然条件的科学利用

在绿色建筑的规划与建设中,需学会科学利用自然条件,从而营造良好的施工环境,在节约资源的同时,做到环保工程与自然的和谐。例如:自然光源和自然风的利用,这些天然资源在施工建设中有着天然的优势;利用太阳能转换成光能和热能,为建筑行业提供清洁能源等,可避免传统资源的浪费。

3）建筑材料的合理选择

建筑材料的选择也是实施绿色建筑的重点环节,需注重建筑物主体和核心材料的选择。在材料选择过程中,既要符合绿色的主题要求,选用绿色、环保的材料,又要选用天然的绿色材料,既能保护环境,也不会对人体健康产生危害。

4）善于发现和利用可循环新能源

除了太阳能和风能等天然能源的开发利用外,还可以在开发新型能源过程中,注入一些高科技元素(如水泥发泡防火门芯板、防火彩钢板、抗震结构钢材、新型人造麦秸板等),而这些新技术也已经慢慢渗透到了建筑领域中。

5）合理运用水资源

我国水资源短缺,且分布不均,区域差别较大。这就造成了水资源要么严重浪费要么严重短缺的情形。鉴于这种情况,我国政府采取了一系列的政策与技术措施。主要采取开源节流的方式:收集自然降水,必要情况下,通过人工降水的方式,帮助水资源短缺的地区解决用水问题;通过南水北调工程,缓解某些地区的水资源短缺问题;合理处理和回收利用污水。

人们一旦形成绿色建筑设计的牢固理念,便能将其转化为社会自觉推广绿色建筑设计的实际行动,从而实现整个社会构建绿色生态的良好环境。

## 3.3.2　冷却循环水节能技术

冷却循环水系统是工业生产过程中重要的公用系统(或称"过程工业"的公用系统),应用十分广泛,如钢铁、煤炭、冶金、化工等行业均含此类系统技术。此类循环水系统的用水量可以占到企业总用水量的 85% 以上,电能的消耗也可占到企业总用电量的 20%～30%,可见其中巨大的节水节能潜力。因此,对循环水系统进行优化研究对于节约资源很有意义。

实际上,冷却回路的换热功率与管路特性存在明显的差异,针对冷却水以及原料的温度要求也存在一定程度的不同特性,这就势必会对冷却循环水的流量需求有所不同。若调节水泵出口阀门,则仅能满足工况较差的冷却支路的需求,而不能使冷却循环水流量达到最佳运行状态。与此同时,在水泵出水压头不变的情况下,还会造成其余回路流量突然增大,这就会导致电能的无谓浪费。为了避免此类事件的发生,若按照以往"常规"的操作方法,即人工调节各个分支管路出口阀门,显然需要消耗相当大的人力资源,且无法准确保障温度的科学控制,也就更加谈不上实现节能的目标。

针对这些问题,就需要特别研究出温度智能控制的冷却循环水装置。依照冷却循环水系统节能的运行状态,从而实施相应的科学准确控制。

其中,值得一提的是,智能温度调节阀将电动比例阀和 PID(proportional-integral-derivative control)控制系统的功能融合到一起,借助后者设定原料本身需要控制的温度,温度变送器使监测之后的原料温度及时地反馈至 PID 控制器,能够确保系统合理地进行运算及调整,从而以电动比例阀的开度促使管路中的冷却水流量正好符合冷却原料设定的温度。

冷却回路的温度依照原料的具体要求进行分析后,需要进行独立设定,智能温度调节阀便可完成独立控制的目标,多个冷却回路能够依照环境的基本变化和生产负荷的状态自动调节管路内部的流量,且不会互相干扰。智能温度控制能够根据实际情况实现科学控温,进而满足系统运行的需求。

冷却循环水装置是通过冷却塔和循环水池等装置和部件共同组合而成的。其中的循环水泵出口阀门与主管路上的阀门只是作为检修时使用的阀门,平时两者的开度均处于100%位置上。换热装置属于冷却支路,进水口管路安装智能温度调节阀之后,能够实现有效的温度调控,进而更好地满足实际需求。

以下以空分冷却水循环系统为例,具体阐述其节能的技术要领。

1) 空分冷却水循环系统的基本构成

空分冷却水循环系统主要由循环水泵组、冷却塔、换热网络这 3 部分组成

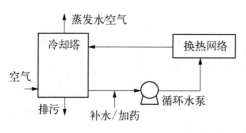

图 3-4　空分冷却循环水系统

(见图 3-4)。其中,循环水泵为离心泵,冷却塔是钢筋混凝土形式的机械通风方形逆流抽风式冷却塔。空分流程中,冷却水循环系统的换热网络主要包括空压机、主增压机、膨胀机、辅增压机、氧压机、预留增压机和氧压机中的各种级间冷却器,以及预冷系统中的空冷塔。

2) 换热网络热负荷计算模型

换热网络中,约80%的热负荷来自空压机和增压机这两台压缩机设备。因此,热负荷及所需冷却水流量的计算主要集中在这两台设备。空压机内部的工质流体是湿空气,因此需考虑湿度对比热的影响;对于增压机,其内的工质流体

是干空气,比热按常数处理即可。压缩机的热负荷计算方法如下[16]。

压缩机某一级的定熵压缩功 $W_S$ 为

$$W_S = \frac{k}{k-1} R T_1 (\varepsilon^{\frac{k-1}{k}} - 1) \qquad (3-5)$$

式中, $k$ 为定熵指数; $R$ 为理想气体常数; $\varepsilon$ 为级压比; $T_1$ 为该级压缩空气进口温度。

压缩机的定熵效率 $\eta_S$ 为

$$\eta_S = \frac{W_S}{W_{tot}} \qquad (3-6)$$

式中, $W_{tot}$ 为压缩机总压缩功。

对于实际压缩过程,该级压缩空气的出口温度 $T_2$ 为

$$T_2 = T_1 + \frac{T_{2,s} - T_1}{\eta_S} \qquad (3-7)$$

式中, $T_{2,s}$ 为该级压缩空气的定熵出口温度,且

$$T_{2,s} = T_1 \varepsilon^{\frac{k-1}{k}} \qquad (3-8)$$

在换热器中,冷却水作为冷流体给热空气换热。根据能量守恒方程,在换热器两侧的冷热流体总换热量应相等,即

$$Q = q_a c_a \Delta t_a = q_w c_w \Delta t_w \qquad (3-9)$$

式中, $Q$ 为换热器中的总热负荷;下标 a 和 w 分别表示热流体空气和冷流体水; $q$ 为流体的质量流量; $c$ 为比定压热容; $\Delta t$ 为流体的进出口温差。

计算出压缩机设备的热负荷并确定其所需的冷却水流量之后,对于其他冷却水需求量较小的换热器,可以采用在换热网络设计条件下,与空压机、增压机等比例换算的方式来计算其所需的冷却水流量。

计算出不同工况下换热网络的热负荷并确定其所需的冷却水流量之后,便可以此为基础对系统主要设备的调节方式进行优化。

3) 优化节能的约束条件

水泵与风机是系统中的耗能设备。因此,需要在不同的工况下对系统进行优化,使这些设备的总功耗最小,其对应的目标函数与约束条件为

$$\min\left\{\sum P_p + \sum P_f\right\} \qquad (3-10)$$

式中，$P_p$、$P_f$ 分别为泵和风机的功率。

（1）循环水泵的约束条件。

水泵的扬程需能够克服管网的阻力，管网阻力根据设计工况进行计算，同时泵的流量需满足管网所需的冷却水流量，即

$$\begin{cases} H_t \leqslant H(q_w, s) \\ Q_w = \sum q_w \\ H_t = 20 + 1.588 \times 10^{-6} q_w^2 \end{cases} \quad (3-11)$$

式中，$H(q_w, s)$ 为水泵扬程；$H_t$ 为管网阻力；$q_w$ 为冷却水瞬时流量；$Q_w$ 为冷却水总流量；$s$ 为水泵转速比。

（2）冷却塔约束条件。

冷却塔利用水与空气流动接触后进行冷热交换产生蒸汽，通过蒸发散热、对流传热和辐射传热等原理从一个系统中吸收热量排放至大气中，以降低水温。冷却塔是集空气动力学、热力学、流体学、化学、生物化学、材料学、静/动态结构力学以及加工技术等多种学科为一体的综合产物。其中，冷却过程属于多变量函数，冷却更是受到多因素的影响，整个冷却过程是一个多变量与多效应综合的过程。

就降温过程而言，冷却塔内的进风量需满足冷却水降温的要求；同时，冷却塔风机的风压需能够足够克服冷却塔内的阻力，冷却塔的阻力计算为

$$\begin{cases} N(\lambda) = \Omega(\lambda) \\ \Omega(\lambda) = 2.35\lambda^{0.65} \\ p_t = p_f(q_a, d) \end{cases} \quad (3-12)$$

式中，$N$ 为冷却数（cooling number）；$\Omega$ 为填料特性数（characteristic number of cooling tower packing）；$\lambda$ 为气水比；$p_t$ 为冷却塔阻力；$p_f$ 为风机全压；$q_a$ 为风机风量；$d$ 为冷却塔断面直径[17]。

（3）换热器约束条件。

通过换热器的冷却水温差不宜过大，一般以 8℃ 进行计算为宜，即 $\Delta t_w = 8℃$。

考虑的决策变量主要包括水泵的转速以及冷却塔风机的叶片安装角。在对这些设备进行调节时，使它们工作在高效率区间的同时，也要考虑它们的安全性。因此，对于水泵，转速的调节范围为 70%～100% 额定转速；对于风机，其叶片安装角的调节范围为 6°～18°，可采用遗传算法对该优化问题进行求解[18]。

### 3.3.3 建筑给排水节能技术

在现代建筑系统的设计过程中,已经开始注重节能节水技术的实施,因此也相继创新开发出多种新型的节能节水技术。

建筑的给排水节能节水技术需要根据具体情况开展设计。

1)建筑给排水节能节水技术类型

建筑给排水节能节水技术主要包括空气剩余热源(热能)利用、市政冗余压力利用、雨水收集储存等。

(1)剩余热源利用。

在目前的建筑系统运行过程中,空气源热泵技术已经在建筑给排水系统内得到科学的验证,且发现此类技术具有较高的应用价值。在建筑热水供水系统的选择和布置过程中,由于空气源热泵系统的造价和运行成本相对较低,且具有较高的能效比,同时产生的污染较少,已经被越来越多的业主选用,其运行原理如图 3-5 所示。

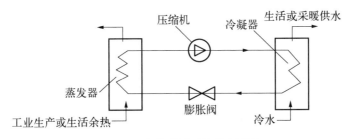

**图 3-5 余热利用系统基本原理**

从实践中取得的结果来看,如果需要加热 1 t 水,通过采取空气热源泵技术消耗的能源总量要远小于天然气锅炉、电热锅炉以及燃油锅炉等系统所消耗的能源。因此,在该项技术的使用中,可以在分析建筑物的实际结构和运行情况后进行选用。

(2)市政冗余压力利用。

在市政供水系统的运行过程中,必然会涉及多条供水管道,而供水管道内会产生一定的冗余压力。如果冗余的压力可以得到科学处理,那么在建筑物系统中,也可借助对这类压力的使用,实现对水资源的有效供应。

通常情况下,市政供水管网中的压力保持在 0.2~0.4 MPa,如果市政管网的压力超过 0.3 MPa,那么就可以利用管道压力,保持 5 楼及以下楼层具有足够大的水压供水,这就意味着房屋在 1~5 层区域内所建立的供水管道,可以与超过

5 层的供水管网分离。在日常运行中,1~5 层可直接利用市政供水管道的压力对其进行供水操作而不必增设压力泵或楼顶水箱,以减少不必要的耗电和污染,还能减少水资源的浪费。

在建筑工程给排水的节能节水系统建设过程中,其他的相关项目需根据实际的运行原理和运行要求进行配置。例如,针对压力监测系统,就需要分析在当前的运行阶段是否可以直接采用市政供水管网系统的运行压力,实现对 1~5 层的正常供水;如果该管网的供水压力小于 0.3 MPa,那么为了能够满足 1~5 层用户的实际用水需求,就需要利用整个系统中所配置的辅助加压设施实现供水;如果该管网的供水压力大于 0.3 MPa,则可以关停辅助设备以达到节能作用。在这类设施的配置中,就包括 PLC 控制系统、传感器以及流量计等多种设备,可共同实现管网系统内具体运行压力的跟踪和分析,从而控制辅助加压系统的运行状态。这些给水过程完全可以通过检测、智能判别与自动控制予以实现。

(3)雨水收集、处理与储存。

当前,各类建筑物运行过程中的雨水和污水均可进行二次加工和利用,之后再与相关水资源的循环系统进行连接或协调使用。对这类水资源的利用,除了能够做到有效的"节流"外,还可以充分提高各类水资源的获取总量,从而达到节约成本的目的。具体过程是根据整个建筑物的空间构型以及各类管道的配置原则,对相关的设施进行正确安装与整理,继而使所有的设施在运行过程具有可行性和可靠性。

2)建筑给排水节能节水技术要点

(1)设施选用。

在各类设施的选用要点中,无论是选购过程还是材料进入现场的检查过程,均需对相关设施的运行质量进行验证。该过程可采用抽样破坏检测法,对各类设施的实际强度进行检查。例如,对某管道系统的抽样检查,就需要分析样本材料在实际使用阶段存在的各类缺陷,包括环境的抵抗能力、壁厚、管径等多种参数,以及这类参数是否具有极高的运行精准度。如果发现相关参数和已经设定的工作标准不匹配,那么就可以确定该批次的材料不可利用。同时,必须经过专业的调整之后才可利用,且具体的研究阶段需要根据各类材料的实际使用要求进行调整。

(2)材料配置。

施工材料的配置要点:一方面是针对主体材料的配置,如针对管道设施、供配电系统等;另一方面是针对辅助设施的配置,如管道系统内所配置的各类连接件以及密封胶圈等,所有设施均不可出现遗漏、遗失问题。如果发现某设施的运行过程和相关设施的处理过程出现资料遗失问题,那么就可以确定这类材料不可使用,必须对其后续的运行状态和处理方法进行进一步处理。此外,各类材料的后期配置阶段也需要根据相关材料的具体配置要求和使用方法进行处理。

（3）设备装配。

设备需根据相关设备的具体要求和处理方法进行配置。例如,针对传感器系统,就需要分析该系统在实际运行过程中的精度参数以及常见的误差量生成范围和原因,之后再对这类信息进行调整。如果发现所取得的参数方案从作用上看无法全面保证运行要求,为了保证系统的安全性和完整性,可以确定该设备不宜选用,需要使用其他可替代性的设备。

以一项发明（智能节水技术）为例,进一步说明关键设备对生产与生活中的给/排水节能节水效果的重要作用。

① 形成发明专利的技术背景。随着世界经济与人口的迅速增长,世界水资源的消耗也在以惊人的速度增长,如何实现水资源循环使用、节约用水和节约能源的问题早已是人类共同关心的关系人类生存与发展的问题。然而,人类已经大量使用的用水器在使用过程中,常常因其漏水而未能及时被发现,水资源白白流失,造成无法估量的浪费,加上一些人的不良生活习性,在使用用水器后,不关或没有关好用水器开关,更加加剧了水资源的大量流失。这些背后的能源浪费更是无法估量。

② 该发明装置结构组成与节水技术。图 3‐6 是一种电子节水控制装置原理图[19],系统结构包括电磁阀、差压传感器、调理放大器、信号处理器、晶振、存

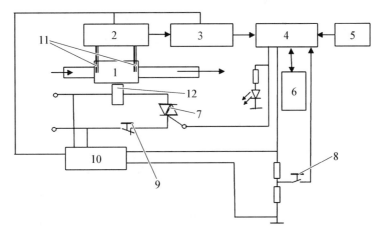

1—电磁阀;2—差压传感器;3—调理放大器;4—信号处理器;5—晶振;6—存储器;7—双向晶闸管;8—学习开关;9—复位开关;10—电源适配器;11—导压孔管;12—电磁阀受电线圈。

**图 3‐6　电子节水控制装置原理**

储器、双向晶闸管、学习开关、复位开关、电源适配器等。

该电子节水控制装置通过其控制方法实现节水控制。首先给上述电子节水装置设定一次性用水最大时间,然后通过水流传感与设定用水器一次性用水最大时间的比较对用水状况进行判定,并对用水浪费现象实施控制,一旦出现漏水等现象,经电子节水控制方法的运算,及时判断是否需要输出控制量将电磁阀启动而关闭水路,并通过电子显示装置提示人们有漏水等现象发生。因此,可以阻止用水浪费等现象的持续发生[20]。

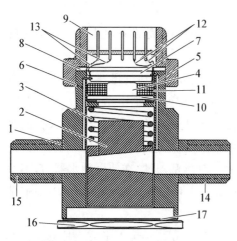

1—电磁阀本体;2—阀门;3—压缩弹簧;4—电磁铁;5—上游导压孔管;6—下游导压孔管;7—差压传感器;8—塑性软压板;9—电缆接口;10—软磁芯;11—受电线圈;12—受电线圈的输入导线;13—流体差压电气输出导线;14—上游管接头;15—下游管接头;16—底部螺盖;17—底部防漏垫圈

**图3-7 流量可测控电磁阀结构**

图3-7是电子节水控制装置系统中的流量可测控电磁阀,其结构包括电磁阀本体、阀门、压缩弹簧、电磁铁、导压孔管、差压传感器、塑性软压板及电缆接口[16]。阀门、压缩弹簧、电磁铁、差压传感器、塑性软压板及电缆接口按从下至上顺序排列在电磁阀本体的内部,阀门位于电磁阀本体内部的中心位置,压缩弹簧套于阀门上端的圆柱体上,电磁铁位于该圆柱体正上方,导压孔管的压力输入端头位于电磁阀本体内部流体通道的管壁上,其压力输出端头与差压传感器的压力输入端连接,电磁铁的受电线圈输入导线和差压传感器的流体差压电气信号输出导线与电缆接口连接[21]。

可测控电磁阀在测控流量的过程中,首先将可测控流量电磁阀、信号处理控制器和电力电子开关器件构成流量可测控系统,流量可测控电磁阀将阀门上下游流体压差传导至差压传感器的压力输入端口,流体压差经差压传感器中敏感元件转换为流体差压电气信号后,输出至信号处理控制器的输入端,信号处理控制器根据输入的流体压差计算获得当前被测流量,并将其与给定流量进行比较后,输出控制指令,改变受电线圈电流以控制阀门开度,达到控制流量的目的[22]。

在实际应用过程中,电子节水控制装置安装于进水阀的上游管道中(见图3-8)。

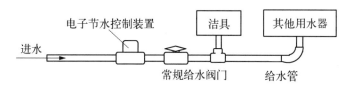

图 3-8 电子节水控制装置设置图

上述电子节水控制已经采用了智能算法,具体步骤如下。

根据管路终端用水器用水规律,设定一次性用水最大时间,即从开启用水到关闭用水器的持续时间。

首先,启动学习开关,使上述电子节水装置进入学习状态。此时,学习开关输出电平 $V_S$ 表达式如下:

$$V_S = \begin{cases} 1 & (学习开关闭合时) \\ 0 & (学习开关断开时) \end{cases} \tag{3-13}$$

式中,$V_S = 1$ 表示学习开关输出高电平,信号处理器中的逻辑门被打开,计数器开始计数。$V_S$ 作为信号处理器前端逻辑门电路的输入信号输入至门的一个输入端头,其与逻辑门电路的输出存在逻辑关系:

$$V_{out} = V_{\Delta p}^* \bigcup V_S \tag{3-14}$$

式中,$V_{\Delta p}^*$、$V_{out}$ 分别为经调理放大器转换后的输出电平与逻辑门电路输出电平,且

$$V_{\Delta p}^* = \begin{cases} 1 & (\Delta p \neq 0) \\ 0 & (\Delta p = 0) \end{cases} \tag{3-15}$$

$\Delta p$ 为水流的差压(压差)信号。

$$V_{out} = \begin{cases} 1 & (V_{\Delta p}^* = 1 \vee V_S = 1) \\ 0 & (V_{\Delta p}^* = 0 \wedge V_S = 0) \end{cases} \tag{3-16}$$

这就是说,$V_{out}$ 作为计数器的输入门控信号入口的门控信号,当 $V_{out} = 1$ 时,计数器输入门控信号入口被打开,计数器的输入脉冲信号入口就开始接收由晶振输送过来的时钟脉冲信号并开始计数。

令计数数据变量为 $N_t$,则

$$N_t = N_t(t) \tag{3-17}$$

式中,$N_t$ 为一个代表时间的数据量。一旦学习过程结束,即学习开关断开,在控

制器的作用下,信号处理器将 $N_t$ 中的数据写入存储器的存储单元 $N_0$。 如果系统是第一次学习,则存储器中不存在任何数据,$N_0$ 为初始设定。如果系统在变更用水器一次性用水最长时间的设定,则 $N_t$ 将更新存储器中原有的 $N_0$ 数据。存储器通过数据总线与信号处理器进行数据交互,写入或读出存储器中 $N_0$ 的数据。

可以通过对水流差压(压差)值的检测来确定水流的流动状态。当电磁阀阀门处于打开状态且下游用水器有水流流出时,由于阀门通流面积不均匀,阀门已经成为水流流动过程的节流件。只要节流件存在,水流势必引起节流件上下游两侧水位的压力差。因此,差压传感器可以通过引自电磁阀阀门上下游两个端面的测压孔管感应到压差的存在,即说明有水流流过阀门上下游,且存在如下关系:

$$q_V = k \sqrt{\Delta p} \qquad (3-18)$$

式中,$q_V$、$\Delta p$ 与 $k$ 分别为水流的体积流量、节流件上下游两侧的压力差和比例系数。当电磁阀阀门处于打开状态而下游用水器无水流流出时,管路中的水流处于静止状态,电磁阀阀门的上下游两侧仅存在水力学静压,不存在水力学动压。由于电磁阀阀门流程短小,电磁阀阀门上下游两侧的静压仅存在极其微小的差别,即使是高灵敏度的差压传感器,只需设定一个起始阈值,就可以区别水流流动与静止的状态。换句话说,当水流不流动时,差压传感器感应到的压差几乎为零。通过对电磁阀阀门上下游水流压差的检测,即可确定水流的流动状态,只要感应到的 $\Delta p \neq 0$,就说明管路一直存在水流流出。

差压传感器将检测到的水流压差转换成水流差压电气信号 $V_{\Delta p}$,转换关系为

$$V_{\Delta p} = l \Delta p \qquad (3-19)$$

由此,可以获得流量与水流差压电气信号之间的关系[12]。

$$q_V = k \sqrt{\frac{V_{\Delta p}}{l}} = k^* \sqrt{V_{\Delta p}} \qquad (3-20)$$

式中,$l$ 为水流差压电气信号与水流压差之间的比例系数,$k^* = \dfrac{k}{l}\sqrt{l}$。

水流差压电气信号 $V_{\Delta p}$ 输出至调理放大器,经调理放大后转换成只有高低两种电平状态的输出 $V_{\Delta p}^*$,即要么为 1,要么为 0。将 $V_{\Delta p}^*$ 输出至信号处理器中前端逻辑门电路,经逻辑门电路转换后输出为 $V_{out}$。

当 $V_{\Delta p}^{*}=1$ 时,用水器开启用水,$V_{\text{out}}=1$,计数器的输入门控开关被打开,计数器的输入脉冲信号入口接收来自晶振的时钟脉冲信号开始计数,持续更新 $N_{t}$ 的数据。在控制器的作用下,信号处理器实时地将数据变量 $N_{t}$ 与从存储器中读取的 $N_{0}$ 进行比较。

当 $N_{t} > N_{0}$ 时,用水超过一次性用水最长时间,电子节水装置判定水管下游存在用水浪费等现象。此时,信号处理器向双向晶闸管的控制极输出控制量使其导通,并带动电磁阀的受电线圈受电,导致电磁阀门关闭,即实施了"管制",阻止了用水浪费现象的持续;同时,由信号处理器的输出口发光二极管回路发出亮光指示漏水等信息。当 $N_{t} \leqslant N_{0}$ 时,说明用水量未超过一次性用水最长时间,电子节水装置不会对下游用水器进行"干预"或"管制"。当用水浪费现象消除,只需按动复原开关,即可恢复管道的正常供水。

该发明能够根据不同管径水管,选用相应规格的"流量可测控电磁阀"安装于上游管段,从而实现对下游用水状况的智能监控[23]。

### 3.3.4 高频智能水处理的节能作用

只要是以水作为介质的热交换系统就难免会发生管道内壁结垢的现象,尤其是工业冷却水循环系统。管道内壁一旦生成水垢,势必直接影响系统的热交换效率。为了消除管道内壁结垢,通常的做法是利用弱酸性流体对管路进行冲洗,这种清除管路结垢的方法属于化学方法,其弊端是既会造成环境污染,又有可能加速管道内壁的腐蚀。近年来,研究发现,磁化技术能够很好地清除水管内壁的结垢,而不会在水管清污过程中产生二次污染。

现有水处理器均不具备对水处理效果的实时监测。在实际应用中,一般均采用检测水体电导率的专用仪器对水质做不定时的检测与分析,进而对水处理效果做出评价。

为了达到环保节能的效果,以下再介绍一种净水处理技术领域的高频电磁水净化系统。该系统由高频调制波发生器、前置电压放大器、高频功率放大器、电磁水能量转换器、状态参数监测器、信号处理器和稳压电源等组成(见图 3-9)[24]。

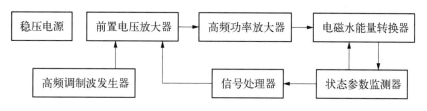

**图 3-9 高频电磁水净化系统结构框图**

这是一项发明专利技术。该发明使得水管壁能够有效防垢、除垢。该技术能够对循环水系统的水流量和电导率进行实时检测,并能够根据水流量和电导率进行识别运算来确定应该向被处理水质发送的最佳电磁能量功率,在进行水处理的同时,实现高效节能。

该项技术的装置结构及其水处理过程如图3-10所示。其中,状态参数监测器包括水流压差传感模块、信号调理模块、第一模数转换模块、第二模数转换模块、导压孔管和开关信号模块。状态参数监测器用于监测水处理过程中的第一参数和第二参数。第一参数为水管阻力段的水流差压,该水流差压电信号由状态参数监测器中的水流压差传感模块感应生成,水流压差即由水管阻力段上下游两侧的测压点及其导压孔管传导出来的水流压头差值。所谓水管阻力段,即能够使水流流速发生变化的管段,如管路中的弯管段、变直径管段等。第二参数为由状态参数监测器中的开关信号模块输出并加在水管阻力段上下游两侧的测压点之间的直流电压信号。

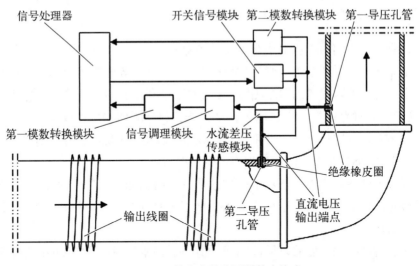

图3-10 状态参数监测器基本构成

两个导压孔管的压力感应前端将感应到的水管阻力段的上下游两侧水流压差,通过导压孔管传递到水流压差传感模块,水流压差传感模块将管路"阻流件"上下游侧的水流压差通过差压传感器转换成一个电压信号输出至信号调理模块,水流压差的电压信号经过信号调理模块的调理后,将提高了信噪比的信号输送至第一模数转换模块转换成数字信号输出。当开关信号模块的触发脉冲信号输入端口接收到信号处理器的控制信号时,开关信号模块中的电子开关器件导通,将稳压电源输出的直流电压通过与其串接的标准电阻器的一个端点和接地端点即输出端口的两个端点加到管路"阻流件"上下游两侧的导压孔管之间,同时管路"阻流件"上下游两侧的导压孔管之间两个端点的电压值信号通过开关信号模块反馈至第二模数转换器。

　　高频调制波发生器包括高频振荡模块、锯齿波振荡模块、振幅调制模块和高频放大模块(见图 3-11)。其中,高频振荡模块的输出端口连接至振幅调制模块的载波信号输入端口,锯齿波振荡模块的输出端口连接至振幅调制模块的调制信号输入端口,振幅调制模块的输出端口连接至高频放大器的输入端口,高频放大模块的输出端口即高频调制波发生器的输出接

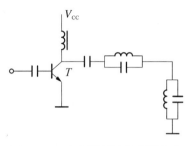

图 3-11　高频调制波发生器电路

口。高频振荡模块中设有电感器-电容器(LC)三点式振荡电路,通过改变电感器(L)或者电容器(C)的数值改变高频振荡模块的输出信号频率。高频振荡模块中的核心器件——高频振荡管,采用模拟集成芯片(如 μPC1651),通过选用的电感器、固定电容器及微调电容器构成 LC 三点式振荡回路,输出高频信号频率确定为 $f_0 = 11.5\ \mathrm{MHz}$。

　　锯齿波振荡模块是利用 RC 积分电路的正向积分时间常数远大于反向积分时间常数,或反向积分时间常数远大于正向积分时间常数的电路特性引起的在电容器上的不同充放电效应,使得 RC 积分电路在电阻上的电压降呈现上升和下降斜率相差很大的效果,从而获得锯齿波形态的输出电压信号。锯齿波频率 $f_d = 0.5\ \mathrm{MHz}$。高频振荡模块输出的高频信号和锯齿波振荡模块输出的锯齿波电压信号分别通过振幅调制模块的载波信号输入端口和调制信号输入端口送至振幅调制模块后,实现锯齿波电压信号对高频信号的振幅调制。也就是说,振幅调制模块接收到的高频信号被锯齿波电压信号所调制,即高频信号的振幅参数随着锯齿波电压信号的幅值大小而变化。此时,被调制的高频信号称为载波信号,调制高频信号的锯齿波电压信号称为调制信号。振幅调制模块在接收到高频信号和锯齿波电压信号的同时还会产生混频效应,即在振幅调制模块的输出端口会形成两种载波频率的信号输出:第一,载波与调制波两者频率之和为载波频率的调幅信号,简称为频率和信号的调幅波;第二,载波与调制波两者频率之差为载波频率的调幅信号,简称为频率差信号的调幅波。振幅调制模块生成的两种载波频率的调幅波信号通过其输出端口输送至高频放大模块进行高频信号放大,以提高两种调幅波信号的电压增益。振幅调制模块中的核心器件——

调幅器,采用 LM1496 集成芯片。当进行调幅时,载波信号通过 LM1496 集成芯片信号输入端口至 LM1496 内核的两组差分对,且两组差分对的恒流源又组成了一对差分电路,恒流源的控制电压可正可负,从而实现四象限模拟乘法器的工作方式。经过振幅调制模块调制后,同时生成载波频率为 $f_0 + f_d = 12\,\text{MHz}$ 和 $f_0 - f_d = 11\,\text{MHz}$ 的两种调制波信号输出。

高频放大模块中的高频功率放大器为工作频率处于 $10 \sim 12\,\text{MHz}$、输出功率大于 $50\,\text{W}$ 的高频大功率晶体管组成的功率放大电路。

前置电压放大器是集电极最大耗散功率为毫瓦(mW)级的晶体管组成的增益可控放大电路(见图 3-12)。其中,M1 和 M2 为共源放大器,M3、M4、M5 和 M6 为共栅晶体管。前置电压放大器采用信号相加式结构,以模拟信号控制增益,连续可调,电路中差分对管 M1、M2 为工作在饱和区的共源放大器,负责将输入的高频电压信号转变为高频电流信号,信号相加式可变增益放大器通过改变控制电压输入的电位差,即可调节信号电流在 M3、M4 与 M5、M6 之间的分配,以实现增益的单调连续可调。M3、M4、M5 与 M6 为 N 型金属-氧化物-半导体晶体管(N-MOS 管),工作在共栅状态。当前置放大器控制信号接收到信号处理器的控制信号时,前置放大器能够根据控制信号改变其输出的电压,进而在前置放大器输出电压的驱动下,改变高频功率放大器的输出功率。

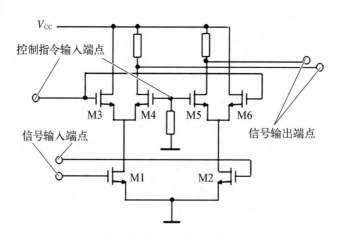

图 3-12 前置电压放大器电路

电磁水能量转换器可选两种能量转换方式中的任意一种(见图 3-13)。其中,第一种电磁水能量转换器为水管外壁设置的两组线圈;第二种电磁水能量转换器为水管内部设置的电极棒。第一种方式的两组线圈的绕向相同,两组线圈之间相隔的距离为管道标称直径的整数倍。第二种方式的电极棒任意一个端点和电极棒所处管段的管壁上的电气接点构成电磁水能量转换器的输入接口。在能量转换方式中,高频功率放大器已经包含谐振于两个载波频率的两个输出谐振回路,两个谐振回路的交点和高频功率放大器的接地点为其输出接口的端点。当电磁水能量转换器采取第一种方式进行电磁能量向水分子内能的转换时,两个线圈既是高频功率放大器输出回路上的谐振电感线圈,又是电磁水能量转换器上电磁能量的发射线圈,两个线圈的接线端点为电磁水能量转换器的输入接口端点,高频功率放大器两个输出谐振回路上两个电容器的 4 个接线端点为高频功率放大器的输出接口端点,对应的线圈与电容器接线端点两两对接,分别构成高频功率放大器谐振于两个载波频率 $f_0+f_d$ 和 $f_0-f_d$ 之间的两个输出谐振回路。

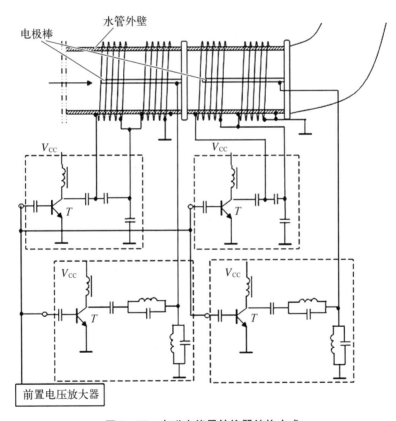

图 3-13  电磁水能量转换器结构方式

电极棒通过连接法兰与水管外壁固定,电极棒与法兰之间通过锦纶管套和十字形支架进行机械连接,锦纶管套套在电极棒任意一个端头上,从而确保了电极棒与周边金属材料的电气绝缘(见图 3-14)。

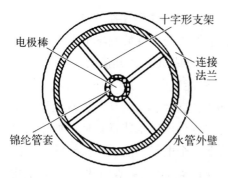

图 3‑14 电极棒固定方式横断面图

信号处理器包括运算模块、时钟模块和控制模块(见图 3‑15)。其中,运算模块的输入端口包含 3 个信号通道,第一信号通道接收来自状态参数监测器第一模数转换模块输出的数字信号;第二信号通道接收来自状态参数监测器第二模数转换模块输出的数字信号;第三信号通道接收时钟模块时间脉冲序列信号。运算模块承担的运算功能包括水流流量、水质电导和状态参数监测器开关信号模块中的开关信号频率,并根据水流流量和水质电导计算出当前待处理水质需要的电磁场能量及其前置电压放大器应该具有的电压增益。控制模块根据运算结果生成相应的决策指令,并转换为模拟信号分别输出至前置电压放大器和状态参数监测器开关信号模块。

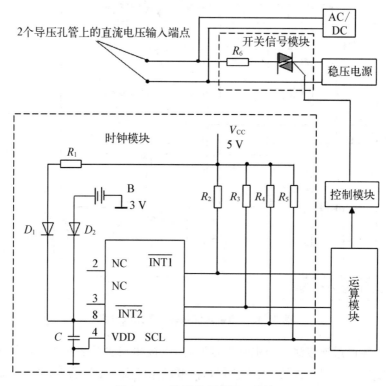

图 3‑15 信号处理器原理结构

时钟模块中设有晶体振荡器,该时钟模块生成时间脉冲序列并输出至运算模块,运算模块能够根据标准时间脉冲序列通过运算软件确定向状态参数监测器开关信号模块输出的触发脉冲信号周期,从而确定加在管路"阻流件"上下游两侧的导压孔管之间电压开关信号的频率。具体电路结构以 SD2203AP 为核心芯片。SD2203AP 是一种低功耗串行实时时钟芯片,具有时钟(时、分、秒)和日历(年、月、日、星期)功能,具有 12 小时制和 24 小时制 2 种计时模式。芯片以其体积小、功耗低、高精度、免调校、内置晶振、使用简单、$I^2C$ 总线接口、两路定时中断输出为主要特点。SD2203AP 的 $I^2C$ 总线上可以挂接多个微控制单元(microcontroller unit,MCU),是一个十分完善的多主系统总线。当信号处理器中的运算模块和控制模块采用"51 系列单片机"STC89C54 来实现时,即STC89C54 承担运算模块和控制模块的功能,对运算模块的通用 I/O 接口采用软件模拟 $I^2C$ 总线接口,能够很好地解决与 SD2203AP 的接口问题。SD2203AP 的供电电路由 D1、R1、D2 以及+3 V 的电池、+5 V 的电源组成,+5 V 电源正常时,+5 V 电源经 D1 给 SD2203AP 供电,掉电时,3 V 电池经 D2 给 SD2203AP 供电,维持SD2203AP 的正常运行,SD2203AP 的 SCL 为串行时钟输入,与单片机STC89C54 的 P2.0 端口连接,SDA 为串行数据输入/输出,SDA 与单片机STC89C54 的 P2.1 端口相连,以实现运算模块与 SD2203AP 的数据通信,中断输出 INT1、INT2 分别与单片机 STC89C54 的中断输入口 P3.3、P3.4 相连。

信号处理器能够通过软件控制对开关信号模块进行每日一次开启,从而实现对水质电导的监测,即开关周期 $T_c$ 为 24 h,且 $T_c = T^+ + T^- = (10 + 86\,390)$ms,其中 $T^+$ 为检测所占用的正半周开通时刻,$T^-$ 为不检测所占用的负半周关闭时刻。

稳压电源包括 12 V、6 V、5 V、−8 V、−12 V 直流电压输出。其中,稳压电源的 12 V 电压供前置电压放大器、高频功率放大器、状态参数监测器、信号处理器;高频调制波发生器中的高频振荡模块电源电压为 6 V,锯齿波振荡模块的电源电压为 12 V 和−12 V,振幅调制模块的电源电压为 12 V 和−8 V,高频放大模块的电源电压为 12 V,5 V 电压是专供信号处理器中时钟模块的电源。

水处理过程控制算法包括以下几个步骤。

(1)高频调制波发生器产生的双载波频率的振幅调制信号输送至前置电压放大器进行电压放大,放大后的高频电压信号输送至高频功率放大器进行功率放大,放大后的高频功率信号是双载波频率的调幅大功率信号。该功率信号通过电磁水能量转换器将产生一种双载波频率的、振幅按照锯齿波进行周期性脉动的、具有足够磁感应强度的磁场能量,并作用在水质上。其中,当高频振荡模块产生的高频信号频率为 $f_0$、锯齿波振荡模块产生的锯齿波信号频率为 $f_d$ 时，经过振幅调制模块调制后的输出信号的瞬时电压 $u_1$ 能够用式(3-21)表示：

$$u_1 = \begin{cases} [A_T(t) + A_0]\sin[2\pi(f_0 + f_d)t + \varphi] \\ [A_T(t) + A_0]\sin[2\pi(f_0 - f_d)t + \varphi] \end{cases} \tag{3-21}$$

式中，$A_T(t)$ 为锯齿波幅值 $A_T$ 随时间 $t$ 变化的周期性函数，且

$$A_T(t) = \begin{cases} \dfrac{U}{T}t & [nT < t < (n+1)T] \\ 0 & (t = nT) \end{cases} \tag{3-22}$$

式中，$U$ 为锯齿波尖峰幅值，即锯齿波最大幅值；$T$ 为锯齿波变化周期，$n = 0$，1，2，$\cdots$，$\infty$；$A_0$ 为载波的最大幅值；$\varphi$ 为载波初相位。

$u_1$ 经过前置电压放大器后生成高频电压信号 $u_2$ 输出，此时前置电压放大器的电压增益 $\alpha = 20\lg\left(\dfrac{u_2}{u_1}\right)$ 的大小受到信号处理器控制信号的控制。

高频电压信号 $u_2$ 经高频功率放大器的功率放大后生成高频功率信号 $p_A$ 输出。高频功率信号 $p_A$ 通过电磁水能量转换器将电磁能转换成水质内能。当电磁水能量转换器采用第一种方式释放电磁能时，绕制线圈的管段内部生成的磁感应强度 $B$ 为

$$B = N_1 \frac{\mathrm{d}i_1}{\mathrm{d}t} + N_2 \frac{\mathrm{d}i_2}{\mathrm{d}t} \tag{3-23}$$

式中，$i_1$、$i_2$ 分别为流经 2 个线圈的高频电流；$N_1$、$N_2$ 分别为 2 个线圈的匝数，对应的载波频率分别为 $f_0 + f_d$ 和 $f_0 - f_d$。

当电磁水能量转换器采用第二种方式施放电磁能量时，电极棒与管壁之间的水介质磁感应强度 $B$ 为

$$B = \mu_0\left(k_1 \hat{p}_A \frac{R_2}{r^2} + M\right) \tag{3-24}$$

式中，$\mu_0$ 为真空磁导率；$\hat{p}_A$ 为高频功率放大器输出的高频能量作用在电极棒上的有效功率，当高频功率放大器输出传输线较短，如小于 1 m，可以不计传输辐射损失，近似认为 $\hat{p}_A = p_A$；$R$ 为水管内壁半径；$r$ 为水分子与电极棒的距离；$k_1$ 为比例系数；$M$ 为水分子磁化程度。

流经上述水处理管段内的水流在磁感应强度 $B$ 的作用下受到磁化处理，水

分子聚集力下降,不形成大缔合状态的水分子团,而生成小缔合态或单个水分子,易被钙、镁离子吸附,进而阻止了碳酸盐微晶面的形成和生长,从而形成极易被水流带走的絮状碳酸盐分子团。被高频能量激活的单个水分子极易通过微缝隙浸润并渗透至管道内壁原有的结垢层中,产生高频率振荡,使得水垢松散、脱落。随着微缝隙的不断扩大,最终将管壁水垢清洗干净。与此同时,被高频磁场处理后的水分子还能够防止管壁的化学与电化学腐蚀,抑制微生物生长,具有杀菌、灭藻的功能。

(2)状态参数监测器直接检测。第一个水处理状态参数即由水流压差传感模块输出的管路"阻流件"上下游两侧的压力差,经过第一模数转换模块后输送至信号处理器运算模块的第一信号通道;第二个水处理状态参数即由开关信号模块输出的、加在管路"阻流件"上下游两侧的导压孔管之间电压值,经过第二模数转换模块后输送至信号处理器运算模块的第二信号通道。

(3)信号处理器对状态参数监测器传输过来的管路"阻流件"上下游两侧的导压孔管之间电压值和管路"阻流件"上下游两侧的水头压力差信号进行运算,从而获知当前水质电导和水流流量,在电磁水能量转换器能量转换方式固定的情况下,继续通过控制模块输出控制指令至前置电压放大器,在一定调节范围内改变输出的调幅波功率,具体步骤如下。

第一决策计算,信号处理器利用经差压传感和模数转换获取的管路"阻流件"上下游两侧的水头压力差,即水流压差 $\Delta p$,计算此时流经管道的水流体积流量 $q_V$:

$$q_V = k_2 \sqrt{\Delta p} \tag{3-25}$$

式中,$k_2$ 为比例系数,由试验确定。

第二决策计算,信号处理器利用获取到的由开关信号模块输出的加在管路"阻流件"上下游两侧的导压孔管之间电压值 $U$、开关信号模块电源输入端口的稳定直流电压值 $U_0$、输出回路上的电子开关器件导通压降 $U_S$ 和串联标准电阻器的阻值 $R_e$,计算此时流经被处理水的直流电流 $I$:

$$I = \frac{U_0 - U - U_S}{R_e} \tag{3-26}$$

进而计算被处理水的电导 $G$:

$$G = \frac{I}{U} = \frac{U_0 - U - U_S}{U R_e} \tag{3-27}$$

第三决策计算,计算前置电压放大器应该选取的电压增益值,即

$$\alpha = \left\{ \frac{q_V}{q_M} \cdot t \left[ \frac{G_M}{G}, 1 \right] + 1 \right\} \alpha_0 \qquad (3-28)$$

式中，$q_M$ 为水流额定最大体积流量；$G_M$ 为被处理水流能够达到的最大电导；$\alpha_0$ 为前置电压放大器的基础增益，其数值等于前置电压放大器最大增益 $\alpha_M$ 的 $\frac{1}{2}$，即 $\alpha_0 = \frac{1}{2}\alpha_M$；$t\left[\frac{G_M}{G}, 1\right]$ 为 $\frac{G_M}{G}$ 和 1 的 $t$-范数，如 $t\left[\frac{G_M}{G}, 1\right] = \min\left[\frac{G_M}{G}, 1\right]$ 就是 $t$-范数的一种算法。

最后，信号处理器根据第三决策计算结果，由其控制模块输出控制信号来改变前置电压放大器增益的相应大小，从而达到最终作用于水质的合适且节能的高频功率放大器的功率信号输出。

应用上述发明能够进一步设计出一种高频电磁水处理智能技术系统。在确保不发生二次污染的同时，能够根据现场环境因素的变化，通过自适应寻优算法自动找出最佳频率与最优输出电压，使系统水处理达到优化效果，并对现有能量反应器进行改进，使装置在除垢抑垢的同时，吸收水中析出的絮状水垢。

该智能高频电磁水处理系统由能量反应器、功率输出主电路、控制决策、现场监控、远程信息交互、电源这 6 大模块组成（见图 3-16）。其中，功率输出主电路、控制决策、现场监控、远程信息交互、电源又被称为"高频能量发生器"。

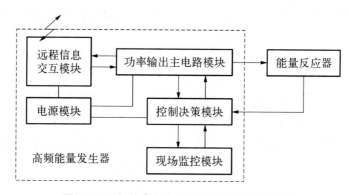

**图 3-16　智能高频水处理技术系统组成框图**

在图 3-16 中，功率输出主模块的任务是将 50 Hz 市电转换为适用于水处理的高频电磁能量，要求其可以输出电压为 20～50 V、频率为 20 kHz～1 MHz 的可调矩形波，其硬件结构主要包括 DC-DC 升压电源和逆变桥模块。能量反应器是一种具有特殊结构形态的电磁/水质物理反应装置。能量反应器在除垢抑垢的同时，要求能够吸收水中析出的絮状水垢。控制决策模块能够根据要求将运行方式确定为自动控制模式、手动控制模式和 GPRS(general packet radio service)控制模式。

当系统运行在自动控制模式时,能够根据能量反应器的工作状况参数来确定控制功率输出主电路的工况决策,寻找最优工作点。

当系统工作在手动控制模式时,监控模块能够为现场技术人员提供一种便捷的"应急"控制参数设置与控制界面。

远程信息交互模块通过 GPRS 无线分组数据传输系统实现远程监控中心对各个水处理终端的实时监控。当系统运行在 GPRS 控制模式下时,可以根据远程监控中心发送的控制信号来自动调节系统运行工况。

电源模块根据功率输出主电路、控制决策和远程信息交互的电压与功率要求提供相应的电能输出。现场监控模块由控制决策模块直接供电。

(4)控制策略。系统控制流程如图 3-17 所示。开机后,系统首先检测静态参数,如果检测到静态参数异常,将自动停机报警。待确认系统参数正常后,信号控制器将根据模式选择开关输出相应工作模式下的控制信号,即控制决策模块输出特定频率、电压和功率的高频信号,控制功率输出电路输出相应频率与幅值的梯形波,并通过能量反应器对循环冷却水进行处理,同时系统对水质的相关参数实施在线监控。

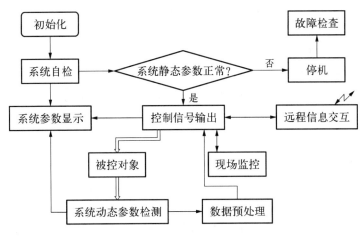

图 3-17 系统控制流程图

在自动调节模式下,系统将根据当前水体的各项参数判断在当前输出频率和输出电压下的处理效果,寻找最优输出参数,以便达到最优的处理效果。

系统检测装置与远程控制设备在远程信息交互的技术支持下,上述系统能够自动实现当前水质及其系统动态参数与远程控制设备的交互。因此,远程中控、巡视终端以及任何售后技术支持和管理者均能通过互联网实时获取受控现场的运行工况参数,且远程中控还可以根据任意终端的各项参数实施必要的参数调节与运行状态控制[22]。

与现有同类技术相比,此系统使水管具有除垢、阻垢功能,且除垢效率比恒定频率、恒定幅值的高频信号除垢效率提高了 30%,能够防止管壁的化学与电化学腐蚀,抑制微生物生长,具有杀菌、灭藻的功能,比前置电压放大器增益不可控装置节能 50%以上[25]。

总之,建筑给排水系统中的节能节水技术被应用的主要类型包括热源利用系统、供水管网的冗余压力利用、雨水的收集系统以及水处理的智能技术等。使用原则必须遵循各类技术的建设原则、建设要求和相关原材料的节能标准,对所有的设施(包括辅助类设施)进行质量检查,所有设施的实际运用方法和处理标准必须完全匹配实际运行工作中的科学要求[26]。

### 3.3.5　建筑中的保温节能技术

建筑中的保温节能技术应该包括材料与节能应用技术两个方面。

1)建筑材料

建筑中的保温技术主要涉及材料选用和装配工艺等问题,这自然包括墙体、给排水管路以及温控循环系统材料的保温及其技术。

(1)材料选用。

在建筑给排水节能节水技术的使用过程中,需要对相关的材料进行正确选择。主要使用的材料包括建筑施工材料以及各类管道材料,需根据与之对接系统的运行状态和运行标准进行确定。此外,针对相关材料的进一步处理阶段,也需根据所有材料的使用原则和装配方法对其进行专业性的处理,以提高相关材料的使用水平。

(2)材料装配。

材料的配置过程一方面要根据所有施工材料的使用原则和使用方法进行配置,另一方面要对各类管道设施进行科学化和专业化的建设。材料的使用过程主要是根据各类管道外部空间的相关材料类型以及相关材料的使用方法确定,例如,隔声材料、管道的外部防护材料等就需要根据这类材料的施工内容进行确定。其中,管道系统在装配过程中,必须根据专业的施工规范和施工标准进行处理。

(3)设施配置。

在各类设施的配置过程中,无论是对于原有的系统建设,还是对于已经采用各类施工材料之后的改造或修缮,均需配置专业的设施。这类设施从运行原则上来看,主要是对整个系统起作用的电气设备。因此,在这类设备的实际装配阶段,必须根据设备的运行原理、运行要求和处理标准,对其他的给排水系统进行配置。例如,针对雨水收集系统,从表面上来看,只需要在相关设备的子系统内配置专业的雨水收集装置即可,但从实际的处理原则上来看,无论是雨水的过滤、收集还是经过处理之后,在水资源的后期利用中,均需借助专用的运行设备来实现对各类资料和信息的上传。同时,需使用专业的过滤系统,并确定该系统对水资源的输出方法,从而实现对所有设施的专业化配置[27]。

　　2) 建筑节能的应用技术

　　建筑节能的应用技术主要包括墙体、窗户、内屋面保温和地源热泵等的利用。

　　(1) 墙体节能。

　　在建筑节能环保设计中,需注意提高墙体的属性,因为墙体对建筑物的保温效果起到决定性作用。设计科学合理的建筑墙体可以使建筑物的温度变化保持在一个合理的区间。目前,墙体的节能已经成为节能环保设计研究的重点内容。

　　如何合理地利用墙体节能? 材料的选择至关重要。需利用新型、节能环保、保温性能好且价格合理的材料,然后通过合理的设计规划,达到墙体保温的目的。

　　以往,主要是通过增加建筑物墙体厚度的传统模式来改善建筑物保温性。而现代,随着科学技术的不断提高,实现墙体保温的方式早已多元化,可以借助新型的保温材料予以实现。新型保温材料虽然厚度不大,但其保温性能却非常突出。目前,市场上涌现出大批新型的墙面材料,以"免烧水泥砖"类材料最为常见。这些保温材料虽然薄,但是保温效果好,可以抵挡外来冷热空气的入侵。在建筑物内外温差相对较小的情况下,内外热量不交流(传递),从而起到保温的效果。

　　(2) 节能门窗。

　　节能门窗可以增大采光和通风面积,是现代建筑风格的体现。节能门窗的主要特点是节能且环保。门窗的位置在建筑物的最外层,可有效隔绝建筑物与外界之间的空气交换。建筑物与外界空气接触时间越长,建筑物内的能量损失就越大。这时,不合理的门窗设计就会造成建筑物与外界空气之间的热量交换。这种建筑物内外的热量交换使得室内温度极易受到外界气温的影响而发生"急剧"波动,使室内温度相对频繁地升高或降低。在建筑物的门窗设计中,需严格按照环保要求,强化门窗属性,才能满足门窗的保温效果以及绿色节能的要求。如普遍采用的双层钢化玻璃间隔真空窗户就具有良好的隔热隔声效果。

　　(3) 内屋面保温节能。

　　内屋面是一个建筑结构的重要组成部分,隔热、防水、保温的性能可以提高建筑内部舒适度,还可以降低能源消耗量。如今,国内很多保温节能技术就是运用在内屋面上,如泡沫混凝土的浇筑技术、硬质聚氨酯泡沫塑料的覆盖技术等。这些技术不仅能保持室内的温度稳定和平衡,还能增强建筑节能减排的效率,从而带给人们舒适的空间体验。

（4）地源热泵节能应用系统。

地源热泵是陆地浅层能源通过输入少量的高品位能源（如电能等）实现由低品位热能向高品位热能转移的装置。通常地源热泵消耗 1 kW·h 的能量,用户可以得到 4 kW·h 以上的热量或冷量。地源热泵是以岩土体、地层土壤、地下水或地表水为低温热源,由水地源热泵机组、地能交换系统、建筑物内系统组成的中央供热空调系统。根据地热能交换系统形式的不同,地源热泵系统分为地埋管地源热泵系统、地下水地源热泵系统和地表水地源热泵系统。地源热泵供暖空调系统主要分为三部分：室外地源换热系统、地源热泵主机系统和室内末端系统。

地源热泵绿色节能技术就是利用地表储存的能量,通过热泵的水循环热力学与传热学原理实施室内的温度调节。这种地源热泵技术在夏季能够发挥重要作用。当夏季温度过高时,这项技术可以将建筑物内的热量传输至地下深层储存起来,同时降低被调节室内的温度并使温度保持相对稳定状态。到了冬季,又可以利用地源热泵的水循环回路将储存于地表下的热能"带回"到建筑物的室内,进而提升室内温度,以达到新的环境舒适温度[28]。

当然,地源热泵的温度调节技术离不开温度传感器对环境温度的检测与反馈。通过温度的检测与控制,地源热泵才可以达到智能调节室内温度的良好效果（见图 3 - 18）。其中,地源热泵系统工作原理如图 3 - 19 所示。

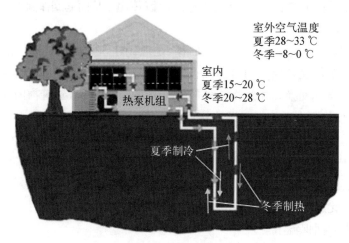

室外空气温度
夏季28~33 ℃
冬季-8~0 ℃

室内
夏季15~20 ℃
冬季20~28 ℃

热泵机组

夏季制冷

冬季制热

**图 3 - 18　地源热泵循环系统示意图**

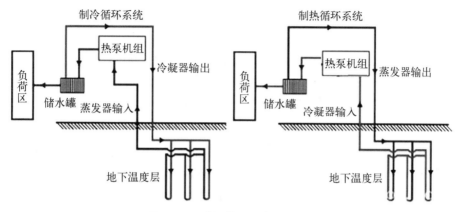

图 3 - 19　地源热泵系统工作原理

### 3.3.6　建筑电气的节能与环保关系

电气工程学随着我国建筑行业的发展也得到了进一步丰富,很多电气工程的高新技术开始应用于建筑电气当中。当前,民众已经十分关注电气节能环保问题,并已经意识到长期使用能源消耗大、环境污染严重的电气设备是阻碍社会持续发展的因素。为此,需要进一步加强电气节能环保技术的研发,提高电气节能环保水平,以创造更加舒适、节能的环境。

1) 电气节能环保应用技术发展趋势

多年来,人们在使用电气设备时仅关注其使用舒适度、工程的经济效益等,缺乏对能源、环保等方面的考虑,竣工后却发现建筑能耗高,此时已经于事无补。随着能源消耗日渐加大,各项资源逐渐紧缺,国家和公众越来越重视节能环保问题。当前,仍然有部分单位在工程建设中选用低成本、高能耗的设备,且在日常生活中又缺乏节能意识,存在严重的浪费现象,进一步加剧了能源问题,对民众的生产生活以及经济的持续发展产生不良影响。

现代社会工农业、建筑业、高新技术产业等均在不断发展,对能源的需求量也在不断增加。此时,节能环保技术显得尤为重要。

(1) 电气节能技术发展方向。

未来,电气工程也会朝着节能环保方向发展。需以新能源开发为基础加强能源消耗体系建设,做好能源利用场所的能耗控制,对能源消耗途径进行合理安排,从而达到高效应用能源的理想目标。还需提高电气设备设计标准,设计人员要将节能环保意识贯彻落实到设计工作中,提高自身的责任心,提升自身的设计水平和专业知识技能,在电气设计中积极应用节能环保技术。同时,制订严格的监管体系,为电气工程发展营造绿色环保的技术氛围。

（2）空气源热泵供暖的空调技术应用。

空气源热泵是大型建筑中常用的供暖技术,其在节能环保方面已经发挥出明显的作用。在实际应用中,空气源热泵供暖系统能够提取和应用反季节能量,利用

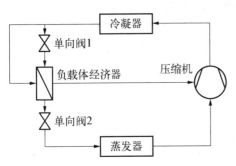

图 3-20　喷气增焓系统基本流程原理

热泵机组实现室内温度和大地（大气）温度的交换,能够在夏季将热量储存,再在冬季重新利用储存的热量。这种供暖（空调）方式不但有助于保证建筑物内部的温度处于稳定状态,而且可以充分利用自然能量,有助于实现电气节能。

图 3-20 为低温空气源热泵供暖系统——喷气增焓（enhanced vapor injection,EVI）的基本流程原理[29]。

图 3-21 为低温空气源热泵的内部结构及其系统原理。该系统主要包括室内换热器、室外换热器、涡旋式压缩机、闪蒸器、四通换向阀及电子膨胀阀。

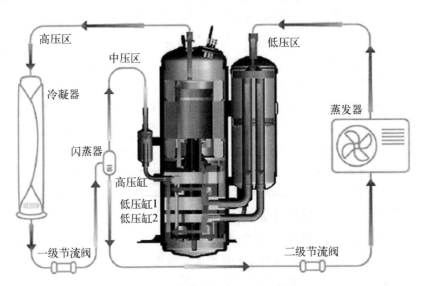

图 3-21　低温空气源热泵系统原理

其中,换热系统采用闪蒸器循环设计,通过准二级压缩中间冷却的原理,在制热的过程中,从压缩机出来的高温高压制冷剂气体进入冷凝器（室内换热器）为房间供暖,从冷凝器中出来的制冷剂分为两部分,一部分先进行一次节流,在闪蒸器中与大部分高温制冷剂进行换热,使得进一步过冷。此时,吸热后的小部分制冷剂蒸发至气态,喷射进入设有止回阀的压缩腔,当压缩至中间压力时,止

回阀关闭。热力风机可以适应比普通空气源热泵更低的室外环境温度,在低至 −30 ℃的环境温度下仍能稳定运行,满足用户超低温下的制热需求,使得热力风机相对于普通空调器产品供热效果更显著[30]。

(3) 太阳能的应用。

太阳能作为可再生能源很早以前就进入了大众视野,但是太阳能的利用还处于初期阶段。当前,人们生活中的很多领域均已经开始应用太阳能技术,如最简单的太阳能淋浴系统。太阳能利用逐渐成为电气设计领域的一个热点。虽然受到经济条件和技术条件的制约,太阳能的利用效率不高,但是只要不断探索,必然能够提高太阳能利用率。在建筑电气工程中,可以利用太阳能发电,将太阳能转化为电能,实现节约建筑用电、节能降耗、保护环境的效果。后续章节将详细阐述新能源太阳能光伏发电的基本原理与实用技术。

2) 建筑电气设计中的节能环保措施

建筑电气设计中的节能环保措施主要体现在解决应急照明的同时,还要能够自动控制照明开关,避免公共场所出现"长明灯"现象。

(1) 应急电池供给系统。

应急电源供给(emergency power supply, EPS)系统主要包括整流充电器、蓄电池组、逆变器、"互投"装置和系统控制器等部分。其中,逆变器是核心,通常采用数字信号处理(digital signal process, DSP)或单片中央处理器(central processing unit, CPU)对逆变部分进行正弦脉宽调制(sinusoidal pulse width modulation, SPWM)控制,从而获得良好的交流波形输出;整流充电器的作用是在市电输入正常时,实现对蓄电池组的适时充电;逆变器的作用则是在市电非正常时,将蓄电池组存储的直流电能转变成交流电输出,供给负载设备稳定持续的电力;"互投"装置保证负载在市电及逆变器输出间的顺利切换;系统控制器对整个系统进行实时控制,发出故障告警信号并接收远程联动控制信号,可通过标准通信接口由上位机实现 EPS 系统的远程监控。EPS 系统内部还设置电池参数检测与分路参数检测回路。EPS 系统工作原理如图 3-22 所示。

当市电正常时,由市电经过"互投"装置给重要负载供电,同时进行市电检测及蓄电池充电管理,然后再由电池组向逆变器提供直流能源。在充电过程中,充电器是一个仅需向蓄电池组提供相当于 10% 蓄电池组容量充电电流的小功率直流电源,其并不具备直接向逆变器提供直流电源的能力。此时,市电经由 EPS 交流旁路和转换开关所组成的供电系统向用户的各种应急负载供电。与此同时,在 EPS 逻辑控制板的调控下,逆变器停止工作并处于自动关机状态。在此条件下,用户负载实际使用的电源来自电网的市电。因此,EPS 应急系统也是通

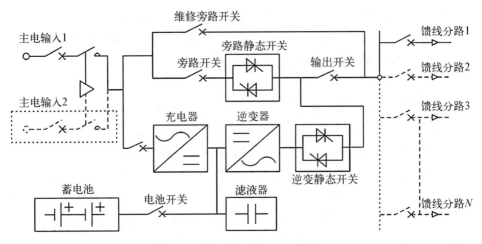

图 3-22 EPS 应急电源供给系统原理

常说的一直工作在睡眠状态,可以有效地达到节能的效果。

当市电供电中断或市电电压超限(超过±15%或±20%额定输入电压)时,"互投"装置将立即投切至逆变器供电,在电池组所提供的直流能源的支持下,用户负载所使用的电源是通过 EPS 逆变器转换的交流电源,而不是市电。

当市电电压恢复正常时,EPS 控制中心发出信号对逆变器执行自动关机操作,同时通过其转换开关来执行从逆变器供电切换为交流旁路供电的操作。此后,EPS 在通过交流旁路供电通路向负载提供市电的同时,还会通过充电器向蓄电池继续充电。

该系统除用于应急照明外,其中的三相智能化变频应急电源可为负荷中的电动机提供一种可变频的应急电源系统。该类技术产品能够方便地解决电动机的应急供电及其启动过程中对供电设备的冲击。智能化应急电源可接受消防联动信号或建筑智能总线信号的控制,并可设定优先级,防止越级控制[31]。

EPS 适用于机场、地铁、高速公路、医院、煤化工、体育场馆、写字楼等场所。

(2)智能照明系统。

在传统建筑照明系统中,可以通过人为控制配电箱来实现大型建筑照明控制,但是这种方式随机性大,受到人员因素影响较大,且这种照明方式已经难以匹配现代建筑照明的功能需求。此时,智能照明系统应运而生。智能照明能够根据建筑内部的光度和时间季节性变化自主调节照明时间、亮度,对于光线较强的区域,可以自动降低照明亮度,有助于实现照明节能[32]。

举个十分典型而又普遍存在的例子,许多公共场所晚上开启照明装置后,时常到了白天仍旧"灯火通明",尤其是办公大楼里的公共盥洗室和走道。要避免这种公共场所长期存在的"长明灯"现象,除了需要增强每个人的节能意识外,最根本且最有效的方法是采用先进的技术予以解决,即光控智能开关技术[33]。

有关自动节能开关器的技术,至今已经种类繁多,但概括地说,因为结构复杂、售价高(技术成本高)、工作环境要求苛刻、安装不方便,自动节能开关器并没有得到广泛普及。这从当前诸多新盖大楼的公共盥洗室和走道灯光没有安装自动节能开关器可以得到证实。

这里所说的一种智能光控开关器是一项已经得到国家知识产权局授权的发明技术。该智能光控开关器由电源模块、光敏传感模块、信号放大逻辑模块、电子开关、手动开关等组成(见图3-23)。其中,电源模块的火线输入端点依次与照明灯具和手动开关串联后连接至交流电市电火线,电源模块的地线输入端点与交流市电地线连接,电源模块的输出端点连接至信号放大逻辑模块的输入端。

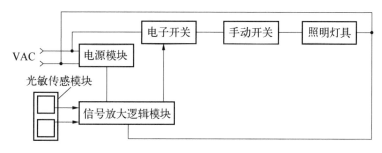

**图3-23 智能光控开关器组成模块**

智能光控开关器中的电源模块包括全桥整流器、降压电阻器和稳压二极管。光敏传感模块包括人造灯光敏传感器和自然光敏传感器。其中,人造灯光敏传感器受光平面的水平仰角为135°,用于接收人造灯光强度,将其转换为电信号输出;自然光敏传感器的受光平面与水平面成90°,且面向窗户或通透自然光的方向,用于接收自然光强度,并将其转换为电信号输出。信号放大逻辑模块包括偏置电阻器、差动运算放大器、非门电路、或门电路、射极跟随器和射极电阻器。

电子开关由双向晶闸管构成,在手动开关闭合的情况下,当其控制极接收到射极跟随器输出的持续触发信号时,晶闸管维持导通,220V市电通过低阻通路降电压加在照明灯具的两端使其正常发光、照明。一旦其中的射极跟随器无触发信号输出,双向晶闸管即刻截止,即双向晶闸管的源、漏极之间不导通,此时,照明灯具因失去低阻通路而不能获得正常的照明电压。在电子开关不导通的情况下,整个电路仅存在很小的电流,维持着信号放大逻辑模块的待机工作状态。

照明灯具为公共场所的照明灯具,通常安装在屋顶天花板或垂直于地面的上方。

图3-24为该智能光控开关的具体电路结构。电子开关为双向晶闸管,参

数为 1 A/400 V;4 个整流二极管的型号为 1N4007;$R_1$ 为降压电阻,一般取电阻值为 100 kΩ,功耗为 1/2 W;稳压二极管型号为 2CW55,稳压为 6.8 V;$R_2$ 为偏置电阻,一般取电阻值为 470 kΩ,功耗为 1/2 W;$R_3$ 为射极电阻器,电阻值为 4.7 kΩ,功耗为 1/2 W;射极跟随器型号为 9014;非门电路采用 74ls02 芯片(二输入四或非门电路),或门电路采用 74ls32 芯片(二输入四或门电路);人造灯光敏传感器和自然光敏传感器均采用单晶或多晶光伏电池片,前者受光平面的水平仰角为 135°;后者受光平面与水平面成 90°,且面向窗户或通透自然光的方向,光电性能参数为 1 V、50 mA,尺寸为 35 mm×20 mm。

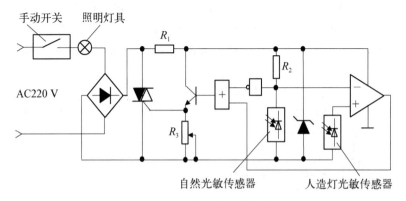

图 3-24 智能光控开关器电路

根据建筑结构的特点,智能光控开关器具备 3 种外部形态(见图 3-25)。图 3-25(a)适用于安装位置正好是其正对着房屋窗户墙壁上的结构类型;图 3-25(b)适用于安装位置正好是其左侧对着房屋窗户墙壁上的结构类型;图 3-25(c)适用于安装位置正好是其右侧对着房屋窗户墙壁上的结构类型。无论哪种类型,人造灯光敏传感器的平面位置始终与水平面保持 135°仰角。

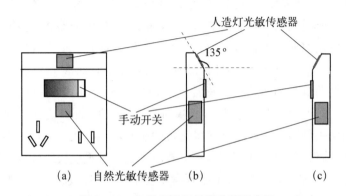

图 3-25 智能光控开关器外部形态图

图 3-26 所示为一种现场工作状况。该智能光控开关器中的人造灯光敏传感器和自然光敏传感器分别在人造灯光和自然光的照射下生成各自的电势输出。自然光敏传感器生成的光电势同时输送至非门电路的输入端和差动放大器的负极输入端点;人造灯光敏传感器生成的光电势输送至差动放大器的正极输入端点。在手动开关处于闭合的情况下,当环境处于相对黑暗状态,如夜间且尚未打开照明灯具时,自然光敏传感器没有光电势输出,通过非门电路的转换(倒相)以高电平加在或门电路的第一输入端点,或门电路输出高电平,导致射极跟随器有功率信号由射极输出至电子开关的控制极,使电子开关导通,照明灯具被"点亮"。

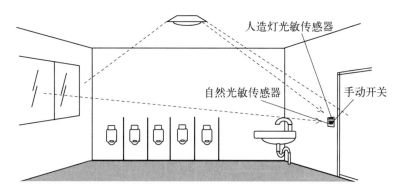

**图 3-26　智能光控开关安装示例**

也就是说,夜间手动开关处于闭合状态,灯具被自动"点亮"。夜间灯具"点亮"后,自然光敏传感器缺乏相对强烈的自然光辐射,仅受人造灯光微弱反射(或多次反射)所输出的光电势小于人造灯光敏传感器输出的光电势。因此,人造灯光敏传感器输出的光电势与自然光敏传感器输出的光电势差通过差动运算放大器后仍然维持着高电平输出,作用于或门电路的第二输入端点时,或门电路继续输出高电平,因此继续触发电子开关保持导通,致使照明灯具连续"点亮"。

当白天自然光透过窗户照亮当前环境时,由于自然光敏传感器输出高电势且高于人造灯光敏传感器输出的光电势输出的电势值,差动运算放大器输出低电平。同时,自然光敏传感器输出的高电势经非门电路后被转换成低电平,致使或门电路的 2 个输入端点均处于低电平,或门电路输出低电平,射极跟随器被截止,维持电子开关导通的控制极触发信号丢失,电子开关关闭,照明灯具"熄灭",因此获得良好的节能效果。

实践证明,该智能光控开关器能够根据人造灯光与自然光强度的相对关系来确定开关器供电或断电的最优控制,在提供人性化技术服务的同时,节能效果达到 65%,处于待机状态时的功耗小于 0.5 W。因此,它非常便于该项技术的推广应用,能够一改以往的"长明灯"无端耗电的现象[23]。

## 3.4 城市交通系统节能

轨道交通在城市建设当中占有十分重要的地位,与人们的日常出行有着密切的联系。随着经济水平的快速发展,人们的生活水平不断得到改善,对城市建设的要求也有了进一步提高。作为城市建设中的轨道交通、道路交通管理以及道路照明灯公共设施均应充分贯彻当下绿色节能环保的理念,并有效利用先进的节能环保技术。

### 3.4.1 城市轨道交通节能技术

现阶段,轨道交通建设在节能环保管理工作中还存在一些问题,节能效果未能充分发挥,仍然存在诸多技术创新发展空间[34]。

城市轨道交通作为城市电网的一个用户,一般直接从城市电网获取电能。城市轨道交通利用电能的消耗来维持其正常运营,其电能的消耗主要包括牵引供电系统和车站能耗系统。

城市轨道交通用电设备组成如图 3-27 所示。车辆设备的电能消耗是由牵引供电系统所提供的电能,因此通过牵引供电系统转换的电能占据城市轨道交通所有设备用电的"半壁江山"。也就是说,牵引供电系统耗电量几乎占据了城市轨道交通供电系统能耗的 50% 以上。

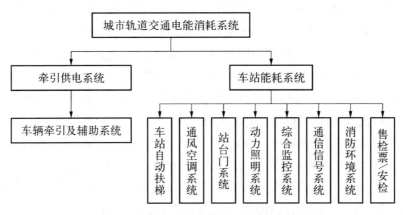

图 3-27 城市轨道交通用电设备组成

现阶段,用于城市轨道交通牵引供电系统的单一节能技术很多,但这些技术缺乏对城市轨道交通的集成考虑,并没有使行车系统具备全面的节能解决方案。某些系统或专业的节能研究只占到系统的一小部分,并没有统筹考虑相关专业之间的联系以及专业之间可能存在的互补或相关转移效应。

必须指出,城市轨道交通供电系统是一个复杂的系统,需要对每一个环节进行统筹管理,才能找出确实可行的能量消耗点,进而选择最合适的节能降耗技术。

目前,我国的城市轨道牵引供电系统一般采用 750 V 或 1 500 V 直流电源,通常使用 12 脉冲或 24 脉冲二极管整流。这种整流方法的缺点是直流电压不可控,电压波动范围大,能量只能沿一个方向流动。地铁车辆再生制动过程中所产生的过多再生制动能量未得到有效处理,导致牵引电网电压超过正常范围,这势必会引发车辆牵引系统过电压保护的频繁启动,最终致使车辆失去再生制动能力。处理充盈的再生制动能量的传统方式是利用电阻能量消耗设备来消耗再生制动能量。电阻能量消耗设备会浪费大量的可再生制动电能,消耗电能所产生的大量热量又会导致隧道温度升高,增加了环境通风系统的控制负担,导致二次电能的大量消耗。为了减少列车在制动电阻上的制动能量消耗,减少隧道内的温升,国内外采用了 3 种牵引供电节能方案,即能馈式牵引供电系统、电容储能型供电系统和飞轮储能型供电系统[35]。

当前,城市轨道交通节能的可行技术方案大体上包含规划设计与运营管理(亦即线路选择和组织运营)、列车牵引系统节能技术改造与推广等。

1) 线路选择和组织运营

从我国当前轨道交通运营系统显示的数据来看,轨道交通供电系统中,列车牵引作为用电大户,牵引部分的耗电量在城市轨道交通整体系统中占 1/2 以上的份额。部分轨道交通项目在建设初期,设计人员应当根据项目的实际情况以及周围的地理环境进行建设项目的准备工作;完成初期目标之后,应当对曲线半径进行优化处理,并制订出最佳选线方案,同时,对于列车牵引环节的用电能耗应当控制在合理范围之内,从而避免受到曲线阻力的影响,增加轨道牵引环节的耗电量。例如,在轨道交通进出站设定坡度值时,应当保证列车上下坡的过程能够有效利用动能转换势能与势能转换动能的原理;在城市轨道交通进行纵坡设计时,应当合理选择泵站与其他设备的位置。根据运营组织的分析,管理部门的相关人员应当从实际出发,根据列车的数量与实际的运量,充分考虑各种相关因素,对交通系统整体的运营规模进行精确计算,并对轨道交通列车的运营数量进行合理设置,完善轨道交通列车的各项编组工作以及运营的交通线路设置[36]。

2) 列车牵引系统节能技术

在轨道交通建设过程中,部分列车牵引系统选择的是调频调压交流控制。牵引系统在运行当中,应当根据现场的实际需求进行变频调速,避免列车在调速环节消耗大量的电能,使其在区间隧道也能够避免由于电阻影响升温。轨道交通列车牵引系统和传统的列车相比,交流牵引充分利用了列车制动的能量可循环效果,回收利用率在理论上超过了 25%。

(1) 机车智能软制动。

起初,由于我国的地铁建设起步较晚,运营经验不足,在选购国外机型或自行设计与生产的地铁机车中机车技术本身或多或少地存在着先天技术缺陷。随着运营经验的积累,可以清晰地认识到,这些先天技术缺陷是地铁机车安全运行的隐患,必须在尽可能的情况下,采取新的技术手段逐一予以解决。其中,地铁机车电气制动技术就存在技术缺陷。当前,我国地铁线上运行的地铁机车的电气制动过程由 2 个制动阶段构成:再生制动与能耗制动。但是,无论机车处在再生制动阶段,还是处在能耗制动阶段,线路连接方式均是通过开关器件采用极为简单的通/断控制。因此,再生制动回路中的高压大功率二极管和/或能耗制动回路中的大功率能耗电阻与电机受到极大的电压应力和电流应力的冲击,不仅瞬间能量消耗极大,这些大功率关键部件还会受到难以避免的重大损伤,长此以往,会因为部/器件的崩溃而酿成机车运行的重大事故。

已有一项发明技术,即地铁机车电气软制动技术系统能够避免上述问题的发生,该系统包括直流牵引电机、拖动机械、机车牵引控制器、电力电子驱动装置、软制动控制器、再生制动软开关、大功率馈电二极管、大容量平稳电压电容器、能耗制动软开关、大功率能耗电阻器、1 500 V 直流电网(见图 3-28)[37]。

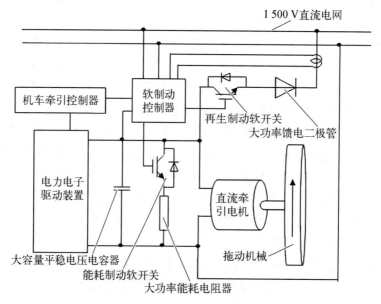

**图 3-28 地铁机车电气软制动系统结构**

其中,直流牵引电机是地铁机车牵引动力电机,具有 2 种工作状态:电动机工况与发电机工况。当电机处于电动机工况时,由地铁 1 500 V 直流电网向其授电;当电机处于发电机工况并产生高于 1 500 V 的直流电压时,电机向电网馈电。拖动机械为地铁列车机械拖动系统。机车牵引控制器为地铁机车原有控制器,对列车运行过程的起动、加速、怠速与制动等工况实施变换与控制。机车牵引控制器对制动过程的控制指令包括对电力电子驱动装置的驱动功率输出控制及对软制动控制器控制规律的信息传达。电力电子驱动装置通过内部的斩波电路在机车牵引控制器触发脉冲信号的作用下进行 DC - DC 变换,达到调节直流电压的作用,使得加到直流电机两端的受电电压服从列车运行工况的规律变化,实现对直流牵引电机在电动机工况下输出功率与转矩的调节。软制动控制器在机车牵引控制器向电力电子驱动装置发出制动指令的同时,从机车牵引控制器的控制信号输出通道获取信息,向再生制动软开关和/或能耗制动软开关发出软开通/关断控制指令。同时,软制动控制器还具备从大容量平稳电压电容器、1 500 V 直流电网与大功率馈电二极管分别检测电容端电压、电网电压与二极管导通电流等参数的能力。当机车牵引控制器发出制动指令时,软制动控制器通过测试直流牵引电机电极两端电压(包括电压的大小与极性)、电网电压、再生制动软开关和能耗制动软开关的导通电流来决定对再生制动软开关与能耗制动软开关导通/关闭的控制规律。所述再生制动软开关与能耗制动软开关,均为大功率电力电子开关器件,具有良好的零电流开通与零电压关断特性。

对应地铁机车电气软制动技术系统的地铁机车电气软制动方法,其工作原理如下:当机车牵引控制器发出制动指令时,电力电子驱动装置中断输出,直流牵引电机立即由电动机工况转变为发电机工况,大容量平稳电压电容器两端的电压迅速提升;当电压升至 1 500 V 时,列车进入再生制动阶段,软制动控制器控制再生制动软开关实现软开通,进而通过大功率馈电二极管向 1 500 V 直流电网馈电;随着拖动机械运动速度的下降,电机转速随之降低,当发出的电压低于 1 500 V 时,列车进入能耗制动阶段,软制动控制器控制能耗制动软开关实现软开通,电机通过由能耗制动软开关与大功率能耗电阻器构成的能耗负载回路进行放电[38]。

上述的发明技术能够克服电压应力与电流应力的集中,避免了故障隐患与器件崩溃性事故的发生。

当机车牵引控制器发出起动指令时,电力电子驱动装置向直流牵引电机输出直流驱动电功率,直流牵引电机开始运转。随着加速指令的到达,电力电子驱动装置的输出电压开始升高,直流牵引电机的输出功率与转矩也随之加大,接着拖动机械加速运转(即列车加速行进);当列车以怠速姿态运行一定时段后(根据列车在区间内的运行规律确定),机车牵引控制器发出制动指令,此时制动指令会同时到达电力电子驱动装置与软制动控制器的控制指令输入口,电力电子驱动装置中止输出,直流牵引电机立即失电,直流牵引电机凭借自身与拖动机械高速运转所储存的机械动能使自身的工况产生逆转,由原先的电动机工况转换为发电机工况,向外输出电能,且其感生电动势会大大超出直流电网的额定工作电压1500 V,在电力电子驱动装置中止输出的同时,软制动控制器已经向再生制动软开关的控制极输出控制指令,控制再生制动软开关以软开启的方式导通再生制动软开关,将直流牵引电机发出的电能通过再生制动软开关和大功率馈电二极管向直流电网馈送,同时电机产生的反向转矩促使电机的转速开始下降。电机转速下降到一定程度,其感应电动势下降至1500 V时,再生电能丧失了向电网馈送的能力,在软制动控制器的控制下,能耗制动软开关按照软开通的方式开始导通,电机产生的电能通过能耗制动软开关和大功率能耗电阻器与其所构成的闭合回路进行放电,放电产生的电机反向转矩使电机及其拖动机械逐渐降速到静止。

当电气制动从再生制动转至能耗制动后,软制动控制器中断再生制动指令输出通道,再生制动软开关控制极电压从最大值变换到零。随着电机转速的下降,当能耗制动软开关导通电流趋于零时,软制动控制器中断能耗制动指令输出通道,能耗制动软开关控制极电压也从最大值变换到零。此时,系统结束整个制动过程。

所谓"再生制动",即直流牵引电机在制动开始的高速运转状态下由电动机工况转换为发电机工况,所产生的电动势在大容量平稳电压电容器两端形成的电压高出1500 V电网电压时,将发电机产生的电功率向电网馈送,即依靠再生电能形成的制动转矩进行制动。

所谓"能耗制动",即当电机的转速降低到一定程度后,所生成的发电机输出电压低于1500 V电网电压时,不具备向电网馈电的能力,此时,将所生成的电功率通过大功率能耗电阻器构成的回路进行能量消耗,利用电能消耗过程产生的制动转矩进行制动。

该发明通过向电网馈电或通过能耗负载回路放电,使得电机获得一个与机械转矩相反的制动转矩,因此可使列车逐渐减速。上述制动过程中的任一制动阶段(再生制动与能耗制动)均采用了软开关技术,因此避免了以往技术所采用的简单通/断开关状态控制而造成的电压应力与电流应力对大功率馈电二极管、大功率能耗电阻器及电机转/定子的冲击,不仅可以极大限度地减少瞬间冲击能量的消耗,还可避免故障隐患的发生与器件崩溃性事故的出现。该软制动控制方法包括再生制动和能耗制动两种。

**再生制动:** 当机车牵引控制器发出制动指令时,电力电子驱动装置中断输出,直流牵引电机立即由电动机工况转变为发电机工况,此时大容量平稳电压电容器两端的电压迅速得到提升。

软制动控制器实时检测大容量平稳电压电容器两端的电压 $V_c$ 与直流电网的实际电压 $V_{net}$。当 $V_c \geqslant V_{net}$ 时,软制动控制器向再生制动软开关发出控制信号 $V_{ge1}$:

$$V_{ge1} = k_1\tau + V_{go1} \tag{3-29}$$

式中,$k_1$ 为上升斜率;$\tau$ 为控制时间;$V_{go1}$ 为再生制动软开关控制极起始电压。运用软开通的方法控制再生制动软开关的导通,可以避免电流应力对大功率馈电二极管的冲击。

当电压升至 1 500 V 的瞬间,列车进入再生制动阶段,软制动控制器向再生制动软开关发出导通控制信号,实现再生制动软开关的软开通。

当再生制动软开关的导通呈现恒流特性时,即

$$\Delta I_{ce1} = I_{ce1}^{(t+1)} - I_{ce1}^{(t)} \leqslant \varepsilon \tag{3-30}$$

式中,$I_{ce1}^{(t)}$、$I_{ce1}^{(t+1)}$ 分别表示前后相邻时刻的导通电流;$\varepsilon$ 为事先设定的允许正误差。

接着,再生制动软开关控制极中止升压,并取 $V_{ge1} = V_{ge1}^*$,$V_{ge1}^*$ 为再生制动软开关的导通,呈现恒流特性时的开关控制极最大电压。

进而,通过大功率馈电二极管向 1 500 V 直流电网馈电,随着拖动机械的运动速度下降,直流牵引电机的转速也随之降低。

当电机的发电机工况发出的电压低于 1 500 V 时,即 $V_c < V_{net}$ 时,软制动控制器向能耗制动软开关发出控制信号 $V_{ge2}$:

$$V_{ge2} = k_2\tau + V_{go2} \tag{3-31}$$

式中,$k_2$ 为上升斜率;$\tau$ 为控制时间;$V_{go2}$ 为能耗制动软开关控制极起始电压。

此时,随着电机转速的下降,能耗制动软开关的导通电流 $I_{ce2}$ 会在几个毫秒内上升到最大值后再逐渐下降。

当 $V_{ge2} = V_{ge1}^*$ 时,$V_{ge2}$ 中止升压;与此同时,$V_{ge1}$ 从 $V_{ge1}^*$ 变换到零,软制动控制器中断再生制动指令输出通道;当 $I_{ce2} \to 0$ 时,$V_{ge2}$ 也从 $V_{ge1}^*$ 变换到 0,软制动控制器中断能耗制动指令输出通道。最终,再生制动中止。

**能耗制动**：列车进入能耗制动阶段，软制动控制器通过另一指令通道向能耗制动软开关发出导通控制信号，实现能耗制动软开关的软开通，电机发电机工况发出的电压通过能耗制动软开关与大功率能耗电阻器构成的能耗负载回路进行放电。

相邻两车站的运行区间检测数据显示：再生制动软开关与能耗制动软开关从关断到全开通的过渡过程时间 $\tau_{11}=\tau_{21}=10\ \mathrm{ms}$；再生制动软开关从全开通到关断的过渡过程时间 $\tau_{12}=10\ \mathrm{s}$；能耗制动软开关从全开通到关断的过渡过程时间 $\tau_{22}=50\ \mathrm{s}$。上述系统明显优于传统的硬开通/关断制动技术。

**全制动过程显示**：大功率馈电二极管、大功率能耗电阻器与电机制动转矩具有良好的非线性特性，并获得列车运行平稳性和制动过程机械运动撞击音响检测效果的极好验证。

该发明经过再生制动与能耗制动的控制规律执行，使得电机获得了一个与机械转矩相反的非线性制动转矩。制动过程采用了软开关及其软制动技术，使得电机在制动过程所产生的非线性制动转矩有效克服了电压应力与电流应力的集中，在形成良好制动效果的同时，又确保了大功率馈电二极管、大功率能耗电阻器及电机转/定子处于理想的非线性工作状态。因此，能够避免故障的发生与器件崩溃性事故的出现。

（2）节能视角下的列车运行图编制方法。

我国高速铁路建设进程快速推进，路网规模不断扩大，但我国能源相对稀缺，节能减排日益受到重视。铁路快速发展在带动经济增长的同时也引发了诸多能耗问题。

人工智能系统可以通过地铁的票务清分系统获取一定周期内线网全部客流的空间与时间分布。然后，根据线网的网络结构、实际的列车供给、实际的客流情况进行运能的供需比较，分析出客流集中出现的时间段（可以分为尖峰、高峰、平峰）、车站，以及滞留时间，进一步得出运能的匹配度。运行图编制人员以系统得出的结论有针对性地根据客流分布对运行图进行优化，调整列车在某些站的站停时间，客流尖峰时段可以最大化行车密度，高峰时段适当增加行车密度，平峰时段减少列车密度。如此一来，不但可以满足实际的运能需求，而且可以减少平峰的运能浪费，实现运营的经济效益最大化。

铁路自动控制系统要求能够以多种方式节约电能成本，包括车辆的动力消耗、启动时的动力需求和制动时的动力损失。在实际运行中，列车所应用的节能方法除了在运行图编制过程中调整列车时刻表之外，还包括在列车运行过程中调整运行等级曲线。运行等级曲线旨在通过减少列车牵引系统的请求，降低牵引的能源消耗。

　　列车在平直无限速轨道区间运行的 4 种基本速度时分曲线如图 3 - 29 所示[39]。列车在区间内允许达到的最大速度与列车类型、轨道建设条件及区间长度有关。一般每个区间的最大速度 $V_{max}$ 会由工程人员在运行图编制前给出。列车在区间运行过程中是否能达到最大速度 $V_{max}$，则与区间长度 $L$ 和区间旅行时间 $T_s$ 有关。具体来说，用 $L_{ab}(V_{max})$ 表示列车速度从 0 开始加速至 $V_{max}$ 后立即减速到 0（形式 $a_1$）或者稍缓后减速到 0（形式 $a$）过程中列车走行的距离。对于任一长度满足 $L \leqslant L_{ab}(V_{max})$ 的区间，由于列车速度无法达到 $V_{max}$，列车的控制策略只能为先加速后减速。对于长度满足 $L > L_{ab}(V_{max})$ 的区间，则可能存在 3 种控制策略：无惰性工况（形式 $b$）；无巡航工况（形式 $c$）；包含惰行和巡航工况（形式 $d$）。

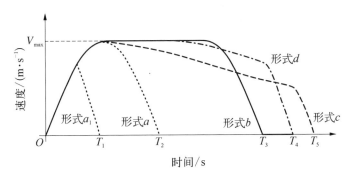

图 3 - 29　区间内列车速度时分曲线

　　运用列车运行等级曲线能够降低单一列车的动力消耗，所采用的技术包括减少加速时间以降低高峰时速，列车降低了其加速度的总时间，从而减少了牵引请求，也就减少了列车的能源需求；降低加速度来降低线路运行时速，列车采用了较小的加速度，减少了牵引所需的动力，最终也就减少了列车的能源需求；惰行，列车出站先加速，然后惰行，再减速，最后停在下一车站。

　　列车达到最大线路速度后惰行，运行时间将按特定比例有所增加。与正常规定速度相比，列车减少了加速请求和牵引所需动力，从而减少了能耗。

　　图 3 - 30 示出了列车单车运行距离特征简化曲线，曲线（实线或虚线）与横坐

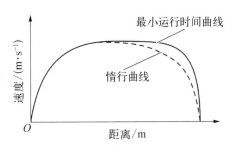

图 3 - 30　列车单车运行距离曲线

标距离线所构成的面积就相当于能耗的大小。

显然,单车节能操作相对比较简单,在符合运行时间的条件下,应尽量采用惰行曲线而不应该去"追求"最小运行时间曲线,否则就会增加在车站的停留时间。

(3) 追踪条件下的节能操作方法。

在实际情况中,列车大多数是追踪运行,其运行控制受到前方信号或列车的影响。

列车追踪运行时,前方信号显示是指示列车运行的命令,前后列车位于不同的线路平纵断面上,它们的时空间隔处在动态变化之中,前行列车位置的改变会带来信号显示的变化,并进一步影响追踪列车的运行与操纵。

在固定闭塞系统中,列车的分区间隔较长,且一个分区只能被一列车占用,不利于缩短列车的运行间隔以降低能耗,而移动闭塞系统灵活的列车运行间隔特性使其在高峰时段的节能效果显著。通常,在高峰时段运行时,发车密度大,乘客流动性快,前方列车的延误可能会造成后续列车频繁制动。这种制动的频率和持续时间在移动闭塞系统中由于更短和均匀的列车最小间隔而大大降低,均匀的最小列车间隔使后续列车可以更加靠近前车,提高了运营的效率。

(4) 再生能源利用技术。

更高层次的列车运行图——能量优化分布列车运行时刻表已经开始进入实用阶段。

所谓"能量优化分布列车运行时刻表",就是利用列车惰行和刹车降速所产生的再生电能反馈至电网时,能够实时被其他在线列车吸收利用,起到整个列车运行网的高效节能效果。

能量优化分布列车运行时刻表包含再生能量优化运行时刻表,在综合考虑地铁线路的列车运行参数、线路参数、信号系统行车能力因素后而制订的列车运行图基础上考虑再生能量优化利用的"稳态运行时刻表";时刻表随机智能调节是根据随机扰动(客流分布变动、运行时刻临时变更、局部设备故障等)动态运行时刻表而调整的智能调节技术。

当然,这需要对列车供电系统进行技术改造,即在机车电力传动系统中必须具备双向逆变器以确保电网供电与再生逆变反馈的无触点切换功能,实时将列车惰行和刹车降速所产生的再生电能反馈至电网。图 3 - 31 为列车因制动所形成的再生电能传输原理过程。

采用了列车再生能源回收技术后,即可获得再生电能的回收和再利用,使得整个列车运行系统的能量消耗起到了极好的智能调节作用,系统节能效果良好(见图 3 - 32)[40]。

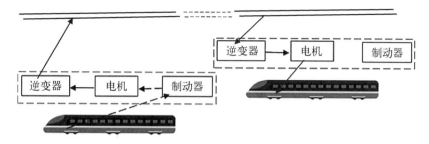

图 3‑31　列车再生电能传输原理

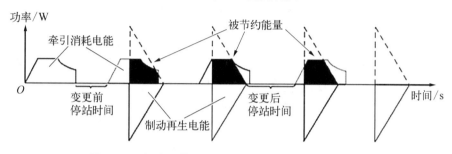

图 3‑32　智能调节运行时刻表后生成的节能效果区间

3）通风空调系统节能技术

在供电系统中,轨道交通系统是重点的用电大户。在特殊环境下,空调通风系统的用电消耗量可能会超出牵引系统的用电消耗量。想要有效控制空调通风系统与列车牵引环节的用电消耗量,现阶段通风空调常见的节能方法主要是根据建设工程周围的气候条件选取适应的空调形式。例如:自然通风能够有效减少风机运行过程中产生的能源消耗;在配置表冷气设计中,有效利用室外的自然冷源,发挥轨道交通内部环境自然冷却的效果,间接减少通风空调在运行中产生的实际电能负荷与时间。

列车车厢环境的智能维护包括车厢温度的智能调节、环境和谐与舒适的智能维护,以及乘客上下车安全的智能监管。

目前,室内空调温度调节基本上采用设定温度下室温传感的单闭环反馈调节,列车车厢也不例外。这种传统的温度调节方式,显然没有达到节能优化的效果,反而会因室温设定不适当而造成室内人员的不舒适(温度或偏高或偏低)。于是,车厢室温的智能调节便应运而生。

所谓室温的双闭环调节,即由反馈内环和反馈外环构成的温度自动调节系统。前者是传统的负反馈,而后者则是根据当地气温等环境条件由算法形成的智能反馈,其调节系统如图 3‑33 所示。其中,温度控制器主控中央空调机的温度输出,同时辅助调节车厢的出风口风量。

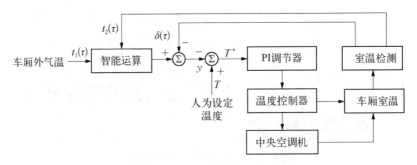

**图 3 - 33　车厢室温的双闭环调节系统**

所谓智能运算,即将车厢外气温、车厢内平均室温,以及车厢内人员所散发的热量值,予以统筹考虑而形成的一个"设定温度智能纠正值"。然后,再与"人为设定温度"值进行比较,进而获得温度调节的智能"参考值"。如此调节室温的方法能够使车厢内乘客的舒适感达到"次优"程度。

令,车厢外气温变化曲线函数为 $t_1(\tau)$,车厢内平均室温变化曲线为 $t_2(\tau)$,"设定温度智能纠正值"为 $y$(即智能运算输出),则有基本运算方程

$$y = \frac{1}{2}\left[t_1(\tau) + t_2(\tau)\right] - \delta(\tau) \qquad (3-32)$$

式中, $\delta(\tau)$ 为车厢内乘客群体所散发的热温动态值。

当"智能输出" $y$ 与外置的"人为设定温度" $T$ 相减后,便获得一个实时的温度调节智能化参考值 $T^*$ ,即

$$T^* = T - y \qquad (3-33)$$

整个智能调节的函数曲线如图 3 - 34 所示。

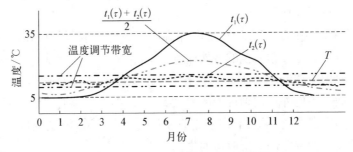

**图 3 - 34　某地铁车厢温度调节曲线**

$\delta(\tau)$ 来自车厢内置的热像仪或红外传感测温仪的人体辐射温度。人员稠密相对于人员稀疏时,人体散发的热量对车厢环境的影响显然有所区别,夏季与冬季更有所不同。车厢环境温度智能调节的物理意义在于纠正单一负反馈

$T-t_2(\tau)$ 的简单机械式惯性思维而"进化"为智能思维。

列车车厢温度采用智能调节技术后克服了人为设定温度值的惯性思维缺陷；能够根据一年四季,乃至任意时刻外界气温的实际变化,实时地变动车厢温度调节的参考值,使之智能化；能够根据一年四季人们穿着的不同(如夏季单薄、冬季保暖厚实)特点,做到完全人性化的自动变更温度参考值；能够根据车厢不同的乘客密集度感应出不同的人体散热效果,最终达到最佳的车厢温度舒适度[41]。

### 3.4.2　城市交通管理系统节能技术

智能交通系统作为解决城市交通问题的高新技术手段日益受到人们的重视。然而,要实现交通系统智能化,却不是一项简单的工作,关键在于如何充分、有效和实时地获取交通信息。

1) 交通信号灯节能技术

尽管获取交通信息的手段和方法多种多样,但目前国内某些城市交通信号灯控制方法仍是基于感应线圈等设备。这种交通检测设备需要埋设在道路下面,安装与维修时必须破坏原有路面,安装与维护均不方便,且技术经济成本高、抗干扰性能差、感应范围也极为有限,因此,该类技术推广存在的难度无法克服。

正是因为缺乏先进的技术手段,当前绝大多数城市的交通信号灯控制还是延续时钟控制方式,这种控制方式在车辆数量激增的情况下,完全不能适用,因为它是一种极为简单、固定周期性地转换信号灯的方式。这种控制方式最大的弊端就在于无车或车辆较少的道路方向上会亮着绿灯,而车辆排着长队等待通行的道路方向上却亮着红灯[见图 3-35(a)],因而人为地造成交通拥堵[见图 3-35(b)],严重降低了交通运行效率,同时这也显现出车辆行驶能源的额外消耗和交通信号指示灯的无谓耗能。当前的"时钟控制"交通信号灯已经被人们戏称为"傻瓜红绿灯"。

(a)　　　　　　　　　　　　　　　(b)

**图 3-35　缺乏智能控制的路口车流状况**

(a) 固定时间间隔难以合理调节车流；(b) 前方车流拥堵造成红绿灯功用失效

准确获取交通信息势必能够为当前重要且突出的交通信号灯控制问题提供有效的技术方法。在城市车辆日益增多的现实情况下,城市交通信号灯的智能控制显然在整个城市智能交通系统中占据非常重要的地位,因为它是确保城市道路疏堵保畅的重要技术手段。

随着"电子警察"应用的日益普及,城市的许多交叉路口早已安装了实时采集交通流量的摄像装置,尽管配置这些摄像装置的初衷是人工监控,但这些摄像装置无疑已经成为拾取道路车流图像信息的技术基础。可以预见,基于图像信息的视感技术必将日益成为获取车辆与交通信息的重要手段之一,特别是在城市交通信号灯的智能控制中起到越来越重要的作用。

介绍一项发明技术,该发明所创构的交通信号灯智能控制技术就是利用现有"电子警察"所采集的交通图像,通过智能视感学的理论与方法提供一种交叉路口车流高效、有序通行的技术。该发明系统包括 4 个电荷耦合器件(charge coupled device, CCD)摄像头、信号处理器和控制器。该发明系统所对应的技术方法包括建立坐标系及其转换关系;对车流图像依次进行畸变校正、锐化和透视变换处理;提取车辆图像的边缘,并滤除图像中的车道线和交通标志箭头;图像切割;边缘投影获取计算机图像坐标系下每个方向每种类型车道上等待通行车辆的排队长度所对应的像素坐标;求取等待通行车辆的实际排队长度;得到每个方向每种类型车道上车辆全部通行所需的时间;根据车辆全部通行的时间,控制交通信号灯的开启和关闭。该项发明能够高效、节能地控制交通信号灯的启闭时间,为最终实现城市智能交通提供科学的信息基础[42]。

交通信号灯智能控制系统包括多个 CCD 摄像头、信号处理器和控制器。以十字路口为例,只要 4 个 CCD 摄像头即可(见图 3-36)。其中,4 个 CCD 摄像头分别安装在路口的 4 个来车方向上,且距地面的高度为 $H$(见图 3-37)。

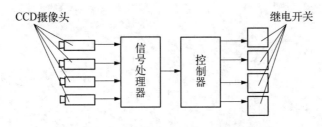

**图 3-36　交通信号灯智能控制系统结构**

具体地说,第一 CCD 摄像头放置在 $Z_1$ 路面上,第二 CCD 摄像头放置在 $Z_2$ 路面上,第三 CCD 摄像头放置在 $Z_3$ 路面上,第四 CCD 摄像头放置在 $Z_4$ 路面上,$H$ 的取值为 8～10 m。4 个 CCD 摄像头的输出端分别与信号处理器的输入

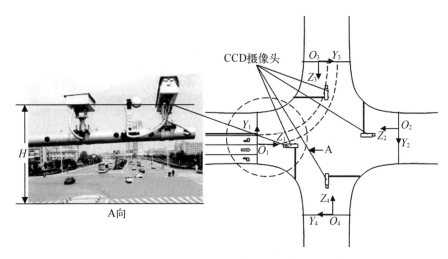

**图 3-37 摄像头现场配置与平面坐标设置图例**

端相连传输图像信号,信号处理器的输出端与控制器的输入端相连传输控制指令,控制器的输出端与交通信号灯的继电开关电路相连传输电压驱动信号。上述交通信号灯智能控制方法,包括以下 8 个步骤。

**步骤 1:**建立世界坐标系,对摄像头参数进行标定,进而得到计算机图像坐标系与世界坐标系的转换关系。

将世界坐标系中的 $Z_j$ 轴与直行/左转行车方向分界线重合且指向行车的方向为正方向,令 $X_j$ 为 0,将原点设置在停车线与行车方向分界线的交点上,$Y_j$ 轴与停车线重合且以行车的左侧为正方向。

对 4 个摄像头的内外参数分别实施标定,即通过试验和计算得到 4 个摄像头成像的几何模型参数和摄像头所处的位姿参数(位置与姿态参数)。每个摄像头均各自根据计算机图像坐标系像素点坐标 $(u,v)$ 和世界坐标系的三维坐标 $(X_j,Y_j,Z_j)$ 之间的关系标定其内外参数值。

$$\begin{bmatrix} p \\ 1 \end{bmatrix} = \frac{1}{s} K \begin{bmatrix} R & t \end{bmatrix} \begin{bmatrix} P \\ 1 \end{bmatrix} \tag{3-34}$$

式中,$p = [u \quad v]^{\mathrm{T}}$,$u$ 和 $v$ 分别表示像素位于数组的列数和行数,单位为 pixel(像素);$P = [X_j \quad Y_j \quad Z_j]^{\mathrm{T}}$,$X_j$、$Y_j$、$Z_j$ 分别代表第 $j$ 个方向道路上的竖直高度、横向宽度和纵向长度坐标值,单位为 m;代表纵向长度坐标值的 $Z_j$ 表明被测空间点(如车辆前挡板)的距离参数值;$j$ 代表道路编号,如对于十字路口,$j=1$,2,3,4,$j=1$ 代表由东向西的路口,$j=2$ 代表由西向东的路口,$j=3$ 代表由南向北的路口,$j=4$ 代表由北向南的路口,作为角标使用时,$Z_1$、$Z_2$、$Z_3$、$Z_4$ 分别代表由东向西、由西向东、由南向北、由北向南行车道路所对应的世界坐标系的 $Z_j$ 轴坐标；$s$ 为世界坐标系中空间点映射到摄像头坐标系 $(x_c, y_c, z_c)$ 中 $z_c$ 轴上的分量，其数值等于式(3-34)右边计算结果所得到的三维列向量中的第三元素值；$K = \begin{bmatrix} f_x & 0 & c_x \\ 0 & f_y & c_y \\ 0 & 0 & 1 \end{bmatrix}$ 为三维点坐标从归一化成像平面到物理成像平面的等比例缩放矩阵，其缩放的比例和实际焦距 $f$ 有关，单位为像素/m，$f_x$、$f_y$ 为 $u$ 轴和 $v$ 轴上的尺度因子，$(c_x, c_y)$ 为主点 $o$(即物理图像坐标系 $xoy$ 的原点)的像素坐标，又称主点坐标，矩阵 $K$ 的参数称为摄像机内参数；$R = \begin{bmatrix} r_1 & r_2 & r_3 \\ r_4 & r_5 & r_6 \\ r_7 & r_8 & r_9 \end{bmatrix}$，$t = \begin{bmatrix} t_x \\ t_y \\ t_z \end{bmatrix}$，$R$ 中的矩阵元素 $r_i (i = 1, 2, \cdots, 9)$ 为摄像头旋转参数，$t$ 中列向量元素为摄像头的平移参数，$R$ 与 $t$ 的参数统称为摄像头的外部参数，共 12 个，但因 $R$ 为单位正交矩阵，必须满足 6 个正交约束，所以只需要标定 6 个外部参数，加上内部参数 $f$、$k_1$、$s_x$ 和 $c_x$、$c_y$，共有 11 个参数需要标定。

完成参数标定后，在 $X_j = 0$ 的条件下，建立计算机图像坐标系与世界坐标系的简化转换公式

$$\begin{bmatrix} u \\ v \\ 1 \end{bmatrix} = \frac{1}{z_c} \begin{bmatrix} f_x & 0 & c_x \\ 0 & f_y & c_y \\ 0 & 0 & 1 \end{bmatrix} \begin{bmatrix} r_1 & r_2 & r_3 & t_x \\ r_4 & r_5 & r_6 & t_y \\ r_7 & r_8 & r_9 & t_z \end{bmatrix} \begin{bmatrix} 0 \\ Y_j \\ Z_j \\ 1 \end{bmatrix} \tag{3-35}$$

每个摄像头对应世界坐标系的几何关系如图 3-38 所示。

**步骤 2：** 对通过摄像头获得的车流图像(见图 3-39)依次进行畸变校正、锐化和透视变换处理。

(1) 由计算机图像坐标系像素点 $(u, v)$ 求取在归一化虚平面图像坐标系上对应的畸变点坐标 $(x_d, y_d)$。

(2) 将 $(x_d, y_d)$ 代入归一化虚平面图像坐标系中，图像畸变矫正数学模型 $x_d = (1 + k_1 r^2) x_u$、$y_d = (1 + k_1 r^2) y_u$，其中，$r^2 = x_u^2 + y_u^2$，$k_1$ 为

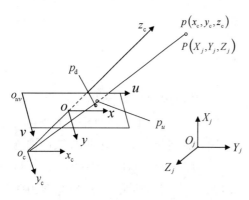

**图 3-38　每个摄像头对应的世界坐标系**

图 3‐39　待畸变校正、锐化和透视变换图例

一阶径向畸变系数,得到矫正畸变后的归一化虚平面图像坐标系理想点坐标$(x_u, y_u)$。沿光轴与摄像机光学成像平面形成对称的平面为虚平面,在其上所建立的坐标系为虚平面图像坐标系,将图像像素特征量进行归一化后在虚平面图像坐标系上的表达为图像的归一化虚平面图像坐标系表达,使用归一化表达的虚平面图像坐标系所处平面,又称为归一化虚平面,如图3‐38的$uo_{uv}v$坐标平面。

锐化即增强图像的边缘和轮廓,可采用梯度锐化法,或拉普拉斯(Laplacian)增强算子方法。

透视变换是为了改变物体图像形状和位置,以便使用变换后的表达式来获取其几何信息。透视变换是摄像头在2个位置和角度上得到的同样的物体图像之间呈现的一种透视关系,即透视变换模型。透视变换后的图像如图3‐40所示。

**步骤3**:提取上一步得到的车辆图像的边缘,并根据数学形态学滤波法滤除边缘检测图中的杂线条,即去除图像中非车辆边缘线的车道线和交通标志箭头。

提取图像的边缘也可采用坎尼

图 3‐40　透视变换图例

(Canny)边缘算子检测方法。图 3-41 为采用 Canny 边缘算子检测方法提取图像边缘的结果,将背景的像素点置为"1"(即白色);景物边缘像素点置为"0"(即黑色)。

所谓滤除边缘检测图中的杂线条是采用数学形态学滤波法,探测图中的直线,并结合车道的位置信息,将图像中的车道线和交通标志箭头去除,即将车道线及车辆行驶方向指示箭头上所有像素点的黑色全部转换为白色。图 3-42 为数学形态学滤波效果。

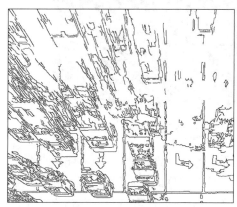

图 3-41  边缘检测效果图例          图 3-42  数学形态学滤波效果图例

**步骤 4**:对步骤 3 获取的图像按照道路行车类型进行切割,即将图像中每个方向上等待通行的机动车道路分别按右转、直行和左转 3 种类型沿着行车类型分界线进行切割,得到 3 幅分别为右转、直行、左转行车类型的车辆边缘检测子图。

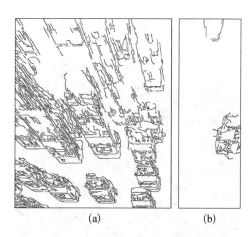

(a)          (b)

图 3-43  行车类型切割子图例

(a) 直行车道上等待通行的车辆;
(b) 左转车道上等待通行的车辆

当某个方向道路上并排右转、直行、左转各有 1 条行车道;右转车道的左侧车道线,亦即直行车道的右侧车道线就是右转与直行车道的分界线;直行车道的左侧车道线,亦即左转车道的右侧车道线就是直行与左转车道的分界线;沿着这 2 条分界线将边缘检测图像进行切割,就能将其分解为 3 幅分别为右转、直行、左转行车类型的车辆边缘检测子图。图 3-43 为切割子图例。其中,图 3-43(a)为直行车道上等待通行的车辆;图 3-43(b)为左转车道上等待通行的车辆。

**步骤 5**：将切割后的右转、直行、左转行车类型的车辆边缘检测子图分别进行边界像素投影，即每种类型车道上车辆的边界像素分别向 $Z_j$ 轴所对应的计算机图像坐标系的直线投影，且累加边界点得到每种类型车道上边界像素点累加分布图，进而得到计算机图像坐标系下每个方向每种类型车道上等待通行车辆排队长度的像素分布。

所述的每种类型车道上等待通行车辆排队长度的像素分布是该类型车道上边界像素点累加分布图上所对应的最后一个边界像素点的坐标参数值。

如图 3-44 所示，将 $Z_j$ 坐标轴左侧直行车道上所有车辆的边界像素向 $Z_j$ 轴所对应的计算机图像坐标系中的直线投影并累加，凡是边界点计 1，非边界点计 0，得到 $Z_j$ 坐标轴左侧直行车辆边界像素点累加分布图。直行车辆边界像素点累加结果表明：在第 180 像素行处，车辆边界像素点的累加值达到 120 像素列，这也是 4 条直行车道上车辆最为密集的区段，4 条直行车道上的车辆不均匀排列，最长的距离达到 500 像素行。

如图 3-45 所示，将 $Z_j$ 坐标轴右侧左转车道上所有车辆的边界像素向 $Z_j$ 轴所对应的计算机图像坐标系中的直线投影并累加，凡是边界点计 1，非边界点计 0，得到 $Z_j$ 坐标轴右侧左转车辆边界像素点累加分布图。左转车辆边界像素点累加结果表明：车辆分布极不"连续"，在第 130~255 像素行和第 450~500 像素行才有车辆零星抵达，此时左转车辆排队长度最多只能认为达到 250 行像素行。

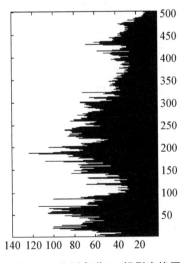 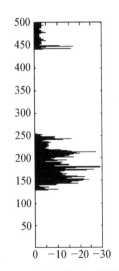

**图 3-44　左侧车道 $Z_j$ 投影变换图**　　**图 3-45　右侧车道 $Z_j$ 投影变换图**

边界像素点累加分布图上最后一个边界像素点坐标，即边界像素点累加后达到的最大像素行数所对应的车辆边界像素点坐标，就是每种类型车道上等待通行车辆的排队长度所对应的计算机图像坐标系坐标参数值。

**步骤 6：**根据计算机图像坐标系图像中等待通行车辆排队长度的像素分布和计算机图像坐标系与世界坐标系的转换关系，得到世界坐标系中每个方向每种类型车道上等待通行车辆的排队长度，即实际排队长度。

如图 3-44 所示，其中的第 500 像素行代表了等待直行车辆的计算机图像坐标系排队长度，对应的像素坐标通过式(3-35)反变换即可计算出世界坐标系中的实际长度距离，或者说，车辆边界像素点投影的连续行数值 500 所对应的世界坐标系的 $|Z_j|$ 就代表了直行车道上的车辆排队长度。

如图 3-45 所示，其中的第 255 像素行代表了等待左转车辆的计算机图像坐标系排队长度，对应的像素坐标通过式(3-35)反变换即可计算出世界坐标系中的实际长度距离，即车辆边界像素点投影的连续行数值 255 所对应的世界坐标系的 $|Z_j|$ 就代表了左转车道上的车辆排队长度。

**步骤 7：**根据车速和车辆的排队长度，得到每个方向每种类型车道上车辆全部通行所需的时间。

车辆全部通行的时间公式为

$$T_j^{(i)} = \frac{|Z_j^{(i)}|}{V} + \tau \qquad (3-36)$$

式中，$T_j^{(i)}$ 表示第 $j$ 个方向第 $i$ 种类型车道上车辆全部通行的时间；$|Z_j^{(i)}|$ 表示第 $j$ 个方向第 $i$ 种类型车道上车辆实际的排队长度，$i=1, 2, 3$，$i=1$ 代表直行，$i=2$ 代表左转弯，$i=3$ 代表右转弯；$j$ 代表道路编号，对于十字路口，$j=1, 2, 3, 4$，$j=1$ 代表由东向西的路口，$j=2$ 代表由西向东的路口，$j=3$ 代表由南向北的路口，$j=4$ 代表由北向南的路口；$V$ 为车辆通过路口的规定车速；$\tau$ 为车辆从停车线开始通过路口所需的时间。

**步骤 8：**根据得到的每个方向每种类型车道上车辆全部通行的时间，控制交通信号灯的开启和关闭。

控制交通信号灯的开启和关闭：当第 $j$ 个路口的第 $i$ 种类型车道上车辆的全部通行时间 $T_j^{(i)} > T_m$ 时，将该车道的绿灯时间设为 $T_m$；否则，将该车道的绿灯时间设为 $T_j^{(i)}$，其中，$T_m$ 为设定的单向最长通行时间阈值。多条机动车道以及人行横道红、绿、黄灯的切换规律遵从现行方式不变，或根据上述提供的车辆实际排队长度予以优化如下。

(1) $Z_1$ 直行车辆排队超过一次通过所允许的长度，且比 $Z_3$ 或 $Z_4$ 的直行或左转车辆排队长度大时，$Z_1$ 直行车辆通行需要开通的绿灯时间应为一次性通过路口所允许的最长时间；$Z_1$、$Z_2$ 右转车辆在相应直行车辆通行时间内不受限制。

（2）$Z_2$ 直行车辆排队长度小于一次通过所允许的长度时，该方向直行车辆通行需要开通的绿灯时间应为小于一次性通过路口所允许的最长时间，并以步骤 7 得到的时间为准；$Z_2$ 直行车辆开通的绿灯时间一关闭，即可开启 $Z_1$ 左转绿灯，使 $Z_1$ 左转车辆利用 $Z_3$ 和 $Z_4$ 红灯开启的时间迅速通过交叉路口，进入 $Z_3$ 道路。

（3）像素车流信息状态下的交通信号灯的开通、关闭和切换以此类推。

当然，要实现交通信号灯的智能控制，或者说让交通信号灯变得"聪明"起来，存在多种技术与方法。尽管上述发明优于以往同类技术水平，但并不等于说，这就是"最好的"一种方法。可以预见，借此思维，读者一定还会发明出更加优越、新颖的"聪明交通信号灯"。

2）智能辅助交通协管

随着交通流量的不断扩大与人均道路占有率的不断压缩，受财力与地理条件所限，在根本不可能无限制地增设诸如人行地道和天桥之类的行人无障碍通行设施的情况下，人行横道线（俗称"斑马线"）的设置是城市交通中必不可少的设计，且数量很大。

为了确保行人安全，当前在城市的交通密集路口均设置人行横道线红绿灯，以保证车辆与行人的有序通行。我国城市人口数量庞大且密集，加之，部分人的交通法规意识淡薄，不少行人不顾人行红绿灯的警示而在红灯下进行穿行的现象时有发生。这些不文明现象的存在，都有可能造成城市交通的突然性阻塞，而产生交通能源的无端浪费。

尽管，目前诸多大城市已经配置了相当数量的协管员对城市主要路口的交通进行协管，然而，协管员数量有限。从长远来看，仅依靠协管员的人工疏导并不能从根本上解决问题，采用法制宣传加技术手段才会收到长治久安的良好效果。也就是说，十分有必要运用全新的技术手段来提高道路交通安全监管的效率和效果，达到行人和车辆通行的协调，并在确保交通安全的同时，大大降低交通协管员的劳动强度（最终实现无人化管理），提高人们的交通法制意识，促进构建我国城市道路文明、美好、和谐的全新景观。

在一种属于电子技术领域的交通协管辅助电子控制装置的发明中，平面波被动式红外传感器被动接收人体发出的红外波，将红外信号转换成电气信号经输出端口输出至调理放大器的输入端口；调理放大器对平面波被动式红外传感器输入的信号进行去噪和放大后，输出至信号处理器的输入端口；信号处理器根据接收到的信号进行识别与判断,并将识别与判断的结果转换成控制指令输出;控制指令调用读取语音存储器中的语音单元,经信号处理器对语音单元合成后通过其输出端口输至语音播放器的输入端口;语音播放器播放针对行人行为的告示;电源适配器对上述各个模块供电。该发明能够极好地提高交通协调管理效果,能够更加完善地维持行人交通秩序。

(1) 系统结构与原理。

交通协管辅助电子控制装置如图 3-46 所示,包括平面波被动式红外传感器 1、平面波被动式红外传感器 2、第一调理放大器、第二调理放大器、信号处理器、语音存储器、语音播放器、电源适配器等。

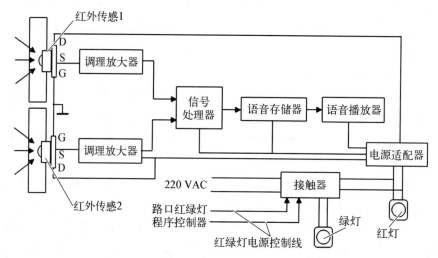

图 3-46 交通协管辅助电子控制装置系统原理

装置系统中的两个平面波被动式红外传感器 1 和 2 作为检测行人在横行道口是否违规的原始信号来源,通过被动接收人体所发出的红外波,将其接收到的红外信号转换成电气信号分别输出至两个调理放大器。两个调理放大器对两个平面波被动式红外传感器输入的信号进行去噪声和放大后,输出至信号处理器。信号处理器根据接收到的信号时间间隔特性对行人违规性质进行识别与判断,并将其识别与判断的结果转换成控制指令输出。控制指令通过信号处理器与语音存储器的连接总线,调用、读取语音存储器中的语音单元,经信号处理器对语音单元的合成后输至语音播放器。语音播放器中扬声器最终播放出语音合成后的完整语义,对行人的行为进行告示。电源适配器输入端与行人红绿灯机构中的红灯受电端头市电电压相并接。当行人红绿灯机构中的红灯亮起时,电源适配器进入工作;反之,当行人红绿灯机构中的红灯熄灭时,电源适配器也停止工作。行人红绿灯机构中接触器的主接触开关分别与红灯和绿灯的电源线路相串接,起到红灯和绿灯的开启和关断作用(红灯亮起,绿灯熄灭;反之亦然),接触器的受电线圈通过红绿灯电源控制器接受交通路口红绿灯程序控制器的控制。

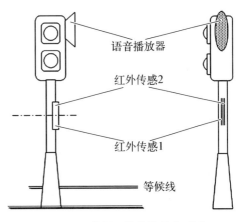

图 3 - 47　装置一体化结构外形图

将交通协管辅助电子控制装置安装于分处道路人行横道线两端人行道上的行人红绿灯机构内,构成一体化结构(见图 3 - 47)。

(2) 传感器结构特点。

2 个平面波被动式红外传感器结构相同,均由被动式红外传感器与平面波导波定向器两大部分组成。被动式红外传感器具有 3 个电极,D 接电源正极,G 接地,S 为电信号输出极。平面波导波定向器由两片面积为 20 mm×40 mm、厚度为 0.8 mm 的铝板材做基片,在其表面喷涂低反射率毛面黑漆,并按照相互间隔 20 mm 竖直平行地安装于被动式红外传感器的接收球面上,形成一体化结构[见图 3 - 48(a)]。两个平面波被动式红外传感器安装于行人红绿灯机构杆件上距离地面 1 m 的同一高度处,两组导波定向器互相平行,其竖直平面对地面的投影与行人等候线条的交角(安装角)控制在 15°[见图 3 - 48(b)]。鉴于未遵守交通法规的行为人很可能会绕过红绿灯闯行,可以根据路面的实际状况在平面波被动式红外传感器 1 和 2 的另一侧面采取面对称的方式再行安装 1 组平面波被动式红外传感器,以增加传感覆盖范围。

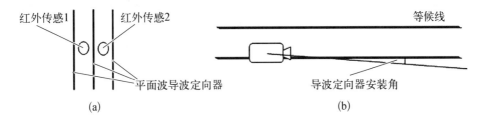

图 3 - 48　平面波被动式红外传感器结构
(a) 平面波导波定向器结构;(b) 导波定向器安装角纵向投影

当平面波被动式红外传感器处于工作状态时,受平面波导波定向器的传播限制,平面波被动式红外传感器 1 和 2 只能接收到由平面波导波定向器所限定的宽度为 20 mm、沿特定竖直立面上传输过来的红外波,使其在增强平面波被动式红外传感器接收方向性的同时,提高了对来自非特定竖直立面上传输过来的红外波的抗干扰能力。

后续信号处理器根据平面波被动红外传感器 1 和 2 输出信号的时间间隔特性,提取两个平面波被动红外传感器接收到的红外信号的时间差信息,来识别行人违规行为的类型。

第一、第二调理放大器分别用于对平面波被动式红外传感器 1 和 2 输出信号进行调理与放大(包括对背景噪声干扰的滤除)。两个调理放大器结构相同,均包括两级电压放大器、由两个电压比较器构成的双向"鉴幅"器、延迟时间定时器和功率放大器。

信号处理器同时处理平面波被动式红外传感器 1 和 2 接收到的感应信号,根据其先后到达时间,判别行人是闯红灯,还是听到交通协管辅助电子控制装置劝告后纠正错误而退回至等候线条内的行为,进而调用相关的语音存储器语音单元进行语音合成,并向语音播放器输出语音数字信号。

行人红绿灯机构接受交通路口红绿灯程序控制器的控制,配合路口车辆通行,实现红绿灯的亮起或熄灭。行人红绿灯机构中红灯的亮起或熄灭直接带动电源适配器的受电或断电。电源适配器受电时,交通协管辅助电子控制装置处于工作状态。此时,平面波被动式红外传感器 1 和 2 将探测到的行人行为信号输出至调理放大器,经调理放大后的信号输至信号处理器,信号处理器根据红外信号先后输出顺序及间隔时间判别传感状态,调用语音存储器并实现语音合成,合成后的数字语音信号输至语音播放器,最终完成对行为人的告示。

(3) 控制过程。

当横向道路车辆通行绿灯亮起时,人行横道线上路边相向而立的行人红绿灯机构的红灯同时亮起,禁止行人横穿道路;同时,语音播放器会播出悦耳的语音提示——"现在是红灯时间,请您在等候线内等候"。

交通协管辅助电子控制装置处于工作状态,平面波被动式红外传感器 1 和 2 实时探测行人行为。此时,一旦有人横穿道路,平面波被动式红外传感器 1 和 2 会先后有两个检测信号输出,即 $x(t_1)$ 与 $x(t_2)$,其中,$t_1$ 与 $t_2$ 分别为平面波被动式红外传感器 1 与 2 传感红外信息的时间,输出的检测信号经第一、第二调理放大器输送至信号处理器,信号处理器会根据 $x(t_1)$ 与 $x(t_2)$ 处理后的脉冲信号特性与 $t_1 - t_2 < 0$ 的时序,做出相对应的语音合成,语音播放器立即播出"注意,红灯停,绿灯行,您已经违规闯红灯,请退回等候线"。

如果行人听到交通协管辅助电子控制装置劝告后纠正错误而退回至等候线

条之内,平面波被动式红外传感器 1 和 2 会先后有两个检测信号输出,即 $x(t_1')$ 与 $x(t_2')$,其中,$t_1'$ 与 $t_2'$ 分别为平面波被动式红外传感器 1 和 2 传感红外信息的时间,输出的检测信号经第一、第二调理放大器至信号处理器,信号处理器会根据 $x(t_1')$ 与 $x(t_2')$ 处理后的脉冲信号特性与 $t_1'-t_2'>0$ 的时序,以及前一时刻 $(5\,\mathrm{s}\,内)$ 存在 $t_1-t_2<0$ 的记录,做出相对应的语音合成,语音播放器立即播出"谢谢配合,遵守交通法规是生命安全的保障"。

如果仍然有人"一意孤行",当他到达道路对面时,道路对面的平面波被动式红外传感器 1 和 2 会先后有两个检测信号输出,即 $x(t_1'')$ 与 $x(t_2'')$,其中,$t_1''$ 与 $t_2''$ 分别为平面波被动式红外传感器 1 和 2 传感红外信息的时间,此时,输出的检测信号经第一、第二调理放大器至信号处理器,信号处理器会根据 $x(t_1'')$ 与 $x(t_2'')$ 处理后的脉冲信号特性与 $t_1''-t_2''>0$ 的时序,以及前一时刻 $(5\,\mathrm{s}\,内)$ 不存在 $t_1-t_2<0$ 记录的特点,做出相对应的语音合成,该发明的语音播放器立即发出较为严厉的劝告"您如此不遵守交通法规,很可能会酿成交通事故并危及自己的生命安全"。

当行人红灯熄灭、绿灯亮起时,语音播放器会利用电源的延时关闭时间,播出悦耳的语音提示——"现在是绿灯时间,请您通行"。

(4) 技术新颖性。

现有的行人闯红灯装备不必做出任何改动,仅需将该发明装置电源适配器的两个输入端头并接于红灯的电源接线端头上。

所提供的平面波被动式红外传感器结构独特,仅接收两个平行的、沿特定竖直平面上传输的红外信息,也就是仅接收与其发生正交切割的人体或动物所发出的红外线,而不受与其具有一定间隔而平行通过的车辆信息的干扰。因此,具有很强的抗干扰性,且不会产生误判。

该发明可以根据平面波被动式红外传感器两个信号先后到达顺序以及时间间隔实现对行为人是"开始违规横穿",还是"纠正错误退回等候线",还是"一意孤行,坚持横穿至道路对面"的状态进行判别,因此更接近实用的效果。

智能辅助交通协管可大大降低交通协管员的劳动强度,直至最后实现智能化管理;对宣传道路交通安全法具有很好的促进效果,对降低道路交通事故发生率,保障交通的安全畅通起到积极的促进作用;同时,能够大幅度减少交通能源的无端浪费[43]。

### 3.4.3　公共用电系统节能技术

根据动力照明方面的节能效果,应根据供电设计原则以及各类负荷的特点,将其划分为不同的等级,然后选取相适应的负荷等级。除此之外,可以采用综合无功补偿与散开式的无功补偿设计方法,在一定程度上减少线路损耗,从而提升供电节能的效率。与此同时,在不影响动力照明效果的条件下,还可以采用技能性较强的照明设备和再生储能装置达到节能的优化效果。

1) 路灯智能节电技术

作为公共道路照明的路灯,早已普遍采用气体放电灯。如何使气体放电灯达到有效使用而又节能的效果是一项十分艰巨的任务。气体放电灯具有优越的光通量特性可作为路灯使用,其已经遍及城乡各处道路。通常情况下,从夜间10点开始,电网进入供电谷段,电压要比供电平段高出 $10\% \sim 20\%$,路灯均在高于设计功率 $10\% \sim 20\%$ 的状态下工作。作为道路照明的气体放电灯,在保证有效照明的情况下,如何实现最大限度的节电,这对国家社会经济发展的意义不言而喻。然而,要使气体放电灯实现真正意义上的节电,至今为止仍然存在诸多技术难题。就当前已被采用的诸多技术来看,基本上是利用降压装置或相类似的技术来实现照明节电,这是气体放电灯照明节电的技术误区。

有一种发明技术,即智能节电最优控制系统,包括供电主电路、路灯、状态检测器、信号处理器、控制驱动器、GPRS(通用无线分组业务)远程监控系统(见图 3-49)。状态检测器检测气体放电路灯电路的信号参数,被检测信号经过状态检测器预处理后交由信号处理器处理,信号处理器向控制驱动器发送控制指令,控制驱动器将控制指令转换成触发脉冲信号输出至供电主电路中的控制输入接口用以调节电压输出。信号处理器与 GPRS 远程监控系统信息交互,实现自主控制与远程遥控功能。该发明能够使气体放电灯始终处于最优控制区内接受最佳电压供电和最佳功率输出,进而确保气体放电灯在最佳照明效果和使用

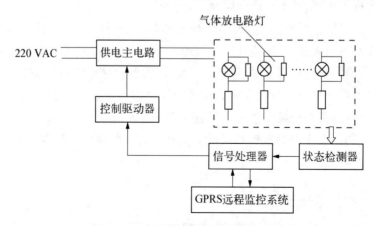

图 3-49　智能节电最优控制系统构成

寿命下的最高能量转换效率,真正达到节电节能的目标[44]。

与其对应的智能节电最优控制方法,即通过由气体放电灯最低灯电压-功率特性曲线、气体放电灯最高灯电压-功率特性曲线、气体放电灯最高允许功率线、气体放电灯最低限定功率线构成气体放电灯节电安全控制四边图,以及镇流器特性曲线和选择节电水平 $Q$,来确定气体放电路灯的输入电压,即交流输出电压目标值,使气体放电路灯处于全程最优控制状态,能够根据自然光照度,自动、科学、合理地开启/关闭路灯,在有效确保夜间行车安全的前提下,节电效果能够达到 45%[45]。

(1)智能节电最优控制系统构成。

系统中,供电主电路包括交流输入滤波器、无触点电压调节器、交流输出滤波器。交流输入滤波器采用 Γ 型电路,滤波电路由 1 个 50 Hz 低通电感和 1 个电容组成。交流输出滤波器采用双 Π 型电路,滤波电路由 1 个 1 kHz 高阻电感、1 个 50 Hz 低通电感和 3 个电容组成。交流输入滤波器的输入端口接受 50 Hz 单相交流电源供电,在滤除来自电网的杂散高频信号的同时,防止电压调节后所输出交流信号中的谐波成分反馈至电网。经过交流输入滤波器滤波后的交流电源信号送至无触点电压调节器,无触点电压调节器根据控制输入端口所收到的触发脉冲信号确定其中电力电子开关的导通状态,以调节输出的电压值。经调节后的交流电压输出,通过交流输出滤波器滤波整形后,作为气体放电灯的最后能量来源。交流输出滤波器既能阻挡电子触发器在气体放电灯启动前瞬间产生的脉冲高电压对交流调节电源输入回路的“反冲”,也能阻隔镇流器的高压感应电动势对交流调节电源输入回路的影响,起到保护无触点电压调节器中电力电子开关器件的作用,并防止脉冲高电压对电网的污染。

气体放电路灯包括气体放电灯、镇流器和触发器。气体放电路灯按外部触发选用相应的工作电路。所谓外部触发,即灯泡、镇流器和外触发器构成的工作电路。外部触发气体放电灯除了必须与配套的镇流器串联使用外,还需在灯泡两端并联 1 个触发器,气体放电灯方可正常使用。

状态检测器包括交流输入电压传感器、电流传感器、交流输出电压传感器、温度传感器、光照度传感器、信号采集通道、通道译码器、A/D 模数转换器、数据输出接口。其中,温度传感器的热电阻感温片黏贴在无触点电压调节器中电力电子开关器件的散热片上。光照度传感器的光照度感应片垂直向上安装,正面无障碍物阻挡,能够正确感应天空光照度。信号采集通道的输出端口与 A/D 模数转换器的输入端口连接,A/D 模数转换器的输出端口与数据输出接口的输入端口连接,数据输出接口的输出端口(即状态检测器的输出接口)通过插槽式接口与信号处理器的数字信号输入插槽连接;信号采集通道的开/关控制输入端口 (即通道选通接口)与通道译码器的输出端口连接,通道译码器的输入端口与信号处理器的并行数据接口连接。A/D 模数转换器具有 12 位字节,在其输出的数据结构中,高位 3 位代表信号类别代码,每个类别代码表示对应通道所采集信号的物理性质,低位 9 位代表信号数值,高位 3 位的并行数据输入端口与通道译码器的输入端口并接。因此,信号处理器通过并行数据接口输出的通道代码在输出通道译码器的同时,也写入 A/D 模数转换器的高位 3 位数据位。通道译码器根据信号处理器的并行数据接口所输出的信号采集通道代码来选择通道,将被采集的物理参数送入 A/D 模数转换器,A/D 模数转换器在将物理参数模拟量转换为数字量输出时占用数据结构中的低 9 位,同时在高 3 位中记录对应的信号采集通道编码,即通道地址,3 位二进制代码能够提供 8 个通道地址。状态检测器与主电路的连接关系如图 3 - 50 所示。

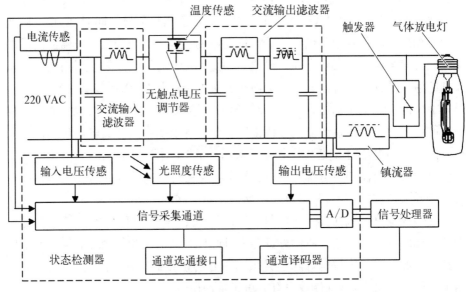

**图 3 - 50 状态检测器与主电路的连接**

信号处理器包括数据输入接口、时钟发生器、数值计算与决策模块、数据存储模块、并行数据接口、控制指令输出接口、RS232 串行接口。数据输入接口的输入插槽与状态检测器的输出接口连接,其输出端口和数值计算与决策模块的输入端口连接,数值计算和决策模块的并行数据接口与状态检测器中通道译码器的输入端口连接,数值计算和决策模块的输出端口与控制指令输出接口的输入端口连接,控制指令输出接口的输出端口(即信号处理器的控制输出接口)与控制驱动器的输入接口连接,数值计算和决策模块的读/写端口与数据存储模块的输出/输入端口连接,数值计算和决策模块的时钟信号输入端口与时钟发生器的输出端口连接,数据存储模块的输出/输入端口同时与 RS232 串行接口的前端口并接,RS232 串行接口的后端口与 GPRS 远程监控的远程终端 GPRS 模块的 RS232 串行接口的前端口连接。

其中,数值计算与决策模块通过并行数据接口依次发送通道代码至通道译码器,从而实现信号处理器的数据输入接口将状态检测器输出的数字信号依次送入数值计算与决策模块。数值计算与决策模块计算交流输入电压、电流、交流输出电压、温度、光照度的相应数值,包括交流输入电压、电流有效值及其功率因数,交流输出电压、电流有效值及其功率因数,根据电力电子开关器件的温度推算气体放电灯玻壳温度,以及天空光照度。数值计算与决策模块在上述数值计算的基础上进行决策。

**步骤 1**:从白天进入夜间,通过天空当前光照度与天空光照度最低限值的比较,确定是否启动路灯照明。

**步骤 2**:气体放电路灯工作过程中,根据检测到的交流输出电压进行决策,判断是否需要对电压进行调节,以使气体放电路灯始终处于最优节电工况。

**步骤 3**:当交流电源输入中断时,气体放电路灯需重新启动,称为热启动;此时,信号处理器能够通过天空光照度进行判断,是否由夜间进入白天,交流输入电源是否属于正常中断;只有在交流输入电源属于非正常中断,即夜间中断照明,同时气体放电灯熄灭后的玻壳温度降到安全温度值以下时,信号处理器才会输出气体放电路灯的热启动控制指令。

**步骤 4**:根据交流输入电压、路灯等效阻抗与功率因数,计算负载在不实施节电控制情况下的电能消耗和实施节电最优控制后的实际电能消耗,进而获取节电率及其在当前累计工作时间内的实际节约电能数值。

数据存储模块存放天空光照度最低限值、气体放电灯最低限定功率数、气体放电灯最高允许功率数、气体放电灯最低灯电压-功率特性曲线、气体放电灯最高灯电压-功率特性曲线、气体放电灯串接配套镇流器后的灯电压-功率特性曲线及其最高灯功率值和对应灯电压值、气体放电灯热启动所需玻壳最低温度限值、设计工况下气体放电灯灯具等效阻抗与功率因数,以及通过数值计算与决策模块所获得的实际电能消耗与节电效果参数。

数值计算与决策模块将计算结果转换为控制指令,通过控制指令输出接口,向供电主电路中的控制输入接口输送控制指令;数值计算与决策模块将计算结果存入数据存储模块,并通过 RS232 串行接口向 GPRS 远程监控系统传送当前电气参数和节电效果等数据信息,并随时接受来自 GPRS 远程监控系统的远程控制指令。控制指令包括冷启动开启、热启动开启、提升灯电压、降低灯电压、关闭交流电源。

控制驱动器包括数据识别模块、D/A 数模转换器、电压频率转换模块和微分电路。其中,数据识别模块的输入端口(即控制器的输入接口)与信号处理器的输出接口连接,数据识别模块的输出端口与 D/A 数模转换器的输入端口连接,D/A 数模转换器的输出端口与电压频率转换模块的输入端口连接,电压频率转换模块的输出端口与微分电路的输入端口连接,微分电路的输出端口与供电主电路中的控制输入接口连接。数据识别模块负责对控制指令数据进行阅读,进而确定控制方式。控制指令数据为 12 位字节,高位 3 位为控制类别,000B、001B、010B、011B、100B 分别对应冷启动开启、热启动开启、提升灯电压、降低灯电压、关闭交流电源;低位 9 位为一次改变灯电压的数值,即灯电压的变化量 $\Delta u_1$,其中,控制指令为 000B 或 001B 时,低位 9 位的数值为 000000000B,对应电力电子开关器件的导通角为 180°,控制指令为 100B 时,低位 9 位的数值为 111111111B,对应电力电子开关器件的导通角为 0°。D/A 数模转换器负责将灯电压变化量 $\Delta u_1$ 的数字量转换为模拟量输出,用以调节电压频率转换模块输出方波的周期。电压频率转换模块输出的方波经过微分电路后转化为尖脉冲频率信号输出,用以控制供电主电路中无触点电压调节器的导通角,即对应改变输出交流电压波形"切口"的大小,最终改变输出到气体放电路灯的灯电压有效值。所述交流电压波形"切口"的大小,即交流电压在周期波形中不导通时段的时间长短。

(2) 控制系统工作过程。

供电主电路接受 50 Hz 单相交流电源供电作为气体放电灯的能量来源。状态检测器负责电路工况参数的检测,被检测的信号经过状态检测器预处理后交由信号处理器处理、分析,信号处理器根据信号分析结果做出控制决策向控制驱动器发送控制指令,控制驱动器将控制指令转换成触发脉冲信号输出至供电主电路中的控制输入接口,用以调节供电主电路的电压输出。信号处理器将供电主电路的状态信息及其控制决策通过 RS232 串行接口与 GPRS 远程监控系统进行信息交互。信号处理器对状态检测器所提供的信息数据辅以科学的处理与分析,然后才输出相应的控制指令。因此,能够使气体放电灯始终是在最合理的工作条件下冷启动和最安全的工作条件下热启动,能够使气体放电灯始终处于安全控制区域内接受最佳灯泡电压供电和最高电光转换效率下的功率输出,进而确保气体放电灯的最佳照明效果和安全使用寿命条件,真正达到节电节能的目标。

　　上述硬件系统安装于一个控制柜内,可以单相供电,也可以三相供电。前者为单相路灯智能节电控制器,单相输入单路输出。控制柜的输入插座连接单相交流电源输出,控制柜的输出插座即交流输出端口连接一组气体放电路灯的输入端口。后者为三相路灯智能节电控制器,三相输入三路输出。控制柜的输入插座连接三相交流电源输出,控制柜的输出插座分三路交流输出端口分别连接3 组气体放电路灯的输入端口。三路交流输出的电路拓扑完全一样,每路输出所能"拖带"的路灯负载由每路额定输出电流确定,如某路输出额定电流为200 A,每盏气体放电路灯额定功率为 250 W,则该路输出最多能够"拖带"150盏路灯。

　　(3) 检控系统算法。

　　检控系统包括气体放电灯工作状态检测与控制两个部分(见图 3 - 51)。

$$I_1 = \frac{N_1}{U_1} \qquad\qquad (3-37)$$

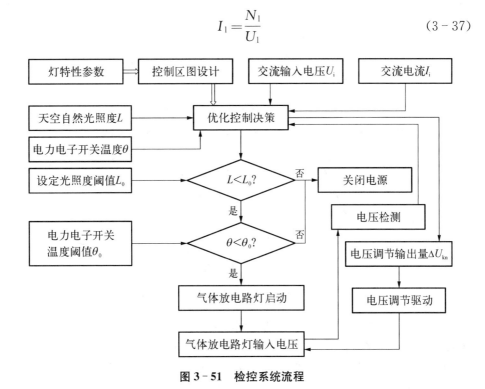

**图 3 - 51　检控系统流程**

　　如上所述,被检测参数包括交流输入电压、电流、交流输出电压、电力电子开关器件温度、天空光照度;控制方式包括气体放电路灯冷启动、气体放电路灯热启动、气体放电路灯最优节电控制、气体放电路灯关闭控制。检控算法的具体步骤如下。

**步骤 1：**所有路灯选用具有同一技术特性规格的高压钠灯＋镇流器＋触发器作为气体放电路灯。

**步骤 2：**根据高压钠灯的设计灯电压 $U_1$ 和设计灯功率 $N_1$，计算高压钠灯在设计工况下的工作电流 $I_1$。

**步骤 3：**根据高压钠灯在设计工况下的工作电流 $I_1$ 和与其配接的镇流器在设计工况下的工作阻抗 $Z_1$，计算高压钠灯的气体放电路灯在设计工况下的输入电压 $U_{\text{lin}}^{*}$，即交流输出电压

$$U_{\text{lin}}^{*} = U_1 + I_1 Z_1 \tag{3-38}$$

**步骤 4：**由高压钠灯最低灯电压－功率特性曲线 $N = kU + N_{\text{bs}}$、高压钠灯最高灯电压-功率特性曲线 $N = kU + N_{\text{bg}}$、高压钠灯最高允许功率线 $N = N_g$、高压钠灯最低限定功率线 $N = N_s$ 构成高压钠灯节电安全控制四边图（见图 3-52），$k$ 为直线斜率。

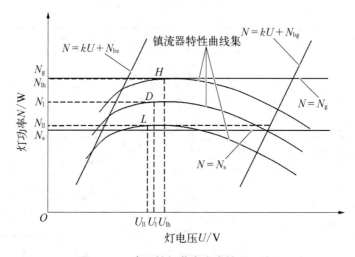

图 3-52 高压钠灯节电安全控制四边图

高压钠灯内不仅有汞，还充有钠。在灯泡工作期间，钠和汞混合以液态钠汞气的形式贮藏在放电管的冷端部分。高压钠灯的灯电压和灯功率的关系基于在放电管内包含过量的钠汞气，只有部分汞和钠混合形成蒸气压。蒸气压的高低反映在灯电压上，取决于放电管"冷端"处的温度，冷端温度的变化造成蒸气压的变化，产生灯电压的变化，从而发生灯功率的变化。也就是说，高压钠灯在寿命期间，灯功率随着灯电压的变化而发生变化，但在一定的功率范围内，灯泡电压和灯功率的关系近似线性关系。当灯电压等于设计电压时，灯功率将达到设计

目标功率,对相同型号、相同功率的灯有近似平行的特性曲线。对于那些有较高灯电压的灯,其特性曲线斜率的陡度会减小。四边形图的上部代表高压钠灯最大功率的极限,最大功率的极限取决于放电管最大可允许的工作温度。最大功率线通常设置在超过灯泡标称功率的 20%～30%。四边形图的下部代表高压钠灯最小功率的极限,设置最小功率线以确保能够满足灯泡的升温特性、灯泡工作的稳定性、可接受的光输出效率,以及光色性能等。最小功率线通常设置在灯标称功率的 20%～30%。四边形图左边的最小灯电压线为灯可接受的最小灯电压的灯特性曲线,即最低灯电压-功率特性曲线。每种规格的高压钠灯所认同的最小灯电压均已规定在灯的性能参数表中。四边形图右边的最大灯电压线表示灯可允许的最高灯电压时的灯特性曲线,即最高灯电压-功率特性曲线。该曲线考虑了灯中可能出现的最大灯电压、灯寿命期间灯泡电压的上升、密封式灯具内灯泡电压的上升,以及其他变化因素。如果灯电压超出最大灯电压曲线之外,则镇流器将不能确保灯能稳定或持续地工作。因此,上述四边形图可作为高压钠灯工作系统的一个规范,它包含了灯和镇流器两者的要求,也考虑了其他因素的影响。

**步骤 5**:建立气体放电路灯的灯电压-功率特性曲线集数据库。对于一个特定的灯特性曲线,可通过在一定范围内改变电源电压或镇流器的阻抗,从而改变灯的电压和功率,得到一组近似平行的特性曲线,即 $N = kU + N_b$,随着 $N_b$ 的变化形成一组灯电压-灯功率特性曲线集。当高压钠灯配接镇流器在恒定的输入电压下连续工作时,灯电压和灯功率的变化遵循镇流器的特性曲线,简称镇流器特性曲线。该曲线通过使放电管的冷端温度升高来改变灯电压和灯功率。当电源电压变化时,可得到一组镇流器特性曲线(见图 3 - 52)。试验曲线能够运用曲线拟合法获得解析表达 $N = f(U)$,正确设计的镇流器特性曲线落在节电安全控制四边图内。镇流器特性曲线的连续特性能够通过一阶导数求取灯功率最大值,并连同对应镇流器特性曲线存放于数据库中。因此,在数据库中,灯功率最大值与镇流器特性曲线建立了一一对应关系。高压钠灯的使用系统中存在各种因素的变化,如电源电压的变化、灯性能随时间的变化、灯具内反射器效率的变化、使用环境的变化等。高压钠灯的国际标准中为步骤 4 的四边图形式,要求镇流器确保灯在寿命期间及任何动态变化的状况下,其电气性能参数变化限制在上述特定范围内。

四边形图概括性地规定了镇流器设计条件:

① 镇流器的特性曲线应与两条灯电压线相交,并在灯的寿命期间保持在灯功率的极限线 $N = N_g$ 与 $N = N_s$ 之间。

② 镇流器的设计应使灯不仅在额定电源电压 $U_1$ 下,还需在可允许的最低电源电压 $U=\dfrac{1}{k}(N-N_{bs})$ 或最高电源电压 $U=\dfrac{1}{k}(N-N_{bg})$ 下,即总是工作在四边形图的区域内。

③ 最佳的镇流器特性曲线必须是一条既没有拐点,也没有折点的连续光滑曲线,且仅存在一个处于最小与最大电压曲线之间的极值点,如 $D$ 点的 $N_1$、$H$ 点的 $N_{lk}$、$L$ 点的 $N_{ll}$ 等。

**步骤6:** 选择节电水平 $Q$,$Q$ 可以取 $0\sim45\%$,如 $Q=25\%=0.25$。

**步骤7:** 依据节电水平 $Q$,选取镇流器特性曲线,获取灯泡目标电压,进而确定气体放电路灯的输入电压,即交流输出电压目标值,具体方法如下。

① 由 $(1-Q)\times N_1$ 求取节电水平对应的灯泡控制目标功率 $N_Q$。

② 将 $N_Q$ 作为待选镇流器特性曲线的灯泡目标功率最大值,从数据库中获取对应的灯电压 $U$,即 $U=U_Q$。

③ 由 $N_Q$ 与 $U_Q$ 求取 $I_Q$:

$$I_Q=\frac{N_Q}{U_Q} \tag{3-39}$$

④ 将 $U_Q$ 与 $I_Q$ 代入 $U_{lin}=U_Q+I_Q Z_Q\approx U_Q+I_Q Z_1$,求得路灯输入电压 $U_{lin}$,即交流输出电压,并将其转换为电压有效值 $U_{lin}$,$U_{lin}$ 即交流输出电压目标值。

**步骤8:** 进入全程最优控制状态,包括路灯冷启动控制、路灯节电最优控制、路灯热启动控制、路灯关闭控制。

**步骤9:** 路灯冷启动控制。从白天进入夜间时,依据天空光照度确定路灯冷启动的最佳时刻,当 $L<L_0$ 时,开启路灯照明,$L$、$L_0$ 分别为当前实测天空光照度和光照度阈值,环境亮度只有在低于该阈值时才开启路灯。因此,无论春夏秋冬,还是突然出现阴霾天气,该发明均能在合适的环境亮度下既保证道路行车安全,又最大限度地节省电能。

**步骤10:** 路灯节电最优控制。具体分步骤如下。

① 进入夜间照明,在线检测路灯工作状态参数信号,包括交流输入电压、电流、交流输出电压、电力电子开关器件温度、天空光照度。

② 由节电水平 $Q$,确定灯泡目标功率 $N_Q$,如 $Q=0.25$,则 $N_Q=0.75 N_1$,即实际控制灯功率为设计灯功率的 $75\%$。

③ 重复步骤7中的①~④,当路灯输入电压稳定于 $U_{lin}$ 时,由于高压钠灯在其放电过程的"伏-安"负阻特性与镇流器的正阻限流特性正好形成了两者的阻

抗互补,高压钠灯始终能够稳定在灯目标电压 $U_Q$ 与灯目标功率 $N_Q$ 对应的坐标点 $Q(U_Q, N_Q)$ 附近工作。

④ 通过在线检测,交流输出电压一旦偏离 $U_{lin}$,被测电压经信号处理、决策后,系统向无触点电压调节器发送电压调节指令,由输出控制量 $\Delta U_{lin}$ 改变 $U_{lin}$ 的值,使气体放电路灯输入电压重新回到目标电压 $U_{lin}$。

⑤ 计算节电效果,节电率

$$\eta \approx \frac{\sum (U_{in}^2/Z_1)\cos\varphi - \sum U_{in} I_Q \cos\varphi_Q}{\sum (U_{in}^2/Z_1)\cos\varphi} \times 100\% \qquad (3-40)$$

累计节能

$$W = t\left[\sum (U_{in}^2/Z_1)\cos\varphi - \sum U_{in} I_Q \cos\varphi_Q\right] \qquad (3-41)$$

式中,$U_{in}$ 为交流电源单相输入电压;$\cos\varphi_Q$、$\cos\varphi$ 分别为对应灯泡目标功率 $N_Q$ 和不实施节电控制下的负载功率因数;$t$ 为分段工作时间。

⑥ 输出路灯工作状态信息与节电效果数据。

路灯工作状态信息与节电效果数据能够通过远程监控系统传输至网络监控中心,以供远程监控与高层管理使用。

**步骤 11**:路灯热启动控制。夜间因电网线路故障或人为原因造成路灯中断照明需要线路恢复供电时,该发明技术会根据天空光照度和气体放电灯的玻壳温度选择热启动的最佳时刻。当且仅当 $L < L_0$ 且 $\theta < \theta_0$ 时,系统才会向气体放电路灯发送热启动控制指令。$\theta$、$\theta_0$ 分别为电力电子开关的当前温度及其热启动控制温度阈值,后者已经通过试验建立了与气体放电灯玻壳冷却温度的热力学关系,即一旦 $\theta < \theta_0$,气体放电灯玻壳温度就已降到了允许热启动的温度限值。因此,不仅能够保障路灯的技术性能不因在热状态下再启动而损坏,也不会将白天来临时正常关闭路灯误判为"事故中断",从而使路灯工作环境良好,确保其使用寿命得到维护。

**步骤 12**:路灯关闭控制。从夜间进入白天,当 $L \geqslant L_0$ 时,路灯关闭。因此,无论春夏秋冬,均能在最合适的环境亮度下关闭路灯照明,既保证了道路行车安全,又能最大限度地节省电能。

显然,该发明技术能够根据自然光照度,自动、科学、合理地开启/关闭路灯,节约电网用户端电能消耗,并确保了夜间行车安全和热启动状态下气体放电灯的使用安全;避免了气体放电灯在大于 220 V 或小于 180 V 的电压上工作,能够使气体放电灯寿命得到延长。该发明实施过程中,高压钠灯光通量不低于

90%,实际节电效率为 20%～45%。

2)输电网防治冰凌灾害智能技术

2008 年,50 年一遇的冰雪灾害对电力系统的影响至今仍历历在目。当时,我国南方多个省份陆续出现输电网倒塌、断线等事故,导致大面积停电,此状况前所未有。此类事故的发生,本身就是一次资源与能源的极大浪费。

电网如此脆弱,这跟我国在制定国家南方电网建设标准和电力输配方式的软硬件时,多注重其高效经济性,而忽视增强电网设施本身的安全耐候性有关;同时也显现,人们尽快掌握防控输电网冰凌灾害有效技术的重要性。

2010 年与 2011 年冬春交汇之际,云南、贵州、江西等南方省份再次出现严重的输电网冰凌现象。虽然这些地区的输电网经过前两年的改造后并未出现 2008 年冬天的大面积倒塌,但是输电线上的除冰任务仍然十分艰巨。从报刊等媒体报道获知,为了避免再次出现输电网大面积倒塌灾难,该地区的电力部门职工不得不依靠大量的劳动力对输电线实施人工除冰,让高压输电网"拉闸"停电后,采用棍棒敲打让输电线上凝结的冰凌掉落下来,除此之外,几乎别无上策。其劳动强度之大,除冰效率之低,可想而知。

在我国现行电网建设标准中,所采用输电塔的载荷能力是电网导线重量和拉力的 5 倍左右,这在正常的电力输送过程中已经足够,但在南方多个省份遭受冻雨冰凌特大灾害袭击时,有些地区导线附着的冰重量一夜之间就会突增五六十倍。如此"天降超负"重载的出现对于原来再坚固的输电塔结构体来说也是无法承受的,其后果必然是发生倒塌、断杆、断线,乃至"多米诺效应"般地全线倒塌、崩溃。要通过提高输电线标准来承担高出原先几十倍的应力,其经济成本是国家电网难以承担的,更谈不上输电系统的高效经济性问题。

可以说,在电网建设过程中如何防治冰凌灾害问题迄今仍是全国上下共同关心的大事。因为,即使将电网建设硬件设施标准提高,如将电网导线增粗、输电塔增强,但如果没有从检控与防治上找到有效的技术方法,在未来可能出现的更大规模的自然灾害面前,电网的安全仍然存在未知数。

就现有的技术而言,常用的输电网除冰技术大体上分为机械除冰、热力除冰和电线涂覆憎水憎冰材料这三类技术。

第一类,机械除冰技术。有文献介绍,采用起重机、绝缘作业工具车和带电直接作业方式机械除冰的方法,同时还介绍了手工除冰或直升机除冰的典型机械除冰方法等。这种除冰方法耗能小、价格低廉,但操作困难,既不安全,也不十分有效。还有文献介绍了一种由地面操作人员拉动一个可在线路上行走的滑轮达到铲除导线上覆冰的方法。这是一种目前唯一得到实际应用的输电线路除冰的机械方法,但仍然需要依靠繁重的人力劳动。

第二类,热力除冰技术。有文献基于线路电抗与电阻比很大的实际情况,提出一种将欲除冰线路脱离电网再通以高压直流电的除冰方法。该方法是当有冰凌在电线上积累时,由冰冻感应器预警,电力公司将冰冻线路暂时隔离出电网。利用高压电力电子装置将此段线路短路以形成回路,此时再注入直流电(电流大小由线路类型决定),线路因焦耳效应发热除冰。考虑到每年线路只是在一小段时间内需要除冰,高压电力电子装置在正常情况下可作为无功补偿器并网运行,这样既增加了系统的经济效益,又保障了线路的全天候安全可靠性。还有文献介绍了一种用于高压大电网的带载去冰方法。该方法无须断开线路,只需利用移相变压器改变线路上的电压相位,使两路高压输电线路上的潮流分配发生改变,从而使得其中一条线路上的电流增加、温度升高,进而达到除冰目的。但是,这些单一依靠直流电或改变潮流分配的焦耳效应致发热除冰方法作用时间较长,消耗的电能巨大,除冰成本较高。

第三类,电线涂覆憎水憎冰材料技术。这一技术要求材料既要与金属基体有较好的结合力和较高的传热系数,又要具有低表面张力系数和高憎水憎冰性,才可最大限度地减少水和冰对导线表面的附着力,使水或冰从其表面脱落,从而达到防止凝结冰凌的效果。但是,该方法势必增加整个电网的建设成本,且随着使用时间的延长,现有工艺的输电线涂层材料难免会出现老化与龟裂,从而失去原有的憎水憎冰效果。

尽管上述 3 类除冰技术在现实中时常被采用,但毕竟是耗能、耗材、耗工之役,距离自动除冰的技术目标相差较远。可以说,对于绝大部分区域的电力输配系统,在不改变原有技术标准的前提下,如何有效提高其抗冻雨、积雪、冰凌灾害的能力,正是当下所要解决的核心技术问题。

现有一项发明技术,即输电网冰凌灾害的“供电不间歇”智能防控系统与方法。该发明方法能够确保三相导线在受到高频大电流热融化的同时产生“电致机械振荡”的最佳振幅。在最适宜的高频大功率电流、适宜的机械振荡频率和最佳振幅 3 个要素的共同作用下,加快导线表面冰凌的融化和脱落,从而缩短除冰的时间,达到节省热融化耗能的效果[46]。

(1) 智能系统构成。

输电网冰凌灾害的“供电不间歇”智能防控系统是一项集高频电流热融与“电致导线机械振荡”于一体的新技术,该系统构成如图 3 - 53 所示。整个系统包括图像传感器、信号处理器、系统控制器、上游高压开关柜、电力降压变压器、遥控信号发送模块、电力电子变电装置、输电网、上游高频扼流器组、上游高压电容器组、下游高频扼流器组、遥控信号接收模块、下游高压开关柜、下游高压电容器组、电流传感器。

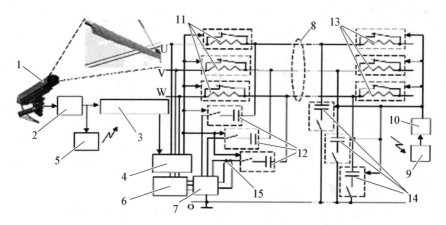

注：1—图像传感器；2—信号处理器；3—系统控制器；4—上游高压开关柜；5—遥控信号发送模块；6—电力降压变压器；7—电力电子变电装置；8—输电网；9—遥控信号接收模块；10—下游高压开关柜；11—上游高频扼流器组；12—上游高压电容器组；13—下游高频扼流器组；14—下游高压电容器组；15—电流传感器。

**图 3 - 53　输电网冰凌灾害的供电不间歇智能防控系统结构**

所谓"高频"，是相对 50 Hz 交流电频率而言，如频率为 20 kHz。从严格意义上讲，适用频率高于 20 kHz 信号的设备与器件应该称为"超音频"设备与器件。该发明称高于 50 Hz 交流电频率的设备、器件、电气参数等为高频设备、器件、参数，如高频扼流器、高压电容器、高频除冰电流等[42]。

在该系统中，图像传感器用于采集输电网图像信息，是实时捕捉输电网是否存在冰凌的机器视觉传感装置。

信号处理器包括图像信号输入接口、模数转换模块、运算决策模块、控制指令输出接口。信号处理器对所接收到的图像信号进行处理后，对输电线上是否出现或存在冰凌做出准确判断，并将信号处理器的运算与判定结果的控制指令输出至系统控制器及遥控信号发送模块。

系统控制器包括数字输入接口、数模转换模块、驱动放大模块、模拟信号输出接口。系统控制器的输出接口与上游高压开关柜的输入接口连接，系统控制器将所接收到的控制指令转换为模拟信号，并经过放大后驱动上游高压开关柜，启动其高压开关器动作，进而使该发明系统进入除冰工作状态。

上游高压开关柜包括 3 组高压开关器。第一组为高压常开开关器，简称上游第一组常开开关，上游第一组常开开关的三相输入触点端头与输电网上游三相端点连接，上游第一组常开开关的三相输出触点端头与电力降压变压器的原边三相输入端头连接。第二组为高压常闭开关器,简称上游第二组常闭开关。
上游第二组常闭开关的三相输入触点端头分别与上游高频扼流器组中的 3 个高
频扼流电感器一侧端头对应并接,上游第二组常闭开关的三相输出触点端头分
别与上游高频扼流器组中的 3 个高频扼流电感器的另一侧端头对应并接。两者
并接后,将 3 个高频扼流电感器再分别串接于输电网上游三相输电线路中,并称
高频扼流电感器与上游第二组常闭开关输入触点端头并接的一侧为上游高频扼
流电感器前端,简称上游扼流器前端,称高频扼流电感器与上游第二组常闭开关
输出触点端头并接的一侧为上游高频扼流电感器后端,简称上游扼流器后端。
第三组为高压常开开关器,简称上游第三组常开开关。上游第三组常开开关的
三相输入触点端头分别与电力电子变电装置的三相输出端头连接,上游第三组
常开开关的三相输出触点端头分别与上游高压电容器组中的 3 个高压电容器的
三相输入端头对应连接。上游高压电容器组中的 3 个高压电容器的三相输出端
头分别与上游高频扼流电感器组中的 3 个上游高频扼流电感器后端对应连接。
当信号处理器控制指令启动系统控制器,进而驱动上游高压柜中的开关器动作
时,上游第一组常开开关闭合,电力降压变压器的原边与输电网上游三相接通;
上游第二组常闭开关被打开,使得与其并接的 3 个高频扼流电感器在三相输电
线上游处于分别被串接的状态,起到对高频电流的扼制作用,因此能够阻止电力
电子变电装置输出的高频电流向输电网上游的"倒流反馈";上游第三组常开开
关被闭合,上游高压电容器组中的 3 个高压电容器分别与电力电子变电装置的
三相(三路)高频电流输出接通,借助电容器对低频电流的高容抗特性,阻止
50 Hz 高压交流电向电力电子变电装置输出接口的"倒冲短路"。也就是说,输
电网上游高频扼流器组和上游高压电容器组的连接方式能够确保该发明的工作
过程中,高频交流电与 50 Hz 高压交流电在输电网上游的有序分流。当上游高
压开关柜的输入接口经系统控制器接收到信号处理器输出的"中断"信号时,上
游高压开关柜中的 3 组高压开关器恢复常态,即原先的常开或常闭状态,使得电
力降压变压器的原边三相输入端点不被接入三相高压电,同时,上游高频扼流器
组中的 3 个高频扼流电感器处于"短接"状态,即输电网上游没有被上游高频扼
流器组中的 3 个高频扼流电感器所串接,上游高压电容器组与电力电子变电装
置的三相输出端点之间处于断开状态,输电网没有被高频电流"注入"。

　　电力降压变压器的原边为三相三角形连接,即输入为三相三线制;副边星形
连接,即输出为三相四线制。副边的三相输出端及中性点与电力电子变电装置
的电源输入接口连接;副边输出电压为 500~2 000 V,原/副边线圈匝数比需根
据输入电压来确定,如输入、输出电压分别为 220 kV 与 1 000 V 时,单相原/副

边线圈匝数比为 220∶1。电力降压变压器副边的输出电压、电流及其频率受电力电子变电装置的调节。

电力电子变电装置(见图 3-54)包括电源输入接口、第一整流子模块、第二整流子模块、第三整流子模块、第一滤波子模块、第二滤波子模块、第三滤波子模块、第一电力电子开关主回路子模块、第二电力电子开关主回路子模块、第三电力电子开关主回路子模块、开关电源控制模块。其中,第一、第二、第三整流子模块的整流电路采用能够承受 6 kV 电压和 6 kA 电流以上的功率二极管组构成桥式整流拓扑结构;第一、第二、第三滤波子模块的滤波电路为由电感与电容构成的 Γ 型拓扑结构。

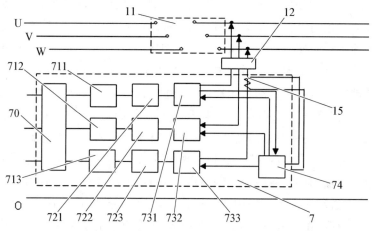

注:7—电力电子变电装置;70—电源输入接口;711—第一整流子模块;712—第二整流子模块;713—第三整流子模块;721—第一滤波子模块;722—第二滤波子模块;723—第三滤波子模块;731—第一电力电子开关主回路子模块;732—第二电力电子开关主回路子模块;733—第三电力电子开关主回路子模块;74—开关电源控制模块;11—上游高频扼流电感器组;12—上游高压电容器组;15—电流传感器。

**图 3-54 电力电子变电装置原理结构**

第一、第二、第三电力电子开关主回路子模块采用电力电子器件(如可关断晶闸管 GTO、绝缘栅双极型晶体管 IGBT 等)构成桥式逆变拓扑结构。其中,绝缘栅双极型晶体管 IGBT(通过串并联)的容量水平为(1 200～1 600 A)/(1 800～3 330 V),工作频率为 20 kHz 以上。当需要加大电流输出时,能够通过电力电子器件的并联来实现;当需要提高电力电子器件的电压承受能力时,能够通过电力电子器件的串联来实现。

开关电源控制模块(见图 3-55)包括高频电流检测信号输入接口、高频电流滤波子模块、高频电流放大子模块、高频电压检测信号输入接口、SPWM 发生子模块、SPWM 信号驱动子模块、第一驱动输出接口、第二驱动输出接口、移相控制子模块。

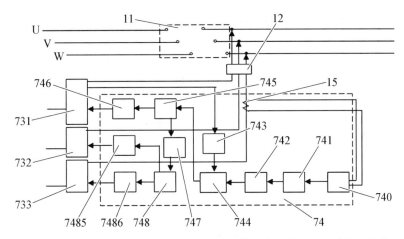

注：74—开关电源控制模块；740—高频电流检测信号输入接口；741—高频电流滤波子模块；742—高频电流放大子模块；743—高频电压检测信号输入接口；744—SPWM 发生子模块；745—SPWM 信号驱动子模块；746—第一驱动输出接口；747—第二驱动输出接口；748—移相控制子模块；7485—第一移相输出接口；7486—第二移相输出接口。

**图 3‒55　开关电源控制模块原理结构**

其中，SPWM 发生子模块（见图 3‒56）包括输入接口、电流设定值器、信号比较器、正弦信号发生器、加法器、锯齿波发生器、信号调制器、输出端口。

SPWM 发生子模块输出的波形称为脉宽调制波形，简称 SPWM 控制波。脉宽调制变频电路又称为 SPWM 变频电路，常采用电压源型交-直-交变频电路的形式。基本原理是控制变频电路开关元件的导通和关断时间比（即调节脉冲宽度的"占空比"）来控制交流电压的大小和频率。每个 SPWM 矩形波电压下的面积接近所对应的正弦波电压下的面积，又因为它的脉冲宽度接近正弦规律变化，故又称其为正弦脉宽调制波形。根据采样控制理论，脉冲频率越高，SPWM 波形越接近正弦波。变频电路的输出电压为 SPWM 波形时，其低次谐波能够得到很好的抑制和消除，高次谐波又很容易滤去，从而可获得畸变率极低的正弦波输出电压。通过调节电力电子变电装置中 SPWM 信号的占空比，能够改变电力电子变电装置输出的等效电压，进而改变电力电子变电装置输出到输电网除冰区段的高频加热电流大小。通过改变电力电子变电装置中 SPWM 信号的频率，还能够改变电力电子变电装置输出到输电网除冰区段的高频加热电流频率。

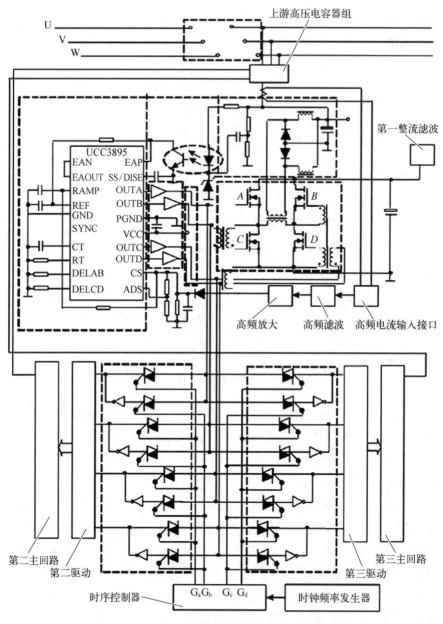

图 3-56　电力电子变电装置电路结构

　　移相控制子模块包括 SPWM 信号输入端口、时钟频率发生器、时序控制器、第一移相电路、第二移相电路、第一输出端口、第二输出端口。时序控制器包括 $G_a$、$G_b$、$G_c$、$G_d$ 这 4 个端头,每个端头对应一个时序信号输出;$G_a$、$G_b$ 分别与第一移相电路的第一、第二触发控制输入端头连接;$G_c$、$G_d$ 分别与第二移相电路的第一、第二触发控制输入端头连接;第一移相电路、第二移相电路的输出端口分别与第二、第三电力电子开关主回路子模块的控制信号输入端头连接。第一移相电路、第二移相电路结构相同,均由两组电子开关构成,每组电子开关均由两个双向晶闸管和 1 个倒相器构成,每个双向晶闸管包括两个主电极 $T_1$(即移相电路的 SPWM 信号输入端口)、$T_2$ 和控制极 G(即触发控制输入端头)。

其中,第一移相电路的第一组电子开关的两个双向晶闸管的主电极 $T_1$ 并接后与时序控制器的 $G_a$ 输出端头连接,第二个双向晶闸管的主电极 $T_2$ 与倒相器的输入端头连接,第一双向晶闸管的主电极 $T_2$ 与倒相器的输出端头并接后与第二电力电子开关主回路子模块的控制信号输入端口的第一端头连接;第一移相电路的第二组电子开关的两个双向晶闸管的主电极 $T_1$ 并接后与时序控制器的 $G_b$ 输出端头连接,第二个双向晶闸管的主电极 $T_2$ 与倒相器的输入端头连接,第一双向晶闸管的主电极 $T_2$ 与倒相器的输出端头并接后与第二电力电子开关主回路子模块的控制信号输入端口的第二输入端头连接;第二移相电路的第一组电子开关的两个双向晶闸管的主电极 $T_1$ 并接后与时序控制器的 $G_c$ 输出端头连接,第二个双向晶闸管的主电极 $T_2$ 与倒相器的输入端头连接,第一双向晶闸管的主电极 $T_2$ 与倒相器的输出端头并接后与第三电力电子开关主回路子模块的控制信号输入端口的第一端头连接;第二移相电路的第二组电子开关的两个双向晶闸管的主电极 $T_1$ 并接后与时序控制器的 $G_d$ 输出端头连接,第二个双向晶闸管的主电极 $T_2$ 与倒相器的输入端头连接,第一双向晶闸管的主电极 $T_2$ 与倒相器的输出端头并接后与第三电力电子开关主回路子模块的控制信号输入端口的第二输入端头连接。

所述时序控制器,其功能在于通过对时钟频率的计算来确定其对应输出端头输出波形高低电平的持续时间,即变换周期/频率。时序控制器输出的波形称为时序控制信号或时序开关信号(见图 3-57)。

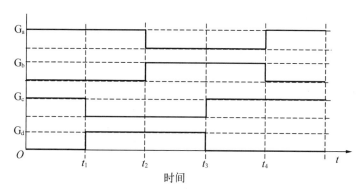

**图 3-57　时序控制波形图**

在 SPWM 发生子模块与移相控制子模块的共同作用下,输出至三相除冰线路上的高频电流产生"电致机械振荡"效应,即 SPWM 发生子模块向第一电力电子开关主回路子模块的控制极输出的波形与其经过两个移相电路移相后所形成的两种波形之间的相位形成周期性、有规则的变化,使得 3 个电力电子开关主回路子模块输出的高频电压具有与 3 种 SPWM 波形相位相对应的相位关系。如第二、第三电力电子开关主回路子模块输出的高频电压均与第一电力电子开关主回路子模块输出的高频电压反相等。分别向除冰线路输出的三路高频电压在各自线路上所形成的电流在输电线阻抗特性相同情况下仍然保持着三者相互间的相位关系。

图 3-58(a)对应图 3-57 中 $t_1$ 时刻到达前的相位关系;图 3-58(b)对应图 3-57 中 $t_2$ 时刻到达前的相位关系;图 3-58(c)对应图 3-57 中 $t_3$ 时刻到达前的相位关系;图 3-58(d)对应图 3-57 中 $t_4$ 时刻到达前的相位关系。

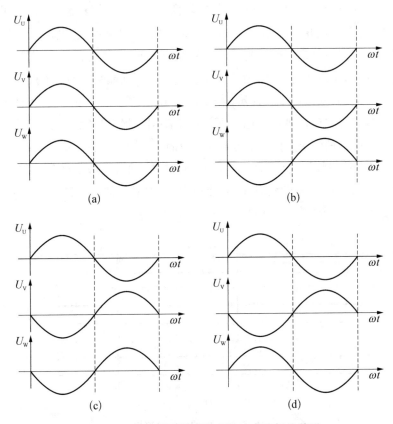

图 3-58  输电网三相导线中除冰电流相位关系

　　由于三路电流之间的相位关系或同相或反相,输电网中的三相导线在电磁场的作用下,彼此之间产生相互吸引或排斥的作用力,任何一根输电线在两种电场力的合成作用下,使三相导线彼此之间产生有规则的震荡(见图 3-59)。

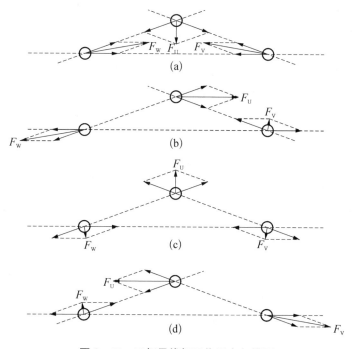

图 3-59　三相导线相互作用力矢量图

　　当移相控制子模块中的时序控制器输出合适的时序控制电平信号时,就能确保三相导线之间产生适宜的机械振荡频率来促进导线上的冰凌加速脱落。当 SPWM 发生子模块调节合适的 SPWM 波形频率和占空比时,三路电力电子开关主回路子模块向三相待除冰导线输出最适宜的高频大功率电流。因此,能够确保三相导线在受到高频大电流热融化的同时产生电致机械振荡的最佳振幅。在最适宜的高频大功率电流、适宜的机械振荡频率和最佳振幅 3 个要素的共同作用下,导线表面冰凌的融化和脱落加快,缩短了除冰的时间,达到了节省热融化耗能的效果。

　　上游高频扼流器组包括 3 个电感器。每个电感器的两个端点分别与上游高压开关柜中的第二组高压常闭开关器对应并接,当上游高压开关柜接收系统控制器驱动信号启动或关闭高压开关动作时,第二组高压常闭开关器触点的断开或闭合决定了上游高频扼流器组的 3 个电感器在输电网上游输电线路中的串接或短接状态。当上游高频扼流器组的 3 个电感器分别串接入三相输电线时,通过该电感器对不同频率交流电所呈现的不同感抗值,实现对高频除冰电流的"扼制",以及对 50 Hz 低频电流的低阻抗"通流"作用。

上游高压电容器组包括 3 个高压电容器。每个高压电容器的输出端头分别与上游高频扼流电感器后端 3 个端点对应并接;每个高压电容器的输入端头分别与电力电子变电装置的副边三相输出端点连接。当上游高压开关柜接收系统控制器驱动信号而启动或关闭高压开关动作时,第三组高压常开开关器触点的闭合或断开决定了上游高压电容器组每个高压电容器与电力电子变电装置输出接口的接通或断开状态。当上游高压开关柜第三组高压常开开关器触点闭合时,电力电子变电装置输出接口输出的高频除冰电流能够利用高压电容器的低容抗顺利进入输电网,而 50 Hz 高压低频电流受到高压电容器高容抗的阻挡并不会"倒冲"进入电力电子变电装置输出接口。

遥控信号发送模块包括数字信号输入接口、载波发生子模块、调制子模块、功率放大子模块、发射天线。数字信号输入接口的输入端口与信号处理器的控制指令输出接口连接;数字信号输入接口的输出端口与调制子模块的第一输入端口连接,载波发生子模块的输出端口与调制子模块的第二输入端口连接;调制子模块的输出端口与功率放大子模块的输入端口连接;功率放大子模块的输出端口与发射天线的输入端口连接。当数字信号输入接口接收到来自信号处理器输出的数字指令时,调制子模块对载波信号进行数字调制,调制后的高频信号经过功率放大子模块进行功率放大后,送至发射天线向外发射数字调制控制指令信号。遥控信号接收模块接收到遥控信号发送模块所发射的数字调制控制指令信号后,按照指令所约定的控制规则对输电网下游的开关触点实施控制。

遥控信号接收模块包括接收天线、解调子模块、数模转换子模块、功率放大子模块、输出接口。接收天线的输出端口与解调子模块的输入端口连接,解调子模块的输出端口与数模转换子模块的输入端口连接,数模转换子模块的输出端口与功率放大子模块的输入端口连接;功率放大子模块的输出端口与输出接口的输入端口连接;遥控信号接收模块输出接口的输出端口与下游高压开关柜的输入接口连接。

输电网是对高压输电网、低压配电网及用户网的统称。输电网上游是针对输电网中除冰线路区段而言的,在实施除冰线路区段,靠近输电网上游变电站(所)一侧称为输电网上游,简称"上游";靠近输电网下游变电站(所)一侧称为输电网下游,简称"下游"。输电网中的三相传输线分别用 U、V、W 表示,用户网中的中线用 O 表示。在输电网实施除冰线路时,除了继续称之为 U、V、W 相线路外,还可以分别称之为第一、第二、第三路导线。

下游高压开关柜包括两组高压开关器。第一组为高压常闭开关器,简称下游第一组常闭开关,下游第一组常闭开关的三相输入触点端头分别与下游高频扼流器组中的 3 个高频扼流电感器一侧端头对应并接,下游第一组常闭开关的三相输出触点端头分别与下游高频扼流器组中的 3 个高频扼流电感器的另一侧端头对应并接,两者并接后,将 3 个高频扼流电感器再分别串接于输电网下游三相输电线路中,称高频扼流电感器与下游第一组常闭开关输入触点端头并接的一侧为下游高频扼流电感器前端,简称下游扼流器前端,称高频扼流电感器与下游第一组常闭开关输出触点端头并接的一侧为下游高频扼流电感器后端,简称下游扼流器后端。第二组为高压常开开关器,简称下游第二组常开开关,用于控制下游高压电容器组与接地端点之间的闭合或断开,即下游高压电容器组中的 3 个高压电容器的三相输入端头分别与下游高频扼流电感器组中的 3 个下游高频扼流电感器前端对应连接,3 个高压电容器的三相输出端头分别与下游第二组常开开关的三相输入触点端头对应连接,下游第二组常开开关的三相输出触点端头共同接地。当信号处理器控制指令启动系统进入工作状态时,下游高压开关柜的输入接口接收到遥控信号接收模块输出的功率放大信号,在功率信号的驱动下,下游第一组常闭开关触点断开,下游高频扼流器组中的 3 个高频扼流电感器在输电网下游三相线中分别处于串接状态,借助高频电流对下游高频扼流器组的高阻抗隔离了电力电子变电装置输出的高频电流向输电网下游的“延伸”;下游高压电容器组中的 3 个高压电容器与接地点接通,使得电力电子变电装置输出的高频电流经过输电网下游、下游高压电容器组、接地点回到电力电子变电装置的接地端,形成 3 个相对独立的高频电流回路;与此同时,高压 50 Hz 交流电借助下游高压电容器组的高容抗避免了对地短路。当遥控信号接收模块停止向下游高压开关柜输出功率放大信号后,下游高压开关柜中的两组开关器恢复原态,即其中的两组高压开关器开关恢复至原先的常闭或常开状态。

下游高频扼流器组也包括 3 个电感器。每个电感器的 2 个端点分别与下游高压开关柜中的第一组高压常闭开关器触点对应并接。下游高压开关柜是否接收遥控信号接收模块输出的功率放大信号作用于高压开关动作时,第一组高压常闭开关器触点的断开或闭合决定了下游高频扼流器组的 3 个电感器在输电网下游输电线路中的串接或短接状态。当下游高频扼流器组的 3 个电感器分别串接入三相输电线中时,通过该电感器对不同频率交流电所呈现的不同感抗值,实现对高频除冰电流的扼流作用,以及对 50 Hz 低频电流的低阻抗通流作用。

下游高压电容器组也包括 3 个高压电容器。每个高压电容器的输入端头分别与下游高频扼流电感器组中的 3 个下游高频扼流电感器前端对应连接;每个高压电容器的三相输出端头分别与第二组高压常开开关器的三相输入触点端头对应连接。下游高压开关柜是否接收遥控信号接收模块输出的功率放大信号作用于高压开关动作时，第二组高压常开开关器触点的闭合或断开决定了下游高压电容器组每个高压电容器与接地端点的接通或断开状态。当下游高压开关柜第二组高压常开开关器触点闭合时，电力电子变电装置输出接口输出的高频除冰电流能够利用高压电容器的低容抗顺利通过接地点形成回路，而 50 Hz 高压低频电流受到高压电容器高容抗的阻挡并不会被短路。

3 个上游高频扼流电感器和 3 个下游高频扼流电感器的取值，由感抗计算公式 $Z_L = 2\pi f L$ 对不同频率交流电压的衰减程度来确定，即要确保 50 Hz 交流电压在 $Z_L$ 感抗上的衰减最小而高频除冰电压在 $Z_L$ 上的衰减最大，进而选择一个最适合的电感器 $L$ 值。

3 个上游高压电容器和 3 个下游高压电容器的取值，由容抗计算公式 $Z_C = \dfrac{1}{2\pi f C}$ 对不同频率交流电压的衰减程度来确定，即要确保 50 Hz 交流电压在 $Z_C$ 容抗上的衰减最大而高频除冰电压在 $Z_C$ 上的衰减最小，进而选择一个最适合的电容器 $C$ 值。

（2）系统工作原理。

图像传感器采集的输电网图像传输至信号处理器，信号处理器根据当前图像进行识别。一旦确认当前输电线上出现冰凌，信号处理器即向系统控制器和遥控信号发送模块发送控制指令，系统控制器输出驱动信号，启动上游高压开关柜，电力降压变压器的原边与输电网上游侧三相接通，电力电子变电装置、遥控信号接收模块、上游高频扼流器组、上游高压电容器组、下游高频扼流器组、下游高压开关柜、下游高压电容器组均同步进入工作状态。此时，输电网的上下游两侧分别被串接入上游高频扼流器组和下游高频扼流器组，即每个相线的上下游两侧均分别被串接入一个高频扼流电感器；输电网上游侧电力电子变电装置输出的高频大电流能量信号通过上游高压电容器组被输入到输电网中的除冰区段线路，经输电网下游高压电容器组、接地端点与电力电子变电装置的接地端形成3 个相对独立的高频电流回路，利用高频大电流能量信号在输电线上由焦耳效应所产生的热量来促进输电线凝结的冰凌融化。由于上游高频扼流器组和下游高频扼流器组对高频大电流能量信号的高感抗扼流作用，输电线中被"注入"的高频电流既不会向输电网的上游"倒灌"，也不会向输电网的下游"延伸"，可借助上游高压电容器组和下游高压电容器组的低容抗顺利形成自己的"电流融冰"回路；同时，原有的 50 Hz 高压电并不会因为上游高频扼流器组、上游高压电容器

组、下游高频扼流器组、下游高压电容器组在电网中的接入而影响其原有的传输
通道,因为高频扼流电感器和高压电容器对 50 Hz 高压电分别呈现出低感抗和
高容抗,因此,在确保原有高压电流沿着输电网"畅通"的同时,也不会从上游高
压电容器组或下游高压电容器组发生短路。该发明的除冰过程具有原有的"供
电不间歇"功能,因此,称之为输电网冰凌灾害"供电不间歇"防控系统。

同时,上述系统中的电力电子变电装置能够根据电流传感器所检测到的高
频电流成分与电压反馈信号,通过 SPWM 波形来调节其输出高频大电流能量信
号的频率、电压和电流的大小,使输电网出现的冰凌能够在最合适的高频电流作
用下进行融化。

电力电子变电装置还能够通过其移相发生子模块输出移相后的 SPWM 信
号来实现三相导线上高频大电流相互间的相位按照预定规律进行轮番变换,从
而使导线的冰凌在受热融化的同时出现最佳胁迫振荡,使冰凌挤压破碎,加速导
线表面冰凌的脱落,达到节电、省时的良好效果。

该发明还能够从电流传感器检测出的高频电流信号来判断系统是否工作正
常。如当高频电流反馈值为零时,说明高频除冰电流没有形成回路,上下游高压
开关柜可能出现故障。

除冰开始后,当系统通过图像信息识别出导线上的冰凌已经除尽或者已经达
到预期的技术标准,信号处理器会实时向系统实施控制,并由遥控信号发送模块发
出停止除冰的控制指令,系统便迅速完成一系列操作指令。除了图像传感器与信
号处理器继续处于运行状态外,上下游高压开关柜及其高频扼流电感器组和高压
电容器组均恢复常态,即处于除冰前的非工作状态,电力降压变压器和电力电子变
电装置的电源被关断,遥控信号发送模块和遥控信号接收模块也处于休眠状态。

(3) 控制算法。

具备上述硬件装置系统后,尚需掌握输电网冰凌灾害的供电不间歇智能防
控的控制算法,其算法流程如图 3 - 60 所示。

算法具体步骤如下。

**步骤 1**:系统初始化。

对信号处理器发送控制指令次数所设置的累计变量 $N$,初始赋值为 0,即
$N = 0$。

**步骤 2**:图像传感器实时采集输电网现场图像(见图 3 - 61)。

其中,图 3 - 61(a)为图像传感器所采集的输电网图例;图 3 - 61(b)为截取
特定区域图例;图 3 - 61(c)为特定区域截图的边缘检测图例,以及导线"直径"计
算方法示意图。$d$ 为导线等效"直径";$D$ 为被冰凌包裹后的等效"直径"。

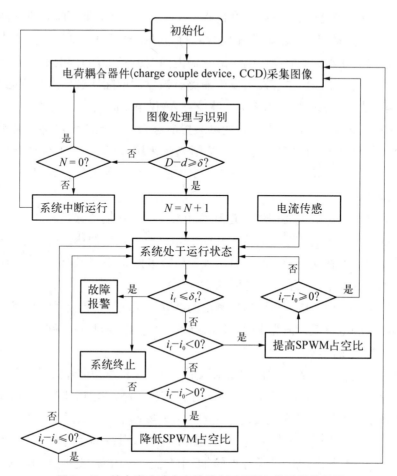

图3‐60 输电网冰凌灾害的供电不间歇智能防控流程图

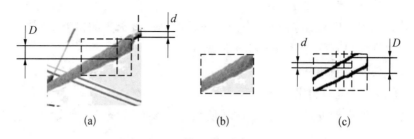

图3‐61 图像采集与处理过程图例

当采用高分辨率、低照度的CCD摄像头时,白天无须借助任何辅助光,夜间则需要借助辅助光源对输电网照射。

图像传感器每间隔一定时间采集一幅图像,如间隔0.5 h采集一幅,夜间借助辅助光源在采集图像时刻自动闪烁照明。

**步骤 3**：信号处理器对接收到的输电网现场图像进行灰度强化处理，并对事先确定的输电线区域进行截取［见图 3-61(b)］。

**步骤 4**：对被截取图像区域进行边缘检测并二值化［见图 3-61(c)］。

**步骤 5**：根据边缘检测结果，计算输电导线当前的边界线"直径" $D$，并将其与正常输电网导线的"直径" $d$ 进行对比。采用求取平均值的方法进行评判，即

$$D = \frac{\sum_{j=1}^{N} D_j}{N} \tag{3-42}$$

式中，$j=1$, 2, 3, $\cdots$, $N$，取 $N=10$；$D_j=i_j^l-i_j^k$，$i_j^l$ 表示第 $j$ 列、第 $l$ 行像素坐标，$i_j^k$ 表示第 $j$ 列、第 $k$ 行像素坐标，且 $l > k$。

当 $D-d \geqslant \delta$ 时，认定当前输电网导线存在冰凌且必须予以消除，累计变量 $N=N+1$，并执行步骤 6。当 $D-d < \delta$ 时，如果 $N=0$，则系统回到步骤 2，继续予以监视；否则，即 $N \neq 0$，执行步骤 19。其中，$\delta$ 为事先经过试验确定的判定阈值。

"直径"是指在被截取图像区域中，对二值化边界检测结果的图像行坐标上（或称垂直方向上）对应边界上的两个边界点的距离，即该两个边界点像素列坐标差的绝对值。

令被截取图像区域的图像坐标为 $(i, j)$，$i$、$j$ 分别表示图像坐标的行与列的像素坐标，则图像行坐标上（或称垂直方向上）对应边界上的两个边界点的距离能够表达为 $|j_1-j_2|$；其中，$j_1$、$j_2$ 分别代表对应某一行坐标 $i_n$ 上，导线图像二值化后，上、下边界点的像素列坐标。

在判定 $D-d \geqslant \delta$ 是否成立时，直接采用列像素数来表达垂直方向上对应两个边界点的距离，从而使判别运算简单且快速。

**步骤 6**：信号处理器向系统控制器和遥控信号发送模块发送系统除冰控制指令。

**步骤 7**：遥控信号发送模块将接收到的数字控制指令通过调制子模块对载波信号进行数字调制，调制后的高频信号经过功率放大子模块进行功率放大后，送至发射天线向外发射数字调制控制指令信号。

**步骤 8**：遥控信号接收模块通过接收天线接收遥控信号发送模块所发射的数字调制控制指令信号，对调制信号依次进行解调、数模转换和功率放大，然后

驱动下游高压开关柜,让下游高压开关柜按照指令所约定的控制规则对输电网下游的开关触点实施控制。

**步骤 9:** 下游高压开关柜的第一组常闭开关触点断开,下游高频扼流器组中的 3 个高频扼流电感器在输电线下游三相线中分别处于串接状态,高频电流对下游高频扼流器组的高阻抗隔离了电力电子变电装置输出的高频电流向输电网下游的"延伸";下游高压开关柜的第二组常开开关触点闭合,下游高压电容器组中的 3 个高压电容器与接地点接通,使得电力电子变电装置输出的高频电流能够经过输电网下游、下游高压电容器组、接地点回到电力电子变电装置的接地端,形成一种高频电流回路;此时,高压 50 Hz 交流电借助下游高压电容器组的高容抗避免了对地短路。

**步骤 10:** 系统控制器驱动上游高压开关柜启动受控设备进入除冰工况,即电力降压变压器、电力电子变电装置同步处于工作状态,电力降压变压器受上游第一组常开开关的控制实现与输电网的连通,上游高频扼流器组中的 3 个高频扼流电感器受上游第二组常闭开关的控制分别被串接入输电网的上游三相线路中,起到隔离高频大电流的作用,即避免高频除冰电流"倒灌"电网上游;上游高压电容器组中的 3 个高压电容器受上游第三组常开开关的控制分别与电力电子变电装置输出接口的对应端头连通。上游高压电容器组不仅能够起到隔离 50 Hz 高压交流电的作用,还是电力电子变电装置输出的高频除冰电流与输电网上游的连接通道,既确保了高频除冰电流的畅通,又阻隔了 50 Hz 高压交流电的"倒冲"。

**步骤 11:** 电力电子变电装置输出分三相独立回路进行工作,即输电网的 U、V、W 三相分别被通入受 SPWM 控制的三路相互间的相位按照预定规律、轮番变换的高频除冰电流信号。

电力电子变电装置的具体工作分步骤如下。

分步骤 1,SPWM 发生子模块的第一输出端口、第二输出端口分别向第一电力电子开关主回路子模块控制信号输入端口和移相控制子模块的 SPWM 信号输入端口输入第一对 SPWM 控制信号,即移相控制子模块中时序控制器的输出端口 $G_a$、$G_b$、$G_c$、$G_d$ 对应的时序信号表达为

$$U_{G_a}(t) = \begin{cases} 1(A) & nT \leqslant \dfrac{t}{T} < (2n+1)\dfrac{T}{2},\ n = 0,\ 1,\ 2,\ \cdots,\ \infty \\[3mm] 0(B) & (2n+1)\dfrac{T}{2} \leqslant \dfrac{t}{T} < (n+1)T,\ n = 0,\ 1,\ 2,\ \cdots,\ \infty \end{cases}$$

$$(3-43)$$

$$U_{Gb}(t)=\begin{cases}1(A) & (2n+1)\dfrac{T}{2}\leqslant \dfrac{t}{T}<(n+1)T,\ n=0,1,2,\cdots,\infty\\[2mm]0(B) & nT\leqslant \dfrac{t}{T}<(2n+1)\dfrac{T}{2},\ n=0,1,2,\cdots,\infty\end{cases}$$

$$(3-44)$$

$$U_{Gc}(t)=\begin{cases}1(A)< & (4n-1)\dfrac{T}{4}\leqslant \dfrac{t}{T}<(4n+1)\dfrac{T}{4},\ n=0,1,2,\cdots,\infty\\[2mm]0(B) & (4n+1)\dfrac{T}{4}\leqslant \dfrac{t}{T}<(4n+3)\dfrac{T}{4},\ n=0,1,2,\cdots,\infty\end{cases}$$

$$(3-45)$$

$$U_{Gd}(t)=\begin{cases}1(A) & (4n+1)\dfrac{T}{4}\leqslant \dfrac{t}{T}<(4n+3)\dfrac{T}{4},\ n=0,1,2,\cdots,\infty\\[2mm]0(B) & (4n-1)\dfrac{T}{4}\leqslant \dfrac{t}{T}<(4n+1)\dfrac{T}{4},\ n=0,1,2,\cdots,\infty\end{cases}$$

$$(3-46)$$

时序控制信号的高低电平宽度及其变化频率由式中的 $T$ 来确定。通过现场试验来确认 $T$ 的数值，一般可以取 $T=200$ ms。其中，$1(A)$ 表示在导通控制信号电平值 $A$ 的作用下，电力电子开关器件输出为高电平信号；$0(B)$ 表示在关断控制信号电平值 $B$ 的作用下，电力电子开关器件输出为低电平信号。

所谓"一对 SPWM 控制信号"，是针对电力电子变电装置主电路为桥式逆变拓扑结构而言。SPWM 发生子模块必须向桥式逆变主电路输出一对互为反相的两种 SPWM 控制信号，分别控制桥式逆变主电路上下臂电力电子开关器件的导通或关闭。

分步骤 2，移相控制子模块对第一对 SPWM 控制信号同时进行两组相位变换，使得变换结果输出的两对与第一对 SPWM 控制信号形成特定规则并周期性变化相位的 SPWM 控制信号。

所谓"特定规则并周期性变化相位"，以控制桥式逆变主电路上臂电力电子开关器件的 SPWM 控制信号（简称"SPWM 上臂控制信号"或"上臂控制信号"）为例，三对 SPWM 控制信号中上臂控制信号的相位关系如表 3-1 所示。

在表 3-1 中，以第一对 SPWM 上臂控制信号相位为基准，即其他两对 SPWM 上臂控制信号相位变化均相对于第一对 SPWM 上臂控制信号的相位而言，且将第一、第二、第三对 SPWM 的上臂控制信号相位简称为 SPWM1 相位、SPWM2 相位和 SPWM3 相位。

表 3 - 1　三路 SPWM 控制信号的相位关系

| 控制信号相位 | SPWM1 相位 | SPWM2 相位 | SPWM3 相位 |
|:---:|:---:|:---:|:---:|
| 第一类组合 | 基准 | 同相 | 同相 |
| 第二类组合 | 基准 | 同相 | 反相 |
| 第三类组合 | 基准 | 反相 | 反相 |
| 第四类组合 | 基准 | 反相 | 同相 |

　　分步骤 3,在三对 SPWM 控制信号的控制下,电力电子变电装置中的三路电力电子主回路向三相待除冰线路输出相互间相位与三对 SPWM 上臂控制信号相位相对应的三路高频除冰电流信号为

$$\begin{cases} i_U = I_m \sin(\omega t + \varphi_0) \\ i_V = I_m \sin\left(\omega t + \varphi_0 + \left\lfloor \dfrac{2t}{T} \right\rfloor \pi\right) \\ i_W = I_m \sin\left(\omega t + \varphi_0 + \left\lfloor \dfrac{2t + 0.5T}{T} \right\rfloor \pi\right) \end{cases} \qquad (3-47)$$

式中,$i_U$、$i_V$、$i_W$ 分别为 U、V、W 三相除冰线路所发生的高频电流瞬态值;$I_m$ 为高频电流幅值;$\omega$ 为高频除冰电流的角频率;$\varphi_0$ 为高频除冰电流的初始相位;$t$ 为时间变量;$T$ 为时序开关控制信号周期;$\lfloor \cdot \rfloor$ 为向下取整符号。

　　分步骤 4,在三路高频除冰电流信号相位差的相互作用下,三路导线周期性地相互吸引或排斥,能够在大电流热融化的同时促进导线上冰凌的破碎,因此能够大幅度缩短除冰时间。以 U、V、W 三相导线轴向作等腰三角形分布且 U 相在上为例,当 $0 \leqslant t < \dfrac{T}{4}$ 时,$i_V$、$i_W$ 与 $i_U$ 同相,在三相导线电磁场磁感强度的相互作用下,U 相导线向下摆动,V、W 两相导线分别向内侧摆动,余类推。

　　分步骤 5,通过调节移相控制子模块最合适频率的时序控制电平信号,再通过 SPWM 发生子模块调节最合适的 SPWM 波形频率和占空比,就能够使三路电力电子开关主回路子模块输出到三相待除冰导线上的高频除冰电流达到电致机械振荡的最佳频率、振幅和热融化效果,从而最终达到除冰且节能降耗的最优效果。

　　所述电致机械振荡的最佳频率由时序控制信号决定。所述电致机械振荡的最佳振幅:由 SPWM 波形的占空比决定 $I_m$ 的大小,$I_m$ 的大小又决定导线所受电磁力的大小,最终确定在高频除冰电流的作用下导线摆动的幅度,即电致机械

振荡的振幅。以 $i_V$、$i_W$ 与 $i_U$ 同相为例，对应的每根导线所受到的电磁吸引作用力的表达如下：

$$\begin{cases} F_{UV} = F_{VU} = \dfrac{\mu_0 I_U I_V}{2\pi a_{UV}} L \\[2mm] F_{UW} = F_{WU} = \dfrac{\mu_0 I_U I_W}{2\pi a_{UW}} L \\[2mm] F_{VW} = F_{WV} = \dfrac{\mu_0 I_V I_W}{2\pi a_{VW}} L \end{cases} \qquad (3-48)$$

式中，$F_{UV}$ 为 U 相导线对 V 相导线的作用力，余类推；$I_U$、$I_V$、$I_W$ 分别为流经 U、V、W 相的高频除冰电流有效值；$\mu_0$ 为真空磁导率；$a_{UV}$ 为 U、V 两相导线之间的间距，余类推；$L$ 为导线长度，此处一般是指输电网两个铁搭之间的距离。由式（3-31）可知，流经导线上的电流是导线受力大小的决定因素。SPWM 波形占空比的基准值还需通过特定输电网的现场试验来确定。

　　SPWM 波形的频率和占空比决定流经导线上的高频除冰电流的大小，进而将电流热效应表达如下：

$$Q = 0.24 I^2 R t \qquad (3-49)$$

式中，$I$ 为流经 U、V、W 相的高频除冰电流有效值，当 $I_U$、$I_V$、$I_W$ 相等时，$I = I_U = I_V = I_W$。$I$ 的具体取值要通过特定输电网的现场试验来确定；$R$ 为负载电阻；$t$ 为发生时间。

　　**步骤 12**：电流传感器检测输电网导线上的电流信号，并反馈至电力电子变电装置。

　　**步骤 13**：对反馈电流信号进行滤波，提取其中的高频电流信号 $i_f$，并对其进行判定运算。

　　当 $i_f \leqslant \delta_f$ 时，说明消除冰凌用的高频交流电尚未形成回路，预示系统设备可能出现故障，执行步骤 18。其中，$\delta_f$ 为消除冰凌高频交流电是否正常工作的判定阈值，具体取值由试验确定。

　　当 $\delta_f < i_f$ 且 $i_f - i_0 < 0$ 时，说明消除冰凌的高频交流电工作正常，但其电流值偏低，执行步骤 14，调节 SPWM 的输出波形，提高占空比，加大电力电子变电装置输出的等效电压，亦即增大三相回路中消除冰凌的高频交流电流值，增大融冰能量和导线振荡幅度。其中，$i_0$ 为消除冰凌的高频交流电流设定值，其大小由试验确定。

　　当 $\delta_f < i_f$ 且 $i_f - i_0 > 0$ 时，说明消除冰凌的高频交流电工作正常，但其电流值偏高,执行步骤16,调节 SPWM 的输出波形,降低占空比,降低电力电子变电装置输出的等效电压,亦即减小三相回路中消除冰凌的高频交流电流值,降低融冰能量和导线振荡幅度。

**步骤 14**:提高 SPWM 输出波形的占空比。

**步骤 15**:$i_f - i_0 \geq 0$ 吗?是,执行步骤2;否则,返回步骤14。

**步骤 16**:降低 SPWM 输出波形的占空比。

**步骤 17**:$i_f - i_0 \leq 0$ 吗?是,执行步骤2;否则,返回步骤16。

**步骤 18**:报警,告示需要对系统进行修理和维护,然后继续执行步骤2。

**步骤 19**:信号处理器向系统控制器和遥控信号发送模块发送系统停止运行消除冰凌程序控制指令,并返回步骤1,继续监视导线冰凌状况。

其中,图像传感器采集到的输电网现场图像通过信号处理器识别运算,能够对被监控输电线是否形成冰凌进行智能判断,实现了对输电网冰凌状况无人值守情况下的智能监视。

信号处理器一旦识别出输电网出现冰凌,即会实时、自动地向系统控制器和遥控信号发送模块发送控制指令。系统控制器将接收到的控制指令转换成驱动信号,启动上游高压开关柜、电力降压变压器、电力电子变电装置、上游高频扼流器组、上游高压电容器组进入除冰工作状态;遥控信号发送模块将遥控信号发送至遥控信号接收模块,在遥控信号接收模块的驱动控制下,下游高频扼流器组、下游高压开关柜、下游高压电容器组与上游设备同步进入除冰工作状态。

上下游高压开关柜中的高压开关动作使原先正常供电工况下的"单一"输电回路结构改变为"双回路混合"拓扑结构,即利用三相线路中所串接的电感器和并接的电容器对不同频率交流电呈现不同的阻抗特性。使两种不同频率的交流电按照各自的通路流动,确保输电网中原有 50 Hz 交流电与电力电子变电装置输出的高频交变电流的隔离和分流,能够做到不影响原有输电工况下的除冰工作。因此,该发明被称为输电网冰凌灾害的"供电不间歇"智能防控系统与方法。

在 SPWM 发生子模块与移相控制子模块的共同作用下,输出至三相除冰线路上的高频电流产生电致机械振荡效应。当移相控制子模块中的时序控制器输出合适的时序控制电平信号时,就能确保三相导线之间产生适宜的机械振荡频率来促进导线上的冰凌加速脱落。同时,还能够调节 SPWM 发生子模块输出合适频率和占空比的 SPWM 波形,使三路电力电子开关主回路子模块向三相待除冰导线输出最适宜的高频大功率电流,在确保三相导线受到高频大电流热融化的同时产生电致机械振荡的最佳振幅。因此,能够大幅度地缩短除冰时间,达到节省热融化耗能的最优效果。

顺便指出,此发明只需稍加改接即可适用于其他线路或架空地线的冰凌消除。如 OPGW 光缆,也称光纤复合架空地线(optical fiber composite overhead ground wire),这种结构形式的光缆兼具地线与通信双重功能。对于 OPGW 光缆的除冰线段,只要将其中的地线上下游分别通过该发明实施例的连接方法串接高频扼流电感器和并接高压电容器,利用电力电子变电装置中任意一路高频除冰电流的输出,让高频除冰电流经上游高压电容器抵达上游高频扼流电感器后端,再通过 OPGW 光缆地线到达下游高频扼流电感器前端,经下游高压电容器回到电力电子变电装置的高频接地点,同样能够在高频除冰电流热融化与电致机械振荡的共同作用下,使 OPGW 光缆表面附着的冰凌得到快速脱落与消除。

图 3 - 62 所示为该发明融冰的实际效果。左上图为未进行除冰时的导线覆冰状态;左下图为通以 8 kHz 交变电流对覆冰进行融化时的覆冰状态;右上图为未采用电致振荡方法时的覆冰状态,导线上的冰凌在重心作用下出现旋转;右下图为在电致振荡的作用下,冰凌还来不及旋转时就已经开始下落。显而易见,如果没有采用"电致振荡"技术,覆冰旋转后仍然会依靠其"薄层冰壳"维持在导线上的拖挂状态直至"薄层冰壳"融化为止,这会增加电能消耗并延长融冰时间。

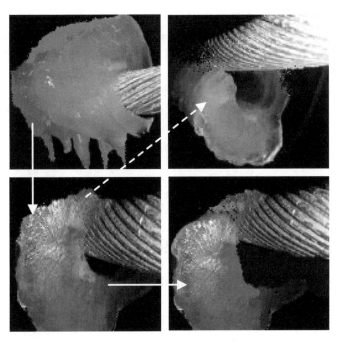

图 3 - 62　该发明高频除冰检控图例

该发明系统通过控制软件的功能扩展与高压开关触点连接的配合,能够作为电力系统在非冰冻季节时的无功补偿和谐波消除装置,来提高电网电能质量。该发明所提供的除冰方法与单纯电流融冰效果的比较如表 3-2 所示[47]。

表 3-2　除冰方法效果比较

| 除冰方式 | 使用电流 | 频率/kHz | 电流有效值/A | 融冰时间/min |
|---|---|---|---|---|
| 该发明技术 | 交流 | 8 | 1 000 | 19.2 |
| 不助振-交流 | 交流 | 8 | 1 000 | 39.8 |
| | | | 1 800 | 30.5 |
| 不助振-直流 | 直流 | — | 2 003 | 36.4 |

## 参考文献

[1] 赵兴勇,张秀彬.特高压输电技术在我国的实施及展望[J].能源技术,2007,28(1):52-56.

[2] 施恩.中国第一条特高压交流输电线路[EB/OL].(2012-10-15)[2021-11-09] http://news.cableabc.com/project/201209201000088.html.

[3] 佚名.我国首条同塔双回路特高压交流输电工程投运[J].高压电器,2013,49(10):120.

[4] 央视网.我国三代核电技术"国和一号"研发完成[EB/OL].(2020-09-28)[2021-11-09] https://news.cctv.com/2020/09/28/ARTIF5jhnZjrZ92d3WmMBlVV200928.shtml.

[5] 吕泽华,赵士杭,尚学伟,等.三压再热汽水系统 IGCC 的变工况性能[J].燃气轮机技术,1999,12(4):1-7.

[6] 林映坤.热电厂电气节能设计[J].企业科技与发展,2009(16):53-54.

[7] 王继广.基于变频电源技术的节能控制系统研究[D].天津:天津职业技术师范大学,2016.

[8] 胡志勇,曼苏乐,张秀彬.基于 Simulink 的改进 Z 源逆变器的设计[J].通信电源技术,2011(1):8-10.

[9] 张秀彬,何惠球.中级锅炉工简明读本[M].上海:上海科学技术出版社,1997.

[10] 王润生.200 MW 锅炉余热利用关键技术及节能效果[C].宜兴:第六届电力工业节能减排学术研讨会,2011:115-118.

[11] 齐震,陈衡,徐钢,等.二次再热机组烟气余热利用热力学分析及优化[J].电力科技与环保,2019,35(2):1-7.

[12] 乔钰淇.回收热电厂冷源损失用于区域供热的规划技术研究[D].哈尔滨:哈尔滨工业大学,2013.

[13] 包伟伟,任伟,张启林.大型空冷机组低真空供热特性分析[J].区域供热,2015(4):73-78,124.

[14] EDITH N,滕以宁,王文东.欧洲智慧城市中的物联网与参与式感知[J].中兴通讯技术,

2015,21(6)：23 - 26.

[15] 范常浩,梁娟娟.基于智慧城市的供热系统余热利用优化研究[J].能源环境该保护, 2020,34(1)：77 - 81.

[16] 徐忠.离心式压缩机原理[M].北京：机械工业出版社,1990.

[17] 赵振国.冷却塔[M].北京：中国水利水电出版社,2001.

[18] 洪坤,于明伦,罗金平,等.空分装置中循环冷却水系统的节能优化研究[J].风机技术, 2021,63(S1)：54 - 58.

[19] 张秀彬,张晓芳,陆冬良,等.电子节水控制装置：CN 200710037490.2[P].2007.

[20] 张秀彬,陆冬良,朱晓乾,等.电子节水控制方法：CN 200710037487.0[P].2007.

[21] 张秀彬,张晓芳,陈惕存,等.流量可测控电磁阀：CN 200710038075.9[P].2007.

[22] 张秀彬,张晓芳,朱晓乾,等.可测控电磁阀的流量测控方法：CN 200710038074.4 [P].2007.

[23] 张秀彬,陆冬良.发明解析论[M].上海：上海交通大学出版社,2014.

[24] 赵正义,张秀彬,赵圣仙.高频电磁水净化系统：CN 200910052129.6[P].2009.

[25] 曾国辉,张秀彬,计长安,等.可监控水质电导的电磁水处理装置：CN 200410024697.2 [P].2004.

[26] 李亮.建筑给排水节能节水技术分析[J].低碳世界,2021(6)：190 - 191.

[27] 潘保芸,张学伟,胡中航.浅析外墙保温节能材料在建筑工程中的应用[J].智能建筑与智慧城市,2021(6)：113 - 114.

[28] 唐鹏.建筑节能与绿色建筑技术的应用[J].现代营销(经营版),2021(6)：157 - 158.

[29] 冉小鹏,邹臣堡,李芦剑,等.喷气增焓空气源热泵低温运行性能的实验研究[J].制冷技术,2018,38(4)：21 - 27.

[30] 韩韬.低温空气源热泵热风机采暖在北方农村地区适用性研究[D].济南：山东建筑大学,2020.

[31] 牛彩霞.EPS应急电源及应用选配[J].科技信息,2009(27)：474 - 475,485.

[32] 张旭旭.建筑电气节能环保技术的相关问题探讨[J].房舍,2021(5)：57 - 58.

[33] 张秀彬,王广富,唐厚君.智能光控开关器：CN 200910306631.5[P].2009.

[34] 黄沙.城市轨道交通节能技术发展趋势探讨[J].绿色环保建材,2021(2)：23 - 24.

[35] 孙星亮.基于循环经济城市轨道交通能馈式牵引供电节能技术的成本效益研究[D].北京：北京交通大学,2020.

[36] 余志强.轨道交通列车节能运行组织措施[J].科技创新与应用,2021(15)：141 - 143.

[37] 陈鞍龙,张秀彬,杜晓红,等.地铁机车电气软制动系统：CN 200610030329.8[P].2006.

[38] 陈鞍龙,吴浩,杜晓红,等.地铁机车电气软制动方法：CN 200610030330.0[P].2006.

[39] VUCHIC V. Urban Transit Systems and Technology[M]. New York：John Wiley & Sons Inc, 2007.

[40] 杨光.地铁系统能量优化与随机扰动时刻表实时重建算法研究[D].上海：上海交通大学,2019.

[41] 张秀彬,曼苏乐,叶尔江.轨道交通智能技术导论[M].上海：上海交通大学出版社,2021.

[42] 张秀彬,应俊豪,史战果,等.交通信号灯智能控制系统及其控制方法：CN 201010023041.4

[P].2010.

[43] 张秀彬,朱晓乾,陈惕存,等.交通协管辅助电子控制装置：CN 200710037035.2[P].2007.

[44] 张秀彬,朱涟,陆冬良,等.智能节电最优控制系统：CN 200810042150.3[P].2008.

[45] 张秀彬,王贺,陆冬良,等.智能节电最优控制方法：CN 200810042151.8[P].2008.

[46] 张秀彬,曼苏乐,黄军剑.输电网冰凌灾害的供电不间歇智能防控系统与方法：CN 201110060883.1[P].2011.

[47] 朱磊,马殿光,王胜永,等.电网冰凌灾害的供电不间歇智能防控[J].上海交通大学学报, 2012,46(7)：1132-1137.

# 第4章 新能源的构成及应用技术

1980年，联合国召开的"联合国新能源和可再生能源会议"对新能源的定义：以新技术和新材料为基础，使传统的可再生能源得到现代化的开发和利用；用取之不尽、周而复始的可再生能源取代资源有限、对环境有污染的化石能源；重点开发太阳能、风能、生物质能（如沼气、酒精、甲醇等）、潮汐能、地热能、氢能和核能（特指核聚变能）。

在我国可以形成产业的新能源主要包括水能（包括大、中、小型水力发电）、风能、生物质能、太阳能、地热能、核能等，它们都是可循环利用的清洁能源。新能源产业的发展既是整个能源供应系统的有效补充手段，也是环境治理和生态保护的重要措施，是满足人类社会可持续发展需要的最终能源选择。

一般来说，常规能源是指技术上比较成熟且已被大规模利用的能源，而新能源通常是指尚未大规模利用、正在积极研究开发的能源。因此，煤、石油、天然气以及大中型水电都被看作常规能源，而把太阳能、风能、现代生物质能、地热能、海洋能以及氢能等作为新能源。随着技术的进步和可持续发展观念的树立，过去一直被视作垃圾的工业与生活有机废弃物被重新认识，其作为一种能源资源化利用的物质而受到深入的研究和开发利用，因此，废弃物的资源化利用也可看作是新能源技术的一种形式。相对于常规能源，在不同的历史时期和科技水平下，新能源有着不同的概念与内容。

## 4.1 太阳能的开发与应用技术

太阳能可以说是新能源中最具取之不竭特点的一种能源。研究数据显示，太阳每天的辐射能等同于2.5亿桶石油。如果能用这些辐射能代替传统的能源供给，那么无论是对于经济发展，还是对于生态环境，都是巨大的"幸福源泉"。因此，太阳能的使用技术发展之迅猛也就不难理解。它不仅是一种新的替代能源,更是全球的一大新兴产业。

太阳能的利用包含太阳能的热能吸收和太阳能半导体转化两大类型。前者包括太阳能热水器、空气源热泵取暖、太阳能光热蒸汽发电等;后者主要代表为太阳能光伏发电。如今的太阳能光伏发电技术已经发展得非常迅速和成熟[1]。

### 4.1.1 太阳能光热发电

太阳能光热蒸汽发电简称太阳能热发电或光热发电。太阳能光热发电技术的原理是利用太阳的法向直接辐射(direct normal irradiation, DNI),采用聚光技术将太阳光聚焦在接收器上,加热接收器中的传热介质,通过高温的传热介质在蒸发器和过热器中使作为传热介质的水流转变为高温、高压的蒸汽,再推动汽轮发电机组发电。由于太阳能光热发电可配置储能系统,在没有太阳光照的情况下,仍然可以发电。当太阳辐射存在时,汽轮发电机组发电的同时,机组配置的储热系统进行储热;当太阳辐射缺失时,汽轮发电机组利用储热系统的放热来带动负荷发电,储能系统的容量足够的话,完全可以实现24 h连续发电,这也是光热发电最重要的价值。

就太阳能热发电(光热发电)而言,世界各国均有所开发与利用。光热发电大体上有4种技术路线:塔式、槽式、菲涅尔式、碟式。目前,技术相对成熟并开始商业化推广的主要是塔式集热和槽式集热两种。菲涅尔式和碟式,由于技术成熟度不足,目前还较少有商业化的开发。截至2015年底,全球光热发电装机规模已经达到4.94 GW,其中槽式占比约为80%,塔式约为13%,其余为菲涅尔式和碟式。

1) 国内外现有光热电站

2014年2月,美国伊万帕(Ivanpah)太阳发电系统(Ivanpah solar electric generating system, ISEGS)全面运行,并向加州电网提供电力。该电站装机容量达392 MW,预计每年产生足够14万户的家庭用电。ISEGS成本达22亿美元,占地3 600英亩(1英亩=4.05×10³ m²),是世界上最大的太阳能发电站,占美国太阳能发电量的近30%。它使用173 500枚定日镜,可以跟随太阳轨迹将阳光反射到附近的3座太阳能塔式锅炉。经过锅炉加热的蒸汽高达550 ℃,用以驱动标准的涡轮发电机。这是当前世界上最大的太阳能热发电厂。

尽管目前太阳能塔技术发展水平不如普通的槽型系统成熟,但是太阳能塔的效率更高,能量容量也更大。太阳能热槽型系统的原理结构如图4-1所示。

ISEGS采用一种干式冷却技术,可以减少90%的水消耗,与另一种太阳能加热技术相比,可以节约95%的水资源。

欧洲最大的太阳能发电站 PS20 太阳能发电塔是一座西班牙太阳能商业发电厂,位于西班牙南方安达卢西亚的塞维利亚城,在 2014 年美国 Ivanpah 太阳能发电站建成前,曾经是世界上最大的塔式太阳能发电系统,装机量达 20 MW。该塔最初建设开始于 2006 年,运转于 2009 年。相比于曾经的"前辈"PS10,PS20 富有诸多改良技术,包括更高效率的接收器、强化版的控制操作系统和新设计的热能储存装置。PS20 反射区共有 1 255 面定日反射镜,每

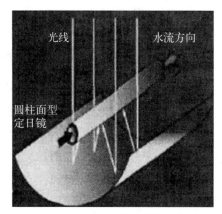

图 4-1　光热槽型系统原理结构

一镜面面积高达 120 $m^2$,所有日光反射集中到 165 m 高的发电塔端点接收器,将蒸汽加热后送入涡轮机组。PS20 可生产足够 10 000 户家庭使用的清洁能源,可减少约 12 000 t $CO_2$ 排放。

我国中科院电工研究所延庆八达岭塔式太阳能聚光光热发电试验电站是我国自行研发、设计和建造的兆瓦级塔式太阳能电站,也是亚洲首座兆瓦级电站。它采用高低温两级蓄热技术,集成了高倍太阳能聚光技术、高低温两级蓄热技术、定日镜场优化布置技术、多模式复合控制技术和系统集成技术,并在逐步建立规范和标准体系,引领我国塔式太阳能热发电技术的商业化发展。在核心装备上,自行研制的定日镜可以在 6 级风下达到优于 3.5 mrad(1 mrad=0.057 3°)的控制精度,并具有成本低和安装便利等优点;高低温两级蓄热技术能够满足系统全天候稳定运行,且符合能量梯级利用的原理,具有很高的能源利用效率;定日镜场优化布置技术考虑了土地综合利用,在国际上独具一格;创新性地提出了水、水蒸气工质吸热器过热段的保护方法,可以在高密度不均匀热流密度下安全工作,直接产生 4 MPa、400 ℃的过热蒸汽等。这一集成多项高科技技术于一体的突破,使我国成为能够独立设计和建设规模化太阳能热发电站的 4 个国家之一[2]。

2) 开发光热电站的优势条件

光热发电的主要技术优势如下。

(1) 光热发电机组通过配置储热系统和增大集热系统的容量,可以实现连续稳定的发电。另外,光热发电站的电网调度特性与传统火电厂基本相同,无扰动冲击和容量限制,可快速调节汽轮发电机组的出力,因此,大容量的光热发电机组可以与现有大型燃煤/燃油/燃气发电机组一样,可以作为参与电网一次调频/调峰和二次调频/调峰的主力机组。

（2）电网接入相对简单可靠,在与风电场/光伏发电场处于同一网络区域的情况下,可以替代燃煤机组调节电力系统中因风电场/光电场造成的发电出力与用电负荷的不平衡,即可以保证太阳能热发电所处区域电网的稳定外送。

（3）光热发电站稳定的电力输出和良好的调节性能可使输电线路保持较高的输电功率,可以降低单位电量的输电成本。由于太阳能热发电机组的出力稳定可靠,电网用户端无须配置大容量的备用电源[3]。

3）全球最大太阳光热发电站面临的科学争议

当然,任何一项事物都具有正反两面性,太阳光热发电同样也会面临争议。位于美国加利福尼亚州东南部莫哈韦沙漠的 Ivanpah 太阳能光热发电站投入商业运营以来,尽管它是全球最大的太阳能光热发电设施,无论从哪个角度看都像是人类科学与工程的杰作,但并不是所有人都愿意为之喝彩,有环保活动家称之为"鸟类烤箱"。更重要的是,快速发展的清洁能源行业让这样的发电站不再有利可图。Ivanpah 发电站使用的是莫哈韦沙漠的国有土地,这片土地上并非寸草不生,因此,环保主义者对挖开沙漠建设如此大规模发电站的做法颇有微词。《洛杉矶时报》环境记者在报道中称,联邦政府批准的太阳能发电项目将比过去10 年批准的油气开采项目占用更多的土地。环境活动人士担忧,如此大规模的开发会造成沙漠地区的气候变化。在过去的上百年里,西部沙漠一直都是美国大陆生态中比较脆弱的一环。

同时,3 座高耸的能量塔也威胁到了飞越沙漠上空的鸟类。能量塔附近的阳光密度和温度都很高,飞得太近的鸟儿都有被灼伤的危险。在 Ivanpah 发电站的测试阶段,工人经常在场地上看到鸟类的尸体,部分鸟类的羽毛有明显烧焦的痕迹[4]。

也就是说,如同 ISEGS 的光热发电站占地面积过大的情况下,鸟类活动可能会受到极大的伤害,自然引起了野生动物保护组织的反对。因此,发展大规模光热发电必须综合考虑新的生态平衡,掌握光热发电站占地规模的优化尺度,更应该以中小型光热发电系统为宜,才能保证新能源开发与生态保护两者兼得有序。

## 4.1.2　太阳能光伏发电原理

利用太阳能光伏效应进行发电是最常见的一种太阳能发电方法,它最早可以追溯到 1839 年诞生的光生伏特效应（photovoltaic effect）。光生伏特效应是指半导体在受到光照射时产生电动势的现象。光生伏特效应首先是由光子（光波）转化为电子,即光能量转化为电能量的过程;其次是由电荷集聚而形成电压的过程。

在半导体晶体中,电子的数目总是与核电荷数相一致。因此,P型硅半导体或N型硅半导体对外部来说都显示电中性。如果将P型硅半导体或N型硅半导体放在阳光下照射,表面上看仅是被加热,从外部看不出有什么变化。

尽管通过光的能量电子会从化学键中释放出来,由此产生电子-空穴对,但在很短的时间内(在微秒级的范围内)电子又被捕获,即电子和空穴"复合"。只有当P型和N型半导体结合在一起时,在两种半导体的交界面区域里才会形成一个特殊的薄层(即P-N结),界面上的P型半导体侧带正电,N型半导体侧带负电。这是由于P型半导体多空穴,N型半导体多自由电子,出现了浓度差。N区的空穴会扩散到P区,P区的电子会扩散到N区,扩散就形成了一个由P指向N的"内电场",从而阻止扩散继续进行。达到平衡后,就形成了一个特殊的薄层,即形成电势差,这就是P-N结(见图4-2)。

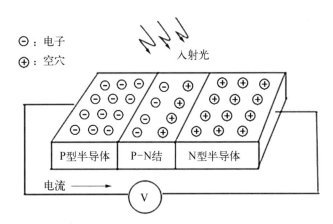

图4-2　半导体光伏效应原理

当光线照射在太阳能电池上且光在界面层被吸收时,具有足够能量的光子能够在P型硅半导体和N型硅半导体中将电子从共价键中激发,以致产生电子-空穴对。界面层的电子和空穴在复合之前,将通过空间电荷的电场作用相互分离。界面层的电荷分离使P区和N区之间产生一个向外的可测试电压。对晶体硅半导体太阳能电池来说,开路电压的典型数值为0.5~0.6 V。通过光照在界面层产生的电子-空穴对越多,构成回路中的电流越大。

光伏效应最早由法国物理学家贝克勒尔意外发现。1839年,他用两片金属浸入溶液构成伏特电池,伏特电池受到阳光照射时其产生额外的伏特电势,他把这种现象称为光生伏特效应。1883年,有人在半导体硒和金属接触处发现了固体光伏效应。后来,把能够产生光生伏特效应的器件称为光伏器件。

光生伏特效应是通过光伏材料的电荷载流子将太阳能直接转换成电能。所谓光伏材料，又称太阳能电池材料，现实中也只有半导体材料具有这种光伏转换功能。可做成太阳能电池材料的物质包括单晶硅、多晶硅、非晶硅、GaAs、GaAlAs、InP、CdS、CdTe 等。其中，晶硅、GaAs、InP 主要用于空间飞行器等装备；单晶硅、多晶硅、非晶硅则主要用于地面装备。

世界上第一个实用单晶硅光伏电池在 1954 年诞生。从此，光伏电池进入了人们的视线。随着可再生能源受到重视，光伏电池受到的关注也越来越密切。在其研发过程中，高效能低成本的技术层出不穷。因此，光伏材料产业的发展开始变得非常迅猛。

光伏材料的串/并连接能够构成大小不一的各种规格光伏电池板。光伏电池板收集太阳辐射能，再将其转化为电能进行转换、加工和储存，以供给使用。光伏电池的使用范围相当广泛，小到每家每户的太阳能电力照明、城市基础设施的独立供电运作，大到为无法铺设电网的无电区域输送电力[5]。

### 4.1.3　光伏电池工作特性

光伏电池属于一种非线性电源，在输出过程中环境温度、负载大小以及光照强度等相关因素均会对其输出特性产生影响。

1）光伏电池输出特性

在固定环境温度情况下，光照强度不断加大的过程中，开路电压以及最大功率点电压变化不大。

如图 4 - 3 所示，在环境温度固定的情况下，光伏电池的输出具有极其强烈的非线性特征，但却存在一个最大功率点，并在光照强度增加的过程中，最大功率点也会随之逐渐加大。同时，在光照强度固定的情况下，温度不断上升反而会导致开路电压不断减小，同时光伏电池输出特性呈现非常强烈的非线性特征。随着温度的不断上升，光伏电池的最大功率点及其电压也会不断下降（见图 4 - 4）。

2）最大功率点跟踪原理

研究发现，如果是在环境温度或光照强度固定的情况下，光伏电池输出过程中会出现唯一最大功率点，且具有强烈非线性特征；如果是在环境温度或光照强度变化的过程中，也会导致最大功率点出现变化。针对这一情况，可以采用一定的控制方式，确保光伏电池一直被控制在最大功率点附近，确保光伏发电系统始终保持最大输出效率，即最大功率点跟踪（maximum power point tracking，MPPT）（见图 4 - 5）。

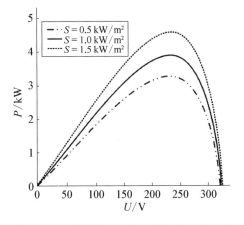

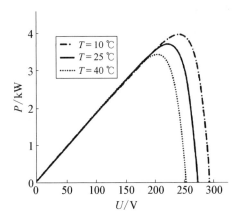

**图 4-3　不同标称额定值光伏电压/功率特性**　　**图 4-4　不同温度下光伏电压/功率特性**

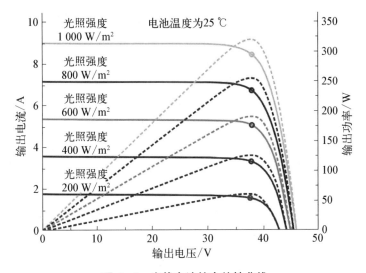

**图 4-5　光伏电池综合特性曲线**

研究中还发现,光伏电池和直流电源趋近,在外界条件变化的过程中会导致其等效内阻出现变化,其内阻和负载电阻实现内外相等的这一过程,即为光伏电池最大功率点跟踪控制过程。光伏并网发电系统中,不管外界条件出现怎样的变化,想要确保太阳能转化电能获取最大利用率,均需确保光伏电池输出始终为最大功率点。目前,针对最大功率点跟踪的研究已经提出了较多算法,包括扰动观测法、恒定电压法以及电导增量法等[6]。

## 4.1.4　太阳能光伏并网技术

分布式光伏发电是对清洁能源的有效利用,相较于传统的火力发电具有光能资源丰富、环境友好无污染的优点。据统计,截至 2019 年,全球太阳能光伏发电总装机容量已达 580 159 MW,占全球总装机容量的 22.87%。中国拥有世界上最大的太阳能光伏装机量,为 205 072 MW[7]。

太阳能光伏发电是一种极为典型的分布式发电微站。分布式光伏并网发电可以使新能源得到高效利用,集群分布式光伏发电并网可以缓解单个分布式光伏并网发电的波动性及不确定性,是未来的发展方向。光伏发电系统在配电网中的渗透率增大会导致电力系统运行方式的变化,如光伏发电功率注入引起配电网潮流分布改变,进而可能导致局部电压升高。分布式光伏发电的过程是将太阳能转化为电能的过程,外部环境的变化对分布式光伏发电系统的出力有重要影响,使其输出的电能具有随机性和不确定性。因此,以往的无功优化方法不再适用于光伏发电系统大规模接入背景下的配电网,迫切需要找到一个更适应此情境的控制方案,在保证系统电压水平稳定的前提下,提高能源利用率、降低功率损耗[8]。为解决这些问题,对分布式太阳能光伏发电进行集群划分,并通过集群内部的自律控制、集群间的协同调控以及主配网间的协调控制,最终实现分布式光伏发电集群调控,灵活并网。

光伏并网群控系统包括拓扑结构和控制策略等多方面的问题。例如,对光伏发电系统的结构进行分析,改进其拓扑结构使其更加适合群控系统,进而对群控策略进行改进,提高群控系统的效率。

1) 分布式光伏发电集群概念

"集群(cluster)"是一种节点的物理形态,最初在互联网通信的领域出现,其含义是同一种组件的多个实例形成逻辑上的整体。在电力系统领域中,所提出的电力集群网络结构略为复杂,可以包含发电、存储、消耗和分配电力资源的多种要素。

分布式发电集群的具体含义为在一个配电网区域中,若干在地理上相近或在电气上形成相似或互补关系的分布式发电单元、储能及负荷组成的集合。需要注意的一点是,光伏集群的划分并非局限于多个光伏发电系统的划分,换句话说,一个配电网的所有节点,包括负荷节点和光伏接入节点,都可以参与集群划分。集群的最大优势在于通信交互能力与集群内部功率平衡的自适应能力。当电压超限发生时,集群间互相通信配合进行功率分配,集群内部调度控制实现功率消纳,最终达到遏制电压超限的目的。

2) 分布式发电集群与微电网

微电网是一种小型发配电系统,一般包括分布式发电系统、负荷、储能装置、变流器以及监控保护装置。设立微电网概念的主要目的是使配电网不必直接面对种类繁杂、数量众多、分散、不确定的分布式电源。微电网从某种意义上讲也是一种集群,因为对于其他电网结构,微电网作为一个整体进行响应,且微电网中一般包含分布式发电单元、储能及负荷。但是,分布式发电集群与微电网之间在构成元素、划分原则、运行模式、能量流动方向等几个方面还存在差异。

(1)构成元素差异。一般来说,分布式发电集群内必然包含分布式发电单元,此外可能包含储能、负荷、控制装置等。微电网是由电源-储能-负荷组成的"微型配电网",其必然包含分布式发电系统与负荷。

(2)划分原则差异。在进行微电网区域划分时,一般考虑地理和电气上相对紧凑区域内部的电源、储能和负荷。分布式发电集群的划分注重的是分布式发电系统之间相似和互补的关系,包括地理距离和电气距离的相近,以及时间和空间的互补。因此,分布式发电集群包括地理位置上十分接近的物理意义上的集群,以及依靠信息通信连接在一起的"虚拟集群"。

(3)运行模式差异。分布式发电集群必须并网运行。微电网却具有很高的自治性,其一大特点是维持内部的发电和用电的平衡。

(4)能量流动方向差异。分布式发电集群的形成是为了向电网提供安全、可靠、稳定的电能。因此,对于上级电网来说,分布式发电集群多数时间可以视为电源。微电网可以孤岛或并网运行,孤岛运行时,微电网内部发用电平衡;并网运行时,微电网多数情况下作为电网负荷。

3)分布式光伏发电集群的划分

最初对分布式光伏发电集群划分的研究主要参考了电压的无功控制分区划分中已有的研究成果,并在此基础上进行深入研究。光伏集群划分与控制区域划分的区别在于:电压控制区域划分的目的是实现对全网电压水平的跟踪与控制,而光伏集群划分的目的是实现集群内部光伏发电的灵活并网控制。

分布式光伏发电集群的划分问题主要分为两个方面:一是选取合适的指标,以所选取的指标为标准去划分集群,同时衡量划分结果的优劣;二是以何种算法实现对指标的量化,从而以数学方法计算得到划分结果。目前,常用的集群划分算法主要分为两种:一种是聚类分析算法,包括 $K$ - means 算法和模糊聚类算法(FC);另一种是社团发现算法,包括 GN 算法和 fast-Newman 算法等。

所谓"聚类分析(cluster analysis)算法",是指将物理或抽象对象的集合分组为由类似的对象组成的多个类的分析过程,它是一种重要的人类行为。聚类分析的目标就是在相似的基础上收集数据来分类。聚类源于很多领域,包括数学、计算机科学、统计学、生物学和经济学。在不同的应用领域,很多聚类技术均得到了发展,这些技术方法被用作描述数据,衡量不同数据源间的相似性,以及把数据源分类到不同的簇中[9]。

所谓"$K$‐Means 算法",即 $K$‐均值算法,是聚类分析中一种基于划分的算法,同时也是无监督学习算法,其具有思想简单、效果好和容易实现的优点,广泛应用于机器学习等领域。但是,$K$‐Means 算法也有一定的局限性,如算法中聚类数目 $K$ 难以确定、初始聚类中心如何选取、离群点的检测与去除、距离和相似性度量等[10]。

所谓"模糊聚类算法(FC)",即模糊 $C$‐均值聚类算法(fuzzy $C$‐means algorithm,FCMA)或称模糊 $C$‐均值(fuzzy $C$‐means,FCM)。在众多模糊聚类算法中,模糊 $C$‐均值(FCM)算法应用最广泛且较成功,它通过优化目标函数得到每个样本点对所有类中心的隶属度,从而决定样本点的类属,以达到自动对样本数据进行分类的目的。以 FCM 为代表的基于划分的聚类方法已在模式识别、数据挖掘等领域得到了广泛应用。FCM 引入模糊隶属度的概念,允许一个样本点以一定隶属度归属于所有类簇。但研究发现,此类算法通常只适用于呈超球状、超椭球状分布的数据,对其他结构的数据分错率较高[11]。

所谓"社团发现(community detection)算法",即整个网络由若干个社团组成,社团之间的连接相对稀疏,社团内部的连接相对稠密。社团结构是大量复杂网络的一大特性,所谓的社团结构就是网络中存在一定的结点分组,其组内的边线相对来说更加密集,而组间的边线更加稀少。网络的社团结构最早起源于社会学家研究的网络结构。社会学家在研究社会网络时,发现了社会网络中有相似文化背景或基本相同兴趣的人会有更加紧密的关联,而这些联系人就形成了一个社团。社团发现则是利用图拓扑结构中所蕴藏的信息从复杂网络中解析出其模块化的社团结构,该问题的深入研究有助于以一种分而治之的方式研究整个网络的模块、功能及其演化,对更准确地理解复杂系统的组织原则、拓扑结构与动力学特性具有十分重要的意义[12]。

所谓"GN 算法",GN 算法(Girvan-Newman algorithm)是聚类方法中的一种。GN 算法的优点是发现社区的准确度高,算法结构简单,鲁棒性强。但是,GN 算法仍然存在问题,该算法在发现社区结构时的时间复杂度高,计算效率慢[13]。

所谓"fast-Newman 算法",即 Newman 快速算法,它实际上是基于贪婪算法思想的一种凝聚算法。贪婪算法是一种在每一步选择中都采取在当前状态下最好或最优(即最有利)的选择,从而希望获得最好或最优结果的算法。社团发现算法用来发现网络中的社团结构,也可以视为一种广义的聚类算法。基于模块度优化的社团发现算法是目前研究最多的一类算法,由 Newman 等首先提出的模块度 $Q$ 是目前使用最广泛的优化目标。Newman 快速算法可以用于分析节点数达 100 万的复杂网络,其将每个节点看作是一个社团,每次迭代选择产生

最大 $Q$ 值的两个社团合并,直至整个网络融合成一个社团。整个过程可表示成一个树状图,从中选择 $Q$ 值最大的层次划分,得到最终的社团结构[14]。

4) 集群内部的光伏发电系统控制

光伏并网发电是确保其可持续发展的重要技术手段。光伏并网需要解决的两大技术问题是太阳能转换电能的最大功率点跟踪和光伏直流电逆变过程降低(或抵消)高次谐波。

光伏并网过程为了提升太阳能转化电能的有效利用率,就要确保光伏电池始终处于最大功率点,不但需要确保太阳能获取最佳转化效率,同时总体转化效率也要始终趋近固定水平。

假设固定转化效率为 $\mu$,则

$$P_M = \mu r A \tag{4-1}$$

式中,$P_M$ 为光伏组件实际输出功率;$A$ 为太阳能光伏电池板的面积;$r$ 为光照强度。

由式(4-1)可知,$\mu$ 和 $r$ 是影响光伏组件实际输出功率 $P_M$ 的动态因素。前者与光伏电池输出特性紧密相关;后者随季节及气候的变化而变化。

(1) 最大功率点跟踪技术。

光伏并网发电系统可与蓄电池连接,储能装置具备源滤波功能,同时可以保证不间断发电,但目前储能设备造价高、寿命短,在光伏并网发电系统中的应用还很有限。不含蓄电池的光伏并网发电系统是目前大型光伏电站常用的结构。在同样的日照强度和电池结温下,如何获得尽可能多的电能值得进一步研究。目前,常用的方法是最大功率点跟踪(maximum power point tracking, MPPT)技术。MPPT 是一种实时调节光伏组件输出功率的技术,使光伏组件工作在最大点,其基本原理是使光伏电池内阻与外部负载阻抗时刻匹配。

(2) 分布式光伏发电系统的群控策略。

分布式光伏发电系统的群控策略包括光伏阵列群,即众多光伏模块的串并连接形成的群,多逆变器组成的群,分布式光伏、储能和负荷组成的集群等三种形式。其中的控制方式大体分为以下 3 类。

① 光伏阵列群的控制。光伏阵列群的控制是指被控制的光伏阵列群的个数、串并联方式、朝向等,以及实现控制光伏发电系统输出功率的目标。

② 逆变器的结构设计和切换方式的控制。光伏组件产生的电能需要通过并网逆变器才能得以实现并网的目的。也就是说,光伏所产生的电能需要输入逆变器,转换成可以并网的交流电能。按照逆变器直流侧输入的不同,可以将逆

变器并联的系统归纳成独立直流母线和公共直流母线两种形式。

③ 分布式光伏发电集群的控制。分布式光伏发电集群的控制可以采取基于光伏虚拟集群的多级调控策略,包含全局优化、集群趋优和群内消纳环节。全局优化调度充分考虑光伏出力的波动性,计及配电网区域内的无功调节设备,通过日前计划模型为日内短期调度提供母线电压基准值,通过日内短期调度为下一步集群间的控制提供最优电压参考值和有功、无功电压灵敏度;集群趋优控制事件发生时,协调经济调控集群和紧急调控集群,使主导节点的电压运行于优质区,同时产生控制指令到集群内部的光伏节点,进行下一步的功率消纳;群内消纳控制,基于 PI 控制,最大限度地提高配电网对分布式光伏的消纳能力,提高能源利用率。

分布式光伏发电的蓬勃发展对新能源的开发与应用带来无限生机的同时,也对电网带来了一定的冲击,如何充分发挥分布式光伏发电清洁无污染的优点,规避其出力不稳定、波动性强的缺点,是研究者们未来要攻克的难关。只有研发并推广有效的控制手段,才能实现分布式光伏发电集群的安全稳定并网,向电网注入真正绿色、高效的电能[15]。

## 4.2　风力发电

风能是由太阳光照产生的温差而引起的,风是没有公害的取之不尽、用之不竭的能源。相关资料显示,全球风能约有 $1.3 \times 10^{12}$ kW 的蕴藏量。对于缺水、缺燃料和交通不便的沿海岛屿、草原牧区、山区和高原地带,因地制宜地利用风力发电,大有可为。海上风力发电也是可再生能源发展的重要领域之一,是推动风电技术进步和产业升级的重要力量,是促进能源结构调整的重要措施。

目前,世界各国已经广泛应用风能发电,这在促进全球经济发展中发挥着至关重要的作用。倘若我国能将其进行有效的开发和利用,则能够在很大程度上缓解我国对化石能源的依赖,促进经济的发展和实现经济发展再次腾飞的目标。我国幅员辽阔,在对风能资源的利用方面有着天然的优势。在我国,除了沿海及其岛屿有着丰富的风能资源外,东北、华北、西北等广阔地区也是风能资源丰富的地带,内陆因某些地势较高,也有着较多的风能资源,如安徽、湖南、云南等地区。显然,加快风能项目建设对调整能源结构和转变经济发展方式具有重要意义。

科学数据显示,我国陆地上的风能储量约为 $2.53 \times 10^9$ kW(根据陆地上离地 10 m 高度的资料计算),海上可开发和利用的风能储量约为 $7.5 \times 10^9$ kW,共计约 $10 \times 10^9$ kW。风力发电正在引领我国发电技术的发展,其装机的总容量还在快速增长。截至 2019 年,装机的总容量已经达到 53.4 GW。相较于 2018 年,同比增长了 18%。21 世纪后,我国的风电装机容量还将继续增长[16]。

就全世界范围来看,截至 2020 年底,全球有 100 多个国家参与了风力发电,但风电发电量主要还是集中在亚洲、欧洲、美洲等少数发展中国家和发达国家,分别为中国、美国、英国、德国、法国、意大利、加拿大、西班牙、印度与巴西等国家。这些国家在全球风力发电量的占比分别为 36%、17%、2%、3%、9%、2%、3%、4%、6%、3%。其中,中国的风电装机容量是美国风力的两倍多[17]。

## 4.2.1　风力发电基本原理

把风的动能转变成机械动能,再把机械能转化为电力动能,这就是风力发电的能量转换原理。风力发电的具体机械原理是利用风力带动风车叶片旋转,再通过增速机构将风车旋转的速度进行提升,来促进发电机发电。依据风车技术的基本结构特点,约 3 m/s 的微风速度(微风程度)即可开始发电。

风力发电所需要的机电装置称作风力发电机组,大体上包括风轮(小型风力发电机还包括尾舵)、发电机和塔筒这 3 个部分。风轮是把风的动能转变为机械能的重要部件,它由若干只叶片组成。当风吹向叶片时,桨叶上产生的气体动力驱动风轮转动。桨叶的材料要求强度高、质量轻,多用玻璃钢或其他复合材料(如碳纤维)来制造。

当前,风轮的结构形式主要有卧式和立式两种。前者如图 4-6(a)所示;后者如图 4-6(b)所示。当然,风机除了桨叶形式之外,还有一种 s 形旋转叶片形式(见图 4-7)。

(a)　　　　　　　　　　(b)

**图 4-6　风电机组外形图**

(a) 大型卧式风机;(b) 小型立式风机

(a)　　　　　　　　　　(b)

**图 4-7　旋转式叶片风电机组图**

(a) 旋转叶风机图；(b) 旋转叶片形式之一

**图 4-8　带尾舵的小型风机**

由于风轮的转速较低且风力的大小和方向经常变化,转速极不稳定。因此,在带动发电机之前,还必须附加齿轮变速箱,以便把转速提高到发电机额定转速,再通过一个调速机构使转速保持稳定,然后再连接到发电机上。为保持风轮始终对准风向以获得最大的功率,对于小型风机,还需在风轮的后面装一个类似风向标的尾舵(见图 4-8)。

铁塔是支撑风轮和发电机等部件的构架,一般修建得较高,目的是获得较大和较均匀的风力,且还要有足够的强度。铁塔高度视地面障碍物对风速影响的情况以及风轮的直径大小而定,一般在 6～20 m。

发电机的作用是把由风轮得到的恒定转速,通过升速传递给发电机构均匀运转,从而把机械能转变为电能。

风力发电机因风量不稳定,从理论上来讲,会使其输出的电压在 13～25 V 之间波动。因此,风力发电机组有两种基本的运行模式。其一是需要对风力发电机产生的原始交流电整流后送至充电器进行充电,使风力发电机所产生的电能转变成化学能;然后,用具有保护电路的逆变电源,把蓄电瓶里的化学能转变成交流 220 V 市电。其二是通过并网逆变器将风力发电机的原始电能直接输送至电网。图 4-9 为风力发电机并网发电的基本系统结构原理。虚线箭头代表检测信号流或控制指令流的流向[18]。

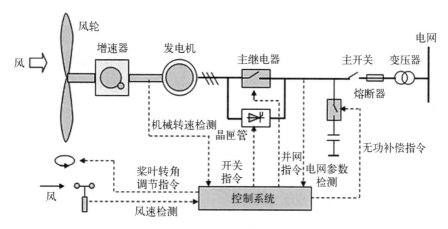

图 4‐9 风力发电基本原理

## 4.2.2 风力发电系统类别

市场中,应用广泛的风力发电系统分别为恒速鼠笼型风力发电机组系统、笼型异步发电机组系统、双馈式异步风力发电系统等[19]。

1) 恒速鼠笼型风力发电机组系统

如图 4‐10 所示,该系统主要由风机、齿轮箱、发电机、软启动装置、变压器、电网组成。主要特点:结构与操作较简单,造价成本较低,但发电机功率不稳定,易产生机械方面的冲击。

图 4‐10 恒速鼠笼型风力发电机组发电系统结构示意图

2) 笼型异步发电机组系统

如图 4‐11 所示,该系统由风机、齿轮箱、发电机、变频器、变压器、电网组成。主要优点:电网的动态特性较好,风能的利用效率较高,可向远距离目标供电。

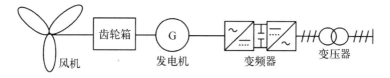

图 4‐11 笼型异步发电机组发电系统结构示意图

3）双馈式异步风力发电系统

如图4-12所示,该系统主要由风机、齿轮箱、双馈异步风力发电机(又称双馈感应发电机,doubly fed induction generator,DFIG)、功率变换器、变压器、电网等组成。主要优点:风能的利用效率较高,造价成本较低,产生的电压波形质量良好,并网的方式简单。工作原理:通过转子交流励磁变换器调节转子的电流。转子绕组电流频率是异步电动机中的同步转速和转子转速的差值与同步的转速之比,会随着转子状态的变化而变化。因此,可以通过改变转子电流的相位角实现定子的磁场强度低于转子的磁场强度,从而使异步电机中的转子转速在不等于同步转速时依旧可以发电。

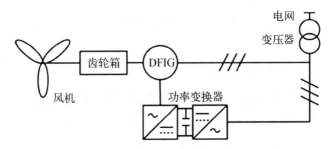

图4-12 双馈式异步风力发电系统结构示意图

4）双馈型风电系统的并网方式

风力发电产生的电压不能直接并网,需要经过整流、逆变与变压之后,才能将风能产生的电能并入电网。根据发电机和变换器输出电压的等级,有3种常规的并网方法。若定子电压与变换器的电压相同,则风电机组的接入方式如图4-13所示;若定子电压和变换器的电压分别在中压和低压范围,则风电机组的接入方式如图4-14所示;若定子电压与变换器电压均在低压范围内,但值大小不同,则风电机组接入的方式如图4-15所示。

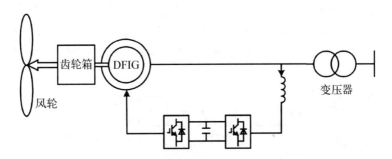

图4-13 定子与变换器电压相同时的并网方式

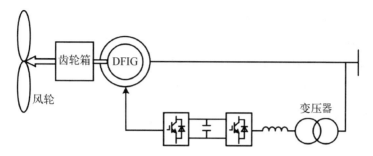

**图 4‑14　定子与变换器电压分处中、低压范围时的并网方式**

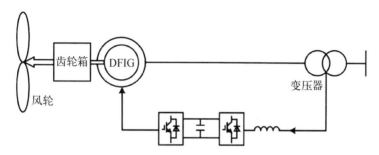

**图 4‑15　定子与变换器电压均处低压时的并网方式**

（1）DFIG 的工作原理。

双馈感应发电机（DFIG）是风电系统中极其重要的装备，由定子绕组、转子绕组组成，其与电力系统的连接有直接与间接两种方式。工作原理：DFIG 工作稳定的条件为定子和转子产生的磁场相对静止，然后变流器向转子绕组输出可变的交流电流，从而使定子绕组在规定的范围内产生相对应的功率。定子与转子绕组的转速存在如下关系：

$$n_1 = n_r \pm n_2 \tag{4-2}$$

$$f_1 = \frac{n_p}{60} n_r \pm f_2 \tag{4-3}$$

式中，$n_1$、$n_2$、$n_r$、$n_p$ 分别为同步转速、电转速、转子的速度、电机极对数；$f_1$、$f_2$ 分别为定子与转子绕组的电流频率。

风电机组中的转差率表达式为

$$s = \frac{n_1 - n_r}{n_1} \tag{4-4}$$

由 $n_1$ 与 $n_2$ 的大小关系可知发电机的具体工作情况：当 $n_1 > n_2$ 时，发电机运行在次同步状态；当 $n_1 < n_2$ 时，运行在超同步状态；当 $n_1 = n_2$ 时，运行在同步状态。

（2）功率变换器的工作原理。

双馈型风力发电机应用的功率变换器又称背靠背功率变换器,主要是因为功率变换器由两个结构相同的脉冲宽度调制(PWM)变换器组成。主电路的组成部分：转子侧系统,包含感应电机转子的绕组与感应电机转子侧的变换器;直流侧系统,主要为电容;网侧系统,主要为网侧滤波器与变换器。功率变换器的结构如图 4-16 所示。

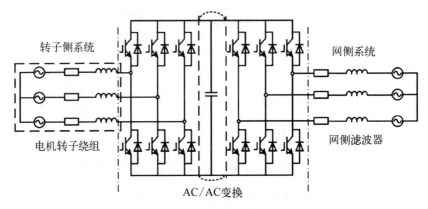

**图 4-16 功率变换器电路结构图**

功率变换器的工作原理：当发电机运行状态为亚同步时,网侧与机侧变换器分别处于 PWM 整流和逆变运行的状态,其主要原因为转子因吸收转差功率,其一侧的变换器可能小于给定电压值的走向;当发电机在超同步条件下工作时,网侧与机侧变换器分别处于逆变和整流工作状态,其主要原因为转差功率流向电网,转子一侧的变换器可能高于给定电压值的走向[20]。

## 4.3 小微电站并网的关键技术

以太阳能发电和风力发电为代表的新能源在解决能源短缺、环境污染和可持续发展等问题中扮演着重要的角色。新能源的应用和发展也越来越快,配电网中的新能源并网发电也越来越普遍。但是,分布式光伏发电和风力发电的输出功率存在间歇性和不确定性,致使分布式电源并网发电会引起配电网电压偏差频繁发生和电压波形畸变率变大等电能质量问题,而电能质量问题与人们的生产和生活息息相关,这就迫使人们对分布式小微电站并网所引起的电网电能质量问题给予重视并在技术上予以解决。因此,为有效提高配电网的电能质量及运行的安全稳定性,并更好地发挥新能源并网发电的优势,需要深入研究新能源并网发电对电能质量的影响规律及技术解决方法[21]。

## 4.3.1　分布式小微电站并网对电能质量的影响

当新能源中的分布式光伏与风电等小微电站尚未并网发电时,配电网潮流由始端流向末端。配电网各节点的有功负荷和无功负荷均大于 0,配电网线路上各节点的电压随着与初始节点距离的增大而降低,于是节点 $m$ 和节点 $m-1$ 之间的电压差 $\Delta U_m$

$$\Delta U_m = U_m - U_{m-1} < 0 \qquad\qquad (4-5)$$

新能源并网发电后会导致配电网潮流发生改变(与河流在主河道沿途出现许多小源头支流的掺入类似),进而改变了原有系统的电压分布。配电网低压负荷多为感性负荷,功率因数较高,新能源发出的无功功率一般较少,并网发电对配电网各节点电压有一定的改善,且改善的程度与新能源并网发电的功率大小和并网位置相关。

其实,新能源并网发电后,最重要的问题在于谐波电流源的注入。新能源注入的谐波电流主要通过配电网主干线路流向公共系统,而配电网系统自身所存在的谐波以及新能源逆变装置所产生的低阶谐波会反映到控制系统上。值得注意的是,新能源的谐波特性主要与控制系统相关,配电网本身与新能源的谐波成分会相互耦合、相互影响。

新能源在不同并网位置、容量及并网方式下,其并网发电的不同位置和容量对配电网电能质量具有较大影响。具体地说,并网节点越靠近配电网线路末端,并网新能源的额定容量越大,对节点电压的抬升作用和引起的电压谐波畸变越明显,而各节点受影响的程度与其离并网节点的距离远近有关,离并网节点越近,受影响的程度越大。多个新能源的并网方式对电能质量也有较大影响,当额定容量较大的新能源并网位置越靠近配电网末端时,电能质量受到的影响越大。当所有新能源均并网于末端时,对电压抬升和引起的电压谐波畸变最明显[22]。

1) 影响电网的具体参数

分布式电源并网对配电网的影响主要集中在谐波、频率和安全保护等参数上。

(1) 电网谐波。

新能源发电系统中存在大量的电力电子装置,如并网光伏逆变器、风电系统中的交-直-交(A-D-A)变频器等。当其并网时,电网中相当于接入了大量易产生谐波的非线性负荷,且其产生的谐波电流波形极不稳定,如果与电路中的电容器、电抗器发生谐振的话,还会使其畸变程度加重。试验表明,虽然一台逆变器产生的谐波电流很小,但是多台逆变器并联运行后所产生的谐波量就极有可能超出技术标准所规定的范围,这势必会给电网稳定运行带来极大的安全隐患。

同时,新能源发电系统的输出功率波动大,输出功率的间歇性变化也会导致谐波的频繁出现。例如,风力发电,当风速不稳定时,输出电流中的低阶谐波含量便会大大增加,导致波形畸变严重。

(2) 电网频率。

电网频率是衡量电能质量的重要指标之一。频率稳定是电网安全稳定运行的重要前提。当新能源并网的容量较小时,对电网频率的影响也很小,但随着新能源发电装机规模越来越大,并网容量占电网总容量的比例也越来越大,新能源机组产生功率波动时就极易导致电网内发生频率异常波动。以风力发电为例,风电厂的功率波动符合某一函数关系,即

$$\Delta P_t = \begin{cases} \dfrac{P_{t\max} - P_{t\min}}{P_N}, \ t_{P_{t\max}} > t_{P_{t\min}} \\[2mm] \dfrac{P_{t\min} - P_{t\max}}{P_N}, \ t_{P_{t\max}} < t_{P_{t\min}} \end{cases} \qquad (4-6)$$

式中,$\Delta P_t$ 为一定时间 $T$ 范围内风电功率的极大值与极小值的差值(相对值);$P_{t\max}$、$P_{t\min}$ 分别为在时刻 $t$ 时风电功率的最大值与最小值;$t_{P_{t\max}}$、$t_{P_{t\min}}$ 分别为取得 $P_{t\max}$、$P_{t\min}$ 时,与时间序列起始点的时间间隔;$P_N$ 为风电场群的总装机容量。

风电功率波动对风电富集地区常规火电机组的运行方式及其启停机策略安排会产生重大的影响。以时间 $T$ 为窗口宽度,在风电出力时间序列上滑动取样,并根据式(4-6)依次计算各窗口内风电的波动幅度。通过对波动的概率分布进行统计,可以得出相应时间范围 $T$ 内风电的波动概率分布曲线,从而可以把握在不同时间间隔内风电波动的宏观分布情况和波动趋势,可以为短期调度计划的制订提供量化决策依据[23]。

当数据分布较为复杂时,混合高斯模型能够弥补单高斯分布拟合精度较差的缺陷,几乎可以以较高的精度拟合出任意不规则的概率密度分布。混合高斯模型的概率密度函数是任意单个高斯概率密度函数的加权叠加,如下式所示:

$$
\begin{cases}
f(x) = \sum_{j=1}^{k} \alpha_j N(\mu_j, \sigma_j^2) \\
N(\mu_j, \sigma_j^2) = \dfrac{1}{\sqrt{2\pi}\sigma_j} e^{-\frac{1}{2\sigma_j^2}(x-\mu_j^2)^2}
\end{cases}
\tag{4-7}
$$

式中，$k$ 为混合高斯模型的分量数；$\alpha_j$ 为各高斯分量的加权系数，即各分量所占总量的比重，并满足 $\sum_{j=1}^{k}\alpha_j=1$ 的条件；$\mu_j$、$\sigma_j$ 分别为第 $j$ 个高斯分量的均值与标准差[24]。

掌握了风电功率波动函数及其概率分布后，即可通过"矩估计"法（也称"矩法估计"，moment estimation）与极大似然估计法来估计概率分布模型参数，进而对风电并网控制提供决策依据。

当风电机组的穿透功率为 18% 时，功率波动最严重时的频率偏差就会接近允许的偏差极限。

（3）电网完全保护。

大规模新能源发电机组接入电网后不但会使电网故障概率增大，而且会使配电网的故障特征发生改变，这样原有的馈线保护就会受到影响，也会增加设置继电保护和自动装置电路的难度。

原本电网是单电源辐射式网络，当新能源接入后就变成了双电源或多电源的复杂网络。如此一来，电网故障电流的大小、流动方向以及持续的时间都将发生改变，原有的继电保护装置可能就不再适用，从而增加了保护装置拒动、误动的概率。由于配电网中变压器的接线方式不同，与变压器相连接的逆变器还会形成一条额外的接地回路，会影响零序电流的流经路径，当系统发生单相接地故障时，未短路相的对地电压会变得更大。这些电量电气参数的改变均会影响保护装置的动作特性，均是新能源并网所需要解决的技术问题。

2）优化新能源发电并网的措施

新能源并网给公共电网带来的种种问题或多或少都与新能源发电的波动性和间歇性有关。尽管对于自然因素引起的新能源发电过程的间歇性与波动性，人们无能为力，但是可以从新能源发电装置本身与控制方式以及配电网结构与配置等方面寻求解决方案。

首先，使用的发电设备在技术性能上必须满足并网标准的要求。例如，安装电能质量实时监测装置，对电力系统中的电压波动、电压偏差以及谐波情况进行实时动态监控；其次，还要安装动态无功补偿装置。该装置一般安装在新能源装置的低压输出端一侧，也就是并网变压器的低压一侧，这是改善电能质量最常用、最有效的方法之一。一旦监测装置发现电压异常,无功补偿装置可以快速调节无功出力,以此维持接入点电压稳定。

针对并网运行产生的谐波污染问题,可以采用多脉冲变流器、安装电力滤波装置,主动降低或是被动过滤发电装置产生的谐波电流。在光伏电站中可以采用兼具滤波功能的光伏并网逆变器;在风力电厂中可以在谐波电流含量较高的母线上使用静止无功补偿装置来综合滤除谐波电流。

采用超级电容器也是一种改善电能质量的有效措施。超级电容器是一种新型的储能装置,与蓄电池和普通电容器相比,它的充放电速度更快,功率密度更高,可达 $10^2 \sim 10^4$ kW/kg。基于超级电容器的这种固有特性,可以快速有效地控制电网的有功功率和无功功率,解决新能源发电装置因环境等因素产生的瞬时电压骤升骤降问题或停电问题,有效缓解电压波动。

此外,从配电网入手也是解决并网带来的电能质量问题的重要途径,如优化电网结构、合理选择电路的阻抗比等技术的规划与设计[25]。

### 4.3.2　分布式发电的并网技术

之所以需要专门阐述分布式光伏发电的并网技术问题,是因为光伏发电已经在我国日益普及,分布极广,并网问题是配电网稳定运行的重要影响因素[26]。

太阳能发电主要是利用光伏电池半导体材料的光生伏特效应把太阳能转化为电能。分布式光伏发电一般由一系列的太阳能光伏电池板组成,其输出功率 $P_M$ 可表示为

$$P_M = \mu r N A \qquad (4-8)$$

式中,$\mu$ 为光电转换效应的效率;$N$ 为太阳能光伏电池板的数量;$A$ 为太阳能光伏电池板的面积;$r$ 为光照强度。

光照强度是随机变量,显然,在光电转换效应的效率 $\mu$、光伏电池板的面积 $A$、光伏电池板的数量 $N$ 确定的情况下,光伏发电输出功率 $P_M$ 便成为单一变量光照强度 $r$ 的函数。光照强度 $r$ 随时间(年、月、日)在地球上某一个特定地理位置上的变化是有规律可循的,但 $r$ 随气候因子的变化却是随机的。因此,光伏发电输出功率 $P_M$ 又可以表示为

$$P_M = \mu N A r(t, \rho) \qquad (4-9)$$

式中,$t$ 为时间;$\rho$ 为气候(天气)变化因子的随机变量。

1) 分布式光伏电站结构

经典光伏电站并网运行系统的构成如图 4-17 所示。光伏发电系统的基本

组织构成包括光伏电池、直流(DC)/DC 变换器、蓄电池、DC/交流(AC)转换、滤波器和数字控制系统等。其中,数字控制系统承担着光伏电池最大功率点跟踪、DC/DC 和 DC/AC 的脉冲宽度调制(pulse width modulation,PWM)控制和并网控制策略。

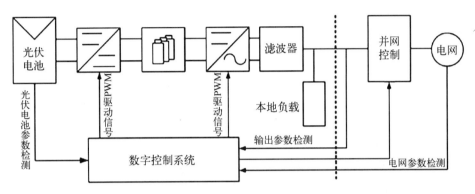

图 4-17　光伏发电系统基本构成

并网光伏电站和独立使用蓄电池自发用电光伏电站的最大区别:并网光伏电站在发电量不足的情况下可以从电网吸收能量,电量富裕时可以向电网输送多余电能。这个过程由并网控制器来实现电能的双向输送轮换控制。

目前,应用较为广泛的光伏电池板组合方式包括:集中式、组串式和集成模块微型式 3 种结构。

(1) 集中式光伏电站。

集中式光伏电站的主要工作原理是将大量光伏电池板通过电气连接方式整合在一起,将其等效为一块大容量的光伏板,再与大功率逆变器相连接进行发电。其间,逆变器容量大小的选择取决于光伏电池板的数量以及光伏电池板的串并联方式。因此,集中式光伏电站在设计时需要按照实际情况进行设计,以便满足逆变器容量的需求。这是因为大量的光伏电池板互相连接时,每一个光伏电池板都对邻近的光伏电池板产生参数影响。例如,光照阴影问题可能会造成集中式逆变系统对电池板阵列整体电能的输出效率并不高,但因其总体容量大,损失的部分效率仍然在可以接受的范围内。同时,大量的光伏电池板串联即可提升逆变器输入的电压等级,因此,集中式电站设计就无须考虑升压问题。

(2) 组串式电站。

组串式电站是针对集中式电站连接方式的一种优化调整,其主体结构和集中式电站基本一致,最大的区别在于它将每一个小型光伏电池板串联构成一块大容量光伏阵列后，为了避免两个光伏阵列并联后再接入一个大的逆变器时可能存在的电压降落问题，先将每一个串联起来的光伏板连接至相应的逆变器上，最终可以理解为多组逆变器进行并联运行。

（3）集成模块微型式电站。

集成模块微型式电站最大的特点在于每一个光伏阵列都有一个与之对应的逆变器，且这个逆变器与电网对接。也就是说，每一个独立的光伏阵列都可以作为一个小型发电站，充分将光伏阵列的光电转换效率使用到极致。但是，这种发电连接方式存在一个问题，就是其逆变系统的容量一般比较小。

集成模块微型式电站的优点：每一个光伏阵列等于一个超小型光伏电站，其容量可以调控，可以根据需求的不同，随时增加或减少小型光伏电站相互间的连接。但是，也正是因为这个优点，这种集成模式逆变系统在同等功率的情况下，技术经济成本相较于其他模式的电站要高。这种集成模块微型式电站适用于小容量用户，不适用于大容量需求的用户或地区。

2）光伏最大功率点跟踪（MPPT）

每天太阳光照强度和环境温度都在不断地呈非线性变化，光伏电池本身的

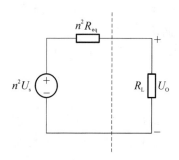

**图 4-18　MPPT 等效电路**

输出特性也是复杂非线性的，但为了便于分析，可以在一定情况（如特定的时间）下考虑将影响光伏电池输出的影响因素（光照强度和温度）等效为一个恒定参数，使非线性的光伏电池组件和其非线性的负载以一种等效线性电路来表示[27]。

图 4-18 为 MPPT 模式下的线性等效电路。其中，$R_{eq}$ 为光伏电池的等效内阻；$R_L$ 为负载等效电阻；$U_O$ 为负载端电压；$U_s$ 为光伏电池板输出电压；$n$ 为逆变器的等效变比。

在特定时间内，光照强度与温度近似稳定不变，加在负载 $R_L$ 上的电压可以表示为

$$U_O = \frac{R_L}{R_L + n^2 R_{eq}} n^2 U_s \tag{4-10}$$

不难得出光伏阵列输出功率最大时，有表达式

$$\begin{cases} R_L = n^2 R_{eq} \\ U_O = \frac{1}{2} n^2 U_s \end{cases} \tag{4-11}$$

此时,最大输出功率为

$$P_{\mathrm{M}} = \frac{U_{\mathrm{s}}^2}{4R_{\mathrm{eq}}}$$

(4 - 12)

可见,只要在温度和日照强度恒定时,负载的变化并不影响光伏电池最大功率的输出。在逆变电路中,最大功率输出与占空比有关,只要调节后端 DC/DC 变换器的占空比,使后端电路的等效输入阻抗与光伏电池的内阻抗相同,达到负载阻抗匹配,就可以成功实现光伏发电系统的最大功率跟踪控制[28]。

3) MPPT 控制技术的发展现状

MPPT 控制技术在光伏发电系统中的重要性使得各种 MPPT 控制方法不断涌现,如恒电压跟踪法(CVT)、扰动观测法(P&O)、增量电导法(INC)、实时监测法、最优梯度法、直线拟合法、神经网络(neutral network)、滑模控制(slide mode control)、模糊控制(fuzzy control)、基于状态空间的 MPPT 等。这些方法在算法复杂性、动态跟踪速度、算法效率、硬件实现等各方面均有所不同,难以分出孰优孰劣,应根据系统结构、实际应用场合等选择最合适的 MPPT 方法[29]。

4) 分布式光伏逆变器分类

光伏逆变器有多种分类方式:根据功率变化的等级分为单级式、级联式和多级式;根据并网形式的不同分为电流型逆变器和电压型逆变器;根据逆变器的相数分为单相型和三相型逆变器;根据有无变压器分为隔离型和非隔离型逆变器;根据逆变器所带的功率容量分为集中式、组串式和微型逆变器。

(1) 按功率变化等级分类的逆变器。

根据功率变化等级,逆变器分为单级式、级联式和多级式(见图 4 - 19)。

图 4 - 19(a)为单级式结构逆变器,其主要功能包括最大功率点追踪、DC/AC 交直流互相转换和稳定并网电流等。此结构的优点在于所需要的元器件数量少,可靠性高;缺点在于逆变器发生故障时,即停止逆变过程和输送电能。

在图 4 - 19(b)的级联式逆变器中,光伏板流出的直流电流先流入 DC/DC 模块,再流入 DC/AC 模块。优点在于可以在 DC/DC 模块中进行最大功率点追踪,同时,直流电可以在流入 DC/DC 模块中进行适当的升压,再对从 DC/DC 模块中流出的直流电进行逆变转换为交流电时,可以提高转换效率。缺点在于本身的电气元器件数量相对增多,不如单级式简单可靠。

图 4 - 19(c)多级式逆变器是在级联式结构的基础上进行改进的,继承了级联式的优点,各自进行独立的最大功率追踪,保证了工作效率的同时,也提高了发电效率。

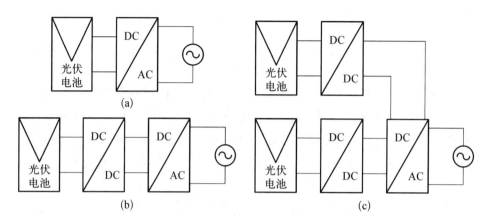

**图 4-19 按功率等级分类逆变器**

(a) 单级式逆变器；(b) 级联式逆变器；(c) 多级式逆变器

单级式逆变器主要应用场景是在分布式光伏电站集中式发电系统中，而多级式逆变器主要应用于组串式发电系统中[30]。

(2) 按有无变压器分类的逆变器。

逆变器直流侧和交流侧(并网侧)是否有工频变压器进行电气隔离是人们进行分类的标准。有变压器隔离的为隔离型，没有变压器隔离的为非隔离型。

装有变压器的优点如下：① 逆变器直流侧直流分量在流入电网的过程中，其磁通量不会变化，隔离变压器可以阻止光伏的直流分量进入电网；② 根据要求连接的隔离变压器可以消除高次谐波，可有效降低高次谐波和波动电压对电网的影响；③ 当光伏系统发生故障时，可以有效抑制系统产生的谐振过电压和稳态过电压，同时保证不会将逆变器重要元件烧毁。但是，这并不意味着逆变器必须要有变压器的保护。考虑到变压器占地面积大、安装与维护成本较高等因素，在实际使用中需要综合考虑才能确定是否安装。

5) 常用分布式光伏逆变器电路结构

如今，对逆变器的电路结构及其控制方式的研究成果极为丰富。就分布式光伏并网逆变器而言，就有适用于中等电压等级和弱电压等级电网的各种逆变器。此处仅就非隔离型和隔离型逆变器的电路结构做一简要阐述。

(1) 非隔离型逆变器电路结构。

最大功率点追踪无法保证从逆变器输出的功率恒定，造成逆变器到电网侧的功率含有倍数波动，通常是含有两倍工频的功率脉动。为了消除这一不利因素，通常是在直流侧旁加装一个大容量电解电容。这个电容的主要作用在于稳定逆变器直/交流侧的输入/输出功率和输出端的输出电压。但是，由于电解电容的使用寿命在正常的工作条件下只有 1 000~7 000 h,这不仅对功率解耦造成影响,也制约了逆变器的使用寿命。

在优化电能质量和治理电网谐波污染时,时常采用有源电力滤波(active power filter,APF)进行谐波补偿,即在交流侧并联一个变流器,使其输出与谐波电流相反的电流,以补偿电流谐波。

同样的原理,可以将 APF 作为有源电力滤波功率解耦技术应用到单相逆变器中,即在单相逆变器的直流侧并联双向变换器和储能元件,用于补偿单相逆变器中固有的二倍频功率脉动。图 4 - 20 所示为一种典型的直流侧解耦基本电路结构,将双向电力电子变换器并联在直流侧的电压母线上,通过功率守恒,计算储能元件所需的功率,进而控制变换器的工作方式。

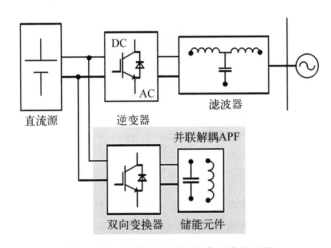

**图 4 - 20　直流侧功率解耦典型电路结构**

除了上述直流侧解耦电路外,还有差分解耦、反激解耦、两极式组合解耦(包括器件复用型解耦、DC/DC 拓扑和逆变拓扑结合型串联解耦)等。详细内容可参阅相关研究文献[31]。

(2)隔离型逆变器电路结构。

含有变压器隔离的逆变系统主要适用于大电网运行。因此,逆变器主要使用多级式电路结构。在多级式逆变器中,解耦电路实质上就是增加解耦电容的平均电压和纹波电压来降低电容,进而增加使用寿命。根据电容容量 $C_D$ 公式,有

$$C_D = \frac{V_0 I_0}{2\omega V_d V_{C_{AC}}} \tag{4-13}$$

式中，$V_0$、$I_0$分别为电网电压与电流幅值；$V_d$为直流偏置电压；$V_{C_{AC}}$为交流振荡电压；$\omega$为电网交流角频率。

解耦电容容量$C_D$与直流偏置电压$V_d$、交流振荡电压$V_{C_{AC}}$的关系如图4-21所示。

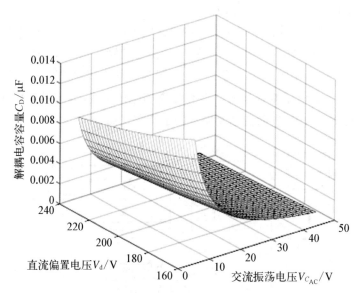

**图4-21　解耦电容与直流偏置电压、交流振荡电压的关系**

由式(4-13)可知，直接在直流母线上加装解耦电容，相当于从外部降低谐波。这种方法的优点在于大电网模式的直流母线电压高，允许系统通过的纹波电压也相对较高，这样加装的解耦电容就不需要是大电容。如图4-22所示，直流电在通过移相全桥模块时会被升压，再通过降压式变换(buck)电路最终逆变为交流电并网。

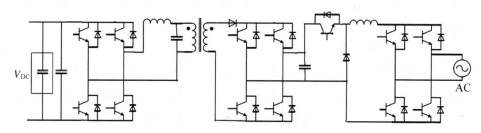

**图4-22　直流母线上的解耦电路结构**

反激解耦和直流侧解耦类似，都是通过增加新的变换器回路来实现功率解耦功能。不同之处如下：直流侧解耦主要是将DC-DC拓扑或其他变流器与直流母线并联,反激解耦则是通过变压器上新增的第三绕组实现与主电路的能量交换,使第三绕组能够吸收二倍频功率脉动。反激解耦最大的优点在于适用于需要隔离的场合,不需要额外的隔离变压器,可使设备的安全性和可靠性更高,且由于变压器绕组的存在,能量脉宽调制技术可以得到更好的应用[32]。

图 4-23 为基于反激变压器的反激解耦电路结构。工作原理:当直流侧功率大于交流侧功率时,通过控制第三端口变换器中的开关管,将剩余的功率存储在电容 $C_D$ 中;当直流侧功率小于交流侧功率时,电容 $C_D$ 通过二极管释放功率给变压器绕组充磁,以平衡交直流功率的差值。

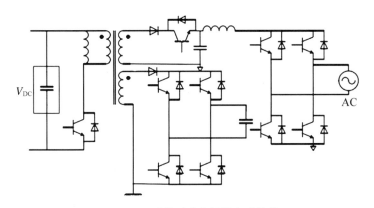

**图 4-23　反激型功率解耦电路结构**

图 4-24 所示为其他若干类型的反激解耦结构单元。其中,图 4-24(a)反激单元通过解耦电容实现功率解耦,这种拓扑的器件所需的耐压值较大,所需的解耦电容量值较高,损耗较大;图 4-24(b)是一种基于全桥的反激单元;图 4-24(c)为基于双管的反激解耦单元;图 4-24(d)为基于双向 boost 电路的反激解耦单元,其工作原理与图 4-24(a)类似。从理论上讲,其他的 DC/DC 电路均可以用于反激解耦[33]。

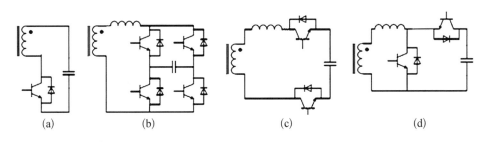

(a)　　　　　(b)　　　　　(c)　　　　　(d)

**图 4-24　若干反激解耦单元图例**

(a) 反激单元;(b) 全桥单元;(c) 双管反激单元;(d) 双向 Boost 单元

6）电力谐波的产生与危害

电力系统中谐波主要产生于系统中所使用的非线性设备。实际上，自从采用交流电作为电能的一种供电方式开始，人们就已经知道电力系统的谐波问题。但近几十年来，随着非线性设备的大量使用，这一问题日益突出。一般来说，谐波源可以分为三大类[34]。

第一类，电力电子装置，称为现代电力电子非线性设备，包括各种交、直流换流装置（整流器、逆变器等）以及晶闸管构成的可控开关设备；直流输电中的整流阀、逆变阀、统一潮流控制器（UPFC）等。这一类设备的非线性特性主要呈现为开关投切和换向时电流的跃变式变化。阶跃变化的电流中含有大量的谐波成分。

第二类，传统非线性设备，包括变压器、电机、银光灯等。其中，铁芯磁饱和特性呈现非线性，这类非线性设备产生的电流往往不是跃变的，但可能是不连续的，因此含有一定的谐波成分。

第三类，电弧性非线性设备，如电弧炉等。电弧炉在高温熔化期间以及电弧焊在高温焊接期间，其电弧的点燃和剧烈变动形成高度非线性，导致电流不规则波动，其非线性呈现电弧电压与电弧电流之间不规则随机变化的伏安特性。这类非线性谐波源的最大特点就是其非线性特性的随机性。此外，电弧炉不仅会产生谐波，还会在电网中引起闪变和三相不对称等电能质量问题。

谐波不仅对电力系统本身有严重危害，同时还会对通信、无线电等产生干扰，危害严重。

（1）对电力系统的影响。

谐波对电力系统的经济、安全运行有很大的影响，主要表现如下：谐波会造成电机的附加谐波损耗，使其发热，缩短寿命；谐波可能会在电网中引起谐波谐振，放大谐波电流或产生谐波过电压；谐波会对输电线路产生影响，对于采用电缆的输电系统，除引起附加损耗外，还可能会使电压发生畸变，导致绝缘应力升高，电缆绝缘老化，缩短电缆使用寿命；谐波会对变压器造成危害，在谐波下工作的变压器会增加铜损和杂散损耗，也会增加磁滞、涡流，从而造成变压器的额外发热；严重的谐波对电力系统中的继电保护、自动控制装置也会产生干扰，甚至会导致保护装置误动或拒动；谐波使系统功率因数下降，电能质量降低。

（2）对信号及弱电系统和设备的影响。

谐波会对通信系统产生干扰，合理控制谐波不仅对电网本身，而且对广大电力用户也具有重要意义，因为谐波已经引起了严重的电磁兼容问题[35]。

电力系统谐波对弱电系统影响的主要表现：谐波对电力系统内部的弱电控

制装置与设备会产生干扰;谐波对各种精密仪器与敏感设备的影响,会导致这些仪器与设备无法完全工作;谐波会通过电磁感应和耦合使通信线路产生感应电压,对通信网产生干扰,使通信质量下降,严重时甚至无法工作。

(3) 对电能计量的影响。

电力系统中的谐波除了对电力系统本身的安全运行和弱电系统的可靠工作产生不良影响和危害以外,还会对电力成本的计量产生直接影响,主要表现如下:各种传统的测量仪表多是按正弦量测量要求设计制造,在测量含有谐波的非正弦量时,必然会产生很大的误差;由谐波造成的其他附加损耗使电能成本上升;谐波使电力设备寿命下降所带来的间接的电力成本的上升也是一种不可忽视的损耗;谐波造成的继电保护装置误动作和事故所产生的电力成本的上升也要由供电系统承担。

可见,认识谐波,治理谐波,使电力系统中的谐波减小到规定的容许限值以内,不仅是一项重要而迫切的工程任务,还关系到巨大的经济利益。可以说,它是一项关系到能源合理利用的重要问题之一。

7) 谐波的治理方法

治理电力谐波除了从技术上采取措施以外,还应该从管理、制度、法规等方面采取综合措施。仅就工程技术角度而言,目前的技术主要有主动和被动方法两类。主动方法就是从改善谐波源本身的特性入手,在设计这些装置时就充分考虑减小谐波的设计方案,以减少谐波源注入电网的谐波。这种方法适用于各种电力电子电路。被动的方法不是从谐波源本身的性能改善入手,而是从整个电网出发对谐波源进行补偿或滤波。

(1) 改善谐波源特性。

电力电子装置,特别是大型的整流器是电力系统产生谐波的主要原因之一。对于不同形式的整流装置,可以采用改善装置本身特性的方法治理谐波,对此已有不少文献报道。归纳起来主要有:采用高频 PWM 整流技术,与传统相控整流器相比,高功率因数、低谐波的高频开关模式 PWM 整流器,可以控制交流电源电流为畸变很小的正弦电流,且功率因数接近 1,其体积、质量可以大大减小,动态响应速度快;采用附加有源功率因数校正技术(PFC)提高功率因数;增加整流的相数,随着整流相数的增加,电网侧电流的谐波成分会减少,电流波形可以接近正弦波。

(2) 滤波与补偿方法。

不是所有谐波源都可以通过改善特性的方法来降低或消除谐波的产生,如电弧炉这种谐波源就不能从其内部改变特性以减少其注入电力系统。实际上,电力系统谐波源的多样性和电力系统本身的复杂性,决定了治理谐波的方法与技术的多样性。从电路角度出发,采用滤波技术和补偿措施是治理电力系统谐波的一种常用有效方法,也是目前一个十分重要的有广阔前景的研究方向。滤波与补偿的具体措施大体上可归纳为:在电路中适当加入由无源电感-电容(LC)元件构成的无源滤波器,可使电网交流侧的电流变得平滑,改变其不同频率信号的比例,滤去其中的某些谐波成分,改善电路的谐波特性;在电网侧,投入静止无功补偿装置(SVC),用以补偿由谐波造成的无功功率,提高功率因数;采用有源电力滤波器(APF)进行补偿是目前研究较多的一种治理谐波的方法。

8) 有源滤波器的作用

在各种谐波补偿与滤波方法的研究中,有源电力滤波器一直是学者们研究的重点。有源滤波器主要研究有畸变电流的检测、滤波器的控制技术与方法等。

(1) 有源电力滤波器的分类与特点。

有源滤波器按系统结构和主电路形式不同,可以分为并联型、串联型以及串并联混合型有源滤波器;按逆变电路直流侧电源的性质又可分为电压性和电流型有源滤波器;按是否与无源滤波器配合工作,又可分为单一型和混合型有源滤波器。

并联型有源电力滤波器是最早提出的一种有源滤波器模型。如图 4-25 所示,有源滤波器相当于一个谐波电流发生器,能自动跟踪负载的谐波电流,产生一个大小相等、方向相反的谐波电流分量抵消负载的谐波电流,使电源电流保持为正弦基波。并联型有源滤波器主要用于对电流进行补偿。通过不同的控制,可以对电网中的谐波、无功以及负序电流分量进行补偿。对于这种形式的滤波器,由于电网电压直接加在逆变桥上,对开关器件的电压等级要求较高,对有源滤波器的容量要求也大。

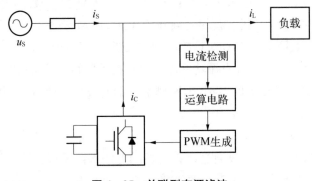

图 4-25　并联型有源滤波

串联型有源滤波器的主电路如图 4-26 所示,由变换器、变压器等部分构成。工作时,可以调节电压,实现对电压中谐波分量的补偿,同时构成一个谐波高阻支路,抑制谐波电流。串联型有源滤波器可用于对谐波电压的补偿,不适用于对谐波电流的补偿。同时,这种结构也适合作为电压调节器。

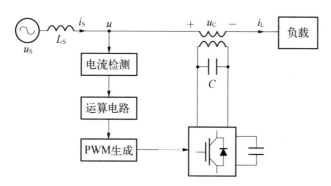

图 4-26 串联型有源滤波

串并联混合有源滤波器是在电源与用户之间建立一个电能净化装置。其中,串联部分用于抑制负载端产生的谐波电压,并联部分主要用于补偿负载的谐波电流。作为统一电能质量调节器,其作用应该体现在两个方面:一是滤除负载对电源的谐波电流干扰,补偿负载所需的谐波电流;二是从用户电力角度出发,为用户调节出一个满足要求的用户端电压,即为用户提供满足要求的电能质量。对于混合型有源滤波器和统一电能质量调节器这种不同的要求,可以通过不同的控制策略实现(见图 4-27)。有关有源滤波更为详尽的内容可参阅相关文献[36]。

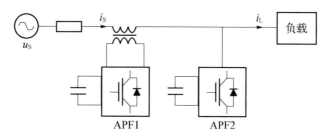

图 4-27 串并联混合型 APF

(2) 有源电力滤波器抑制谐波机理。

电网中谐波有两种表现形式,即谐波电流和谐波电压。虽然这两种形式的谐波产生的途径不同,但在电路中可以相互转换。对于中低压电网(如城域网),谐波主要来源于电力用户的非线性负载。也就是说,非线性负载接入电路,要向电源索取电流,其中包含谐波电流,而由非线性负载产生的谐波首先就是以电流形式出现的。换句话说,由非线性负载直接产生的谐波是谐波电流,或者说非线性负载作为谐波源应视为谐波电流源。

当然,电路中的谐波电流与谐波电压是可以转化的。当谐波电流流经电源内部等效阻抗时,在阻抗上就会产生谐波电压,此时电源端电压中包含了谐波电压,即电路中的谐波电流转换成了谐波电压。如果此时电源向其他负载供电,这种电源中含有的谐波电压就会在其他负载中形成谐波电流,即电源中的谐波电压又会转换为谐波电流。

可见,要治理由非线性负载产生的谐波,从根本上来说,应该从治理谐波电流入手,治理了非线性负载产生的谐波电流,也就间接抑制了由谐波电流产生的电源端谐波电压。

(3) 有源滤波器的补偿与滤波特性。

对于谐波的抑制,可以从补偿和滤波两个方面出发来考虑技术解决方案。在抑制非线性负载产生的谐波时,有源滤波器既可以表现出补偿特性,也可以表现出滤波特性。

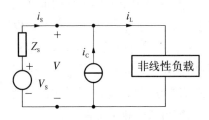

**图 4 - 28　谐波电流补偿等效电路**

从补偿的角度出发,要使非线性负载中的谐波电流不会流经电源,则应有一个谐波电流源为非线性负载另外提供谐波电流,即电源只向负载提供基波电流,而谐波电流源承担向负载提供谐波电流的任务,其等效电路如图 4 - 28 所示。其中,$i_S$ 为电源基波电流;$i_C$ 为谐波电流源提供的谐波电流;$i_L$ 为非线性负载中的电流;$i_L = i_C + i_S$。可见,只要 $i_S$ 中不含谐波成分,电源端电压 $V_S$ 中也就没有谐波电压。

显然,可以利用图 4 - 25 所示的并联 APF 来实现上述补偿过程。另一方面,串联型谐波补偿有源电力滤波器不能提供补偿所需的谐波电流,因此,串联型谐波补偿有源电力滤波器不适合用于非线性负载产生的谐波电流的补偿。必须指出,若用串联型谐波补偿有源电力滤波器补偿电路中的谐波电压,则可以使负载两端电压为正弦波,但电源中的电流依然包含谐波,电源的端电压 $V_S$ 中也包含谐波成分,对接在电源上的其他负载依然会产生谐波干扰。

如果从滤波的思想出发,要使非线性负载中的谐波电流不会流经电源,即滤去电源电路中的谐波电流,则可从两个方面采取措施。一方面是为谐波电流提供一个支路,该支路对基波电流呈现高阻抗,而对谐波电流却呈现低阻抗或零阻抗,将谐波电流置于旁路;另一方面,可以在负载与电源之间增加一个对基波电流呈现低阻抗或零阻抗而对谐波电流呈现高阻抗的支路,将谐波电流阻断。基于这一思想的复合滤波器的等效电路如图4-29所示。$Z_h$ 对谐波电流呈现高阻抗,而对基波电流却呈现低阻抗或零阻抗;$Z_b$ 对基波电流呈现高阻抗,而对谐波电流却呈现低阻抗或零阻抗。此时,谐波电流不会(或很难)流经 $Z_h$ 和电源,而基波电流也不会流经 $Z_b$。由等效电路可知,此时,电源中没有谐波电流,电源两端也没有谐波电压。负载中有谐波电流,但负载两端没有谐波电压。$Z_h$ 和 $Z_b$ 可以分别用有源电力滤波器和无源电力滤波器来实现。其中,并联的低(零)谐波阻抗支路 $Z_b$ 可采用 LC 组成的无源支路实现,也可以采用并联型谐波补偿有源电力滤波器实现。当然,从成本和滤波器功率考虑,采用 LC 无源滤波器更为合适。串联在电源与负载之间的高谐波阻抗支路可以采用串联型基波磁通补偿有源滤波器实现。不过,要想使串联型有源滤波器对基波呈现低阻抗,串联型有源滤波器中应该注入基波电流而不是注入谐波电流。正是串联型基波磁通补偿有源滤波器对基波电流呈现低阻抗,而对所有谐波电流均呈现高阻抗的特性,才使它可以串联在电源与负载之间作为滤波器使用。

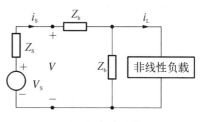

图 4-29　复合滤波等效电路

## 4.4　氢能的开发与应用

氢能是低碳环保、清洁安全、绿色高效、安全可控、应用广泛的新型二次能源,除了可以利用钢铁、氯碱、冶金等工业副产品制氢外,最广泛地还是通过化石能源重整、生物质热裂解和微生物发酵制取以及可再生能源电解水等方式来生产氢。

2017 年,国际氢能委员会(the Hydrogen Council)发布的《氢能源未来发展趋势调研报告》预测:2030 年全球氢能将大规模被利用;2040 年全球终端能源消费量的 18% 将由氢能承担;2050 年氢能需求量为目前的 10 倍,其消耗量占能源消耗约 20%,其利用可以贡献全球 $CO_2$ 减排量的 20%,产业链年产值为 2.5 万亿美元。此外,法国液化空气集团、梅塞尔、壳牌等公司认为,2020—2050 年全球氢气需求量年均增长率为 23%～35%[37]。

氢能作为国内外新能源关注的热点,受到能源、汽车、金融等公司的青睐。作为世界氢产量第一的大国,我国年产氢量为 $2.5 \times 10^7$ t[38]。

### 4.4.1 氢能源的优势

氢元素原子序数为 1,位于元素周期表第一位,常温常压下以气态存在,超低温高压下为液态。

1) 氢气的特点

氢气的特点表现在以下几个方面。

(1) 资源丰富。

氢元素是宇宙中含量最丰富、最原始,也是最简单的元素,占宇宙总质量的 75%。如果按照原子个数来计算,氢原子的个数占宇宙总原子数的 90% 以上。地球上的氢元素提取后释放的热量超出地球上所有化石燃料释放热量的 9 000 倍。

氢气的来源多种多样,可以通过化石能源与水蒸气反应制备;可以通过生物质裂解或微生物发酵等途径制取;可以通过提取石化、焦化、氯碱等工业副产气获得;甚至可以通过电解水来制取。

(2) 灵活高效环保。

氢气的单位热值高(40 kW·h/kg),是同质量汽油、柴油、天然气等化石燃料热值的 2.8~4 倍;另外,氢气的转化效率也远超其他燃料,通过燃料电池,氢气可达到 85% 的能源综合转化效率,而常规的汽柴油发动机能源综合转化率为 30%~40%。理论上,氢气取代汽柴油作为汽车驱动能源有较好的经济效益。

对比化石燃料,氢燃烧时更清洁环保,不会产生诸如 CO、$CO_2$、碳氢化合物、铅化物和粉尘颗粒等对环境有害的污染物质,只生成水和少量氮化氢。生成的水无毒无害且没有腐蚀性。另外,氢燃料电池也没有内燃机的噪声污染隐患。

(3) 应用范围广。

氢能应用范围相对较广,可以为炼化、钢铁、冶金等行业直接提供热源,减少碳排放;可以用于燃料电池降低交通运输对化石能源的依赖;可以应用于分布式发电,为家庭住宅、商业建筑等供电供暖;氢能甚至可以作为风力、电力、热力、液体燃料等能源转化媒介,实现跨能源网络协同优化。氢能作为一种良好的能源载体用作新能源调峰媒介,可以更经济地实现电能和热能的长周期、大规模存储,解决弃风、弃光、弃水问题。

2) 氢能源的主要应用方向

氢能源的主要应用方向是新能源汽车。氢燃料电池能量密度高,是锂电池的 120 倍左右,续航能力优秀,一次充满用时不足 5 min,行驶距离可达到 400 km。由于氢能源汽车受限于当前技术和配套的供氢网络,短时间内尚无法完全替代锂电池汽车。近期,最好的利用方式是氢燃料电池与锂电池两种新能源汽车技术互相补充,乘用车以技术和网络成熟的纯电动汽车为主,而货物运输车、城市公交车、长途卡车则更适合应用氢燃料电池汽车。

氢能源在作为交通能源的同时,也可以利用其作为能源媒介的优点,把弃光、弃水、弃风等能量转化为可储存可输送的氢能加以利用,每年至少能生产500 万吨氢气,足够满足 100 万辆氢燃料汽车电池的使用[39]。

### 4.4.2　国内外氢能源产业发展概况

氢能在世界能源转型中的角色价值日益受到重视,世界主要发达国家近年纷纷大力支持氢能产业发展。目前,全球主要的制氢方式有天然气重整、重油重整和煤气化,可再生能源发电制氢有望在 2030 年开始逐步实现商业化。氢的大规模储运高度依赖技术进步和基础设施建设,这是氢能产业发展的难点。全球加氢站建设呈加速发展之势,已建成加氢站数量较多的国家有日本、德国、美国、中国。氢燃料电池汽车已在一些国家实现小规模商业化,小型氢燃料电池热电联供装置也成为发达国家备受关注的分布式能源利用技术,相关产业发展最成功的国家是日本。壳牌、BP(英国石油公司)、道达尔、中国石化和中化等传统能源公司已开始布局氢能业务,有的已取得实质性进展。未来,中国应从战略政策制定、关键技术研发、基础设施建设方面大力推动氢能产业发展。

1) 国外发展概况

国外氢能源的开发和应用主要集中在美国、德国与日本。

(1) 美国。

1970 年,氢能及燃料电池被美国纳入能源发展战略。围绕"氢经济"概念,美国政府先后出台了相应政策,如《1970 年氢研究、开发及示范法案》。20 世纪末标志着氢能产业从设想阶段转入行动阶段的《1990 年氢气研究、开发及示范法案》《氢能前景法案》,以及 2002 年的《国家氢能发展路线图》等政策相继出台。2004 年《氢立场计划》的发布确认了研发示范、市场转化、基础建设和市场扩张、完成向氢能社会转化这 4 个阶段为该国氢能产业发展的必经阶段。2014 年的《全面能源战略》确定了交通转型中氢能的引领作用。2016 年,加利福尼亚州投入 3 300 万美元支持加氢站建设,启动 GFO - 15 - 605 项目,国会拨款 1.49 亿美元支持氢能与燃料电池项目。2017 年,氢能和燃料电池项目获得能源部 1 580 万美元支持。2019 年,美国能源部宣布了高达 3 100 万美元的氢能源资助计划,加州燃料电池联盟提出了到 2030 年建设 1 000 座加氢站及达到生产 100 万辆燃料电池车的目标。近 10 年,美国政府给予氢能和燃料电池超过 16 亿美元的资金支持,积极制定相关财政支持标准并减免法规,以支持氢能基础设施的建立。截至 2020 年,美国计划建成加氢站 75 座,2025 年达到 200 座[40]。

(2) 德国。

德国目前拥有 71 个加氢站,氢能产业链的实施和应用已经较为完善。2009年,德国政府计划在 10 年间投资 3.5 亿欧元在德国境内建设加氢站,并与法国液化空气集团、林德集团、壳牌、道达尔等公司签署合作备忘录。2015 年,德国融资 3.93 亿欧元支持氢能及燃料电池技术发展,其中 55% 用于氢生产和运输的基础设施建设。2016 年,德国成立氢能交通公司,分阶段建设氢能交通基础设施网络。此外,德国的 1 MW 级氢能储能系统配备了目前世界上最大的质子交换膜电解池。该系统可将过剩的风能电力高效转化为氢能,以氢气作为能量载体可有效避免风能或太阳能这类可再生能源受气候条件因素的影响。

(3) 日本。

日本"终极环保车"的研究在氢能源研究领域成功引领了整个行业的发展,占据了不可替代的位置。日本拥有氢能和燃料电池技术专利数位居世界第一,这都要归功于日本氢能研究起步早、发展快,在燃料电池和燃料电池车领域取得了很好的成绩。此后,日本进一步把氢能列为与电力和热能并列的核心二次能源,力争构建"氢能源社会","成为全球第一个实现氢能社会的国家"。日本政府为此规划了实现氢能社会战略的技术路线。日本还以东京奥运会为契机打造氢能小镇,推广燃料电池车。截至 2020 年 11 月 21 日,日本累计建成 146 座加氢站,数量位居全球第一,并计划于 2025 年达到 320 座,2030 年达到 900 座。燃料电池车计划保有量于 2025 年达到 20 万辆,2030 年达到 80 万辆,2040 年实现燃料电池车的普及。

2) 我国氢能源发展概况

我国对氢能源的利用目前已基本具备产业化基础,国家已经制定了一系列政策推动行业的发展。例如,2016 年,《能源技术革命创新行动计划(2016—2030 年)》制定的"氢能与燃料电池技术创新"任务,对氢能与燃料电池产业在我国东南部省份的发展有很大的推动作用[41]。

在该项任务的推动下,联合国开发计划署于 2016 年将江苏省如皋市命名为"中国氢经济示范城市"。接着,国内首个商业化运营加氢站于 2017 年在广东佛山面市;山东济南建设"中国氢谷"项目;2018 年武汉出台全国首个加氢站审批及监管的地方性政策《武汉经济技术开发区(汉南区)加氢站审批及管理暂行办法》。

2019 年,政府工作报告将推进充电、加氢等设施建设写入其中,中国开启了氢能大规模商业化应用的脚步,全国各地也纷纷出台相关政策鼓励氢能及燃料电池的发展。此外,氢能领域的建设受到了国内传统大型能源企业的青睐。

2018 年 2 月,江苏如皋商业加氢站的建成标志着中国氢能联盟高调进军氢能产业;同年 10 月,潍柴集团、准能集团、氢能科技公司、低碳清洁能源研究院共同签署了《200 吨级以上氢能重载矿用卡车研发合作框架协议》。2018 年 7 月,为支持氢能和其他新兴产业的发展,专门成立了中国石化集团资本有限公司,确定了 10 余座加氢站的选址,在国内开始氢气制、储、运、加的整体战略布局。2018 年 10 月,中化能源国际氢能与燃料电池科技创新中心在江苏省如皋市成立,中化集团将氢能作为公司新能源四大重点领域之一,将氢燃料电池研发和新能源业务加入公司的整体战略中,并进入攻坚克难阶段。

目前,我国在多年科技攻关的基础上,已掌握了一批燃料电池与氢能基础设施核心技术,具备一定的产业装备及燃料电池整车的生产能力,燃料电池车已形成自主特色的电-电混合技术路线,国家为此相继制定了 86 项国家标准以确保行业健康发展[42]。

### 4.4.3　氢燃料电池的原理与特性

氢燃料电池是实现氢能转换为电能的关键载体。

1)氢燃料电池技术体系

氢燃料电池与常见的锂电池不同,系统更为复杂,主要由电堆和系统部件组成。其中,电堆是整个电池系统的核心部件,包括膜电极与双极板构成的各电池单元,以及集流板、端板、密封圈等。膜电极的关键材料是质子交换膜、催化剂、气体扩散层,这些部件及材料的耐久性及其他性能决定了电堆的使用寿命和工况适应性。系统部件包括空压机、增湿器、氢循环泵和氢瓶。近年来,氢燃料电池技术研究主要集中在电堆、双极板、控制技术等方面。

(1)膜电极组件。

膜电极组件(membrane electrode assembly,MEA)又简称膜电极,是燃料电池发电的关键核心部件之一。MEA 通常由阴极扩散层、阴极催化剂层、电解质膜、阳极催化剂层和阳极气扩散层组成。膜电极与其两侧的双极板组成了燃料电池的基本单元——燃料电池单电池,由极板、气体扩散层、催化剂、质子交换膜组成。质子交换膜夹在两电极之间,嵌入催化剂。电极相对于质子交换膜是绝缘的,这两个电极分为阳极和阴极。该质子交换膜是质子渗透膜,也是绝缘的。通过这个绝缘膜从阳极向阴极运输质子,电子则是从导电的路径运输到阴极。电极热压在质子交换膜(proton exchange membrane,PEM)上。常用的电极材料,如碳纤维,能够最大化地把气体运输到 PEM,使水脱离 PEM。碳纤维

173

中嵌入贵金属催化剂，可以作为电极。铂金属是一种最常用的催化剂，其他铂族金属亦是。钌和铂这两种金属往往一起使用。膜电极组件结构与反应过程原理如图 4 - 30 所示。

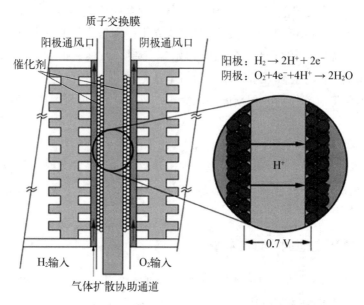

阳极：$H_2 \rightarrow 2H^+ + 2e^-$

阴极：$O_2 + 4e^- + 4H^+ \rightarrow 2H_2O$

**图 4 - 30　膜电极组件结构与反应过程原理**

根据 MEA 内电解质的不同，常用的氢燃料电池可分为碱性燃料电池（AFC）、熔融碳酸盐燃料电池（MCFC）、磷酸燃料电池（PAFC）、固体氧化物燃料电池（SOFC）、质子交换膜燃料电池（PEMFC）等。各类型燃料电池具有相应的燃料种类、质量比功率和面积比功率性能。其中，质子交换膜燃料电池以启动时间短（约 1 min）、操作温度低（＜100 ℃）、结构紧凑、功率密度高等特性，使氢燃料电池车成为商业化进程的首选。

MEA 装配工艺有热压法（PTFE 法）、催化剂涂层膜（catalyst coated-membrane，CCM）、有序化方法和梯度法等。热压法是第一代技术；目前，广泛使用的是第二代的 CCM 方法包括转印、喷涂、电化学沉积、干粉喷射等，具有铂（Pt）的高利用率和耐久性的优点；有序化方法可使 MEA 具有最大反应活性面积及孔隙连通性，从而实现更高的催化剂利用率，是新一代 MEA 制备技术的前沿方向。

在实际应用中，可以根据设计的需要，将多个单电池组合成燃料电池电堆，以满足不同大小功率输出的需求。

（2）质子交换膜（PEM）。

全氟磺酸膜是最常用的商业化 PEM，属于固体聚合物电解质，其利用碳氟主链的疏水性和侧链磺酸端基的亲水性,实现 PEM 在润湿状态下的微相分离,具有质子传导率高、耐强酸强碱等优异特性。

全氟磺酸膜代表性产品有美国杜邦公司 Nafion 系列膜、科慕化学有限公司 NC700 膜、陶氏集团 Dow 膜、3M 公司 PAIF 膜,日本旭化成株式会社 Aciplex 膜、旭硝子株式会社 Flemion 膜以及加拿大巴拉德动力系统公司 BAM 膜。这些膜的差异在于全氟烷基醚侧链的长短、磺酸基的含量有所不同。我国武汉理工新能源有限公司、新源动力有限公司、上海神力科技有限公司、东岳集团公司也已具备全氟磺酸 PEM 产业化的能力。

轻薄化薄膜制备是降低 PEM 欧姆极化的主要技术路线,膜的厚度已经从数十微米降低到数微米。但是,这也带来膜的机械损伤和化学降解问题。

当前的解决思路,一是采用氟化物来部分或全部代替全氟磺酸树脂,与无机或其他非氟化物进行共混(例如,加拿大巴拉德动力系统公司的 BAM3G 膜,具有非常低的磺酸基含量,工作效率高,化学稳定性,机械强度较好,价格明显低于全氟类型膜);二是采用工艺改性全氟磺酸树脂均质膜,以多孔薄膜或纤维为增强骨架,浸渍全氟磺酸树脂得到高强度、耐高温的复合膜(例如,美国的科慕化学有限公司 NafionXL‐100 膜、戈尔公司的 Gore-select 膜;中国科学院大连化学物理研究所的 Nafion/PTFE 复合膜和碳纳米管复合增强膜等)[43]。

值得一提的是,戈尔公司掌握了 5.0 μm 超薄质子交换膜的制备技术,2019 年投产世界首条氢燃料电池车用 PEM 专用生产线,并在日本丰田汽车公司的 Mirai 汽车上使用。此外,为了实现耐高温、拒水并具有较高的高质子传导率,高温 PEM、高选择性 PEM、石墨烯改性膜、热稳定 PEM、碱性阴离子交换膜、自增湿功能复合膜等成为近年来的研究热点。

(3)电催化剂。

在氢燃料电池的电堆中,电极上氢的氧化反应和氧的还原反应过程主要受催化剂控制。催化剂是影响氢燃料电池活化极化的主要因素,被视为氢燃料电池的关键材料,决定着氢燃料电池车的整车性能和使用经济性。催化剂选用需要考虑工作条件下的耐高温和抗腐蚀性,常用的是碳载型催化剂 Pt/C(Pt 纳米颗粒分散到碳粉载体上),但 Pt/C 随着使用时间的延长存在 Pt 颗粒溶解、迁移、团聚现象,活性比表面积降低,难以满足碳载体的负载强度要求。Pt 是贵金属,从商业化的角度看不宜继续作为常用催化剂成分,为了提高性能、减少用量,一般采用小粒径的 Pt 纳米化分散制备技术。然而,Pt 纳米颗粒表面自由能高,碳载体与 Pt 纳米粒子之间是弱的物理相互作用;小粒径 Pt 颗粒会摆脱载体的束缚,迁移到较大的颗粒上被兼并而消失,大颗粒得以生存并继续增长;小粒径 Pt

颗粒更易发生氧化反应,以铂离子的形式扩散到大粒径 Pt 颗粒表面而沉积,进而导致团聚。为此,人们研制出了 Pt 与过渡金属合金催化剂、Pt 核壳催化剂、Pt 单原子层催化剂,这些催化剂利用 Pt 纳米颗粒在几何空间分布上的调整来减少 Pt 用量、提高 Pt 利用率、提高质量比活性、面积比活性,增强抗 Pt 溶解能力。通过碳载体掺杂氮、氧、硼等杂质原子,增强 Pt 颗粒与多种过渡金属(如 Co、Ni、Mn、Fe、Cu 等)的表面附着力,在提升耐久性的同时也利于增强含 Pt 催化剂的抗迁移及团聚能力。

为了进一步减少 Pt 用量,无 Pt 的单/多层过渡金属氧化物催化剂、纳米单/双金属催化剂、碳基可控掺杂原子催化剂、M−N−C 纳米催化剂、石墨烯负载多相催化剂、纳米金属多孔框架催化剂等成为研究的热点;但是,这些新型催化剂在氢燃料电池实际工况下的综合性能,如稳定性、耐腐蚀性、氧化还原反应催化活性、质量比活性、面积比活性等,需要继续验证。美国 3M 公司基于超薄层薄膜催化技术研制的 Pt/Ir(Ta)催化剂,已实现在阴极、阳极平均低至 0.09 mg/cm² 的 Pt 用量,催化功率密度达到 9.4 kW/g(反应气压为 150 kPa)、11.6 kW/g(反应气压为 250 kPa)[44]。

德国大众汽车集团牵头研制的 PtCo/高表面积碳(HSC)也取得了重要进展,催化功率密度、散热能力均超过了美国能源部制定的规划目标值(2016—2020 年)[45]。

(4) 气体扩散层。

在氢燃料电池的电堆中,空气与氢气通入阴、阳极上的催化剂层还需穿越气体扩散层(GDL)。GDL 由微孔层、支撑层组成,起到电流传导、散热、水管理、反应物供给的作用。因此,需要良好的导电性、高化学稳定性、热稳定性,还应有合适的孔结构、柔韧性、表面平整性、高机械强度。这些性能对催化剂层的电催化活性、电堆能量转换至关重要,是 GDL 结构和材料性能的体现。微孔层通常由炭黑、憎水剂构成,厚度为 10~100 μm,用于改善基底孔隙结构、降低基底与催化层之间的接触电阻、引导反应气体快速通过扩散层并均匀分布到催化剂层表面,排走反应生成的水以防止"水淹"发生。因编织碳布、无纺布碳纸具有很高的孔隙率、足够的导电性,在酸性环境中也有良好的稳定性,故支撑层材料主要是多孔的碳纤维纸、碳纤维织布、碳纤维无纺布、炭黑纸。碳纤维纸的平均孔径约为 10.0 μm,孔隙率为 0.7~0.8,制造工艺成熟、性能稳定、成本相对较低,是支撑层材料的首选;在应用前需进行疏水处理,确保 GDL 具有合适的水传输特性,通常是将其浸入疏水剂(如 PTFE)的水分散溶液中,当内部结构被完全浸透后,转移至高温环境中进行干燥处理,从而形成耐用的疏水涂层[46]。

为进一步提高碳纤维纸的导电性,可能还会进行额外的碳化、石墨化过程。

从功能角度来看,GDL 均匀地将反应气体从流场引导至催化剂层,确保了组件的机械完整性,并以一定的速度排除了阴极上的反应产物(水),防止阴极催化剂层发生"水淹",也避免了因失水过多导致阴极组件干燥而降低各离子的传导率。因此,发生在 GDL 上的过程有热转移过程、气态输运过程、两相流过程、电子输运过程、表面液滴动力学过程等。GDL 是燃料电池的水管理"中心",通过对水的有效管理,提高燃料电池的稳定性、经济性;燃料电池对水的控制可以通过水管理系统的增湿器或自增湿 PEM 来部分实现,但主要还是靠 GDL 的作用。GDL 的厚度、表面预处理会影响传热和传质阻力,是整个氢燃料电池系统浓差极化、欧姆极化的主要源头之一;通常以减小 GDL 厚度的方式来降低浓差极化、欧姆极化,但也可能导致 GDL 机械强度不足。因此,研制亲疏水性合理、表面平整、孔隙率均匀且高强度的 GDL 材料是氢燃料电池的关键技术。对 GDL 的研究,除了材料制备外,还有关于压缩、冻融、气流、水溶造成的机械降解以及燃料电池启动、关闭及"氢气饥饿"时碳腐蚀造成的化学降解等的性能退化研究。此外,为促进 GDL 材料的设计与开发,研究者利用中子照相技术、X - ray 电子计算机断层描绘技术、光学可视化技术、荧光显微术等手段来可视化 GDL 材料结构和表面水的流动状态,并利用随机模型法、两相流模型数字化重构 GDL 宏观形貌(孔隙)结构;为研究 GDL 气-液两相流行为,较多运用双流体模型、多相混合模型、格点 Boltzmann 方法、孔隙网络模型、流体体积(VOF)法等。GDL 技术状态已成熟,但面临的挑战是大电流密度下水气通畅传质的技术问题和大批量生产问题,生产成本依然居高不下。商业稳定供应的企业主要有加拿大巴拉德动力系统公司、德国 SGL 集团、日本东丽株式会社和美国 E - TEK 公司。日本东丽株式会社早在 1971 年就开始进行碳纤维产品生产,是全球碳纤维产品的最大供应商,其他公司主要以该公司的碳产品为基础材料。

　(5) 双极板。

　氢燃料电池中的双极板(BPs)又称流场板,起到分隔反应气体、除热、排出化学反应产物(水)的作用;需满足电导率高、导热性和气体致密性好、机械和耐腐蚀性能优良等要求。基于当前生产能力,BPs 占据了整个氢燃料电池电堆近 60% 的质量和超 10% 的制造技术成本[47]。

　根据基体材料种类的不同,BPs 可分为石墨 BPs、金属 BPs、复合材料 BPs。石墨 BPs 具有优异的导电性和抗腐蚀能力,技术最为成熟,是 BPs 商业应用最为广泛的碳质材料,但其机械强度差、厚度难以缩小,在紧凑型、抗冲击场景下的应用较为困难。因此,更具性能和成本优势的金属 BPs 成为发展热点,如主流的金属 BPs 厚度不大于 0.2 mm,体积和质量明显减小,电堆功率密度显著增加,兼具延展性良好、导电和导热特性优、断裂韧性高等特点。当前,主流的氢燃料电池汽车公司(如本田、丰田、通用等品牌)均采用金属 BPs 产品。也要注意到,金属 BPs 耐腐蚀性较差,在酸性环境中金属易溶解,浸出的离子可能会毒化膜电极组件;随着金属离子溶解度的增加,欧姆电阻增加,氢燃料电池输出功率降低。为解决耐腐蚀问题,一方面可在金属 BPs 表面涂覆耐腐蚀的涂层材料,如贵金属、金属化合物、碳类膜(类金刚石、石墨、聚苯胺)等;另一方面是研制复合材料 BPs。复合材料 BPs 由耐腐蚀的热固性树脂、热塑性树脂聚合物材料、导电填料组成,导电填料颗粒可细分为金属基复合材料、碳基复合材料(如石墨、碳纤维、炭黑、碳纳米管等)。新型聚合物/碳复合材料 BPs 成本低、耐腐蚀性好、质量轻,是金属 BPs、纯石墨 BPs 的替代品。为了降低 BPs 的生产成本以满足实际需求,发展和应用了液压成形、压印、蚀刻、高速绝热、模制、机械加工等制造方法。BPs 供应商主要有美国 Graftech 国际有限公司、步高石有限公司,日本藤仓工业株式会社,德国 Dana 公司,瑞典 Cellimpact 公司,英国 Bac2 公司,加拿大巴拉德动力系统公司等[48]。

2) 氢燃料电池的化学反应原理

氢气通过阳极极板上的气体流场到达阳极,通过电极上的扩散层到达阳极催化层,吸附在阳极催化剂层。氢气在催化剂 Pt 的催化作用下分解为两个氢离子,即质子 $H^+$,并释放出两个电子。这一过程称为氢的阳极氧化过程。阳极上发生的化学反应为

$$H_2 \longrightarrow 2H^+ + 2e^- \tag{4-14}$$

在电池的另一端,氧气或空气通过阴极极板上的气体流场到达阴极,通过电极上的扩散层到达阴极催化层,吸附在阴极催化层,同时,$H^+$ 穿过电解质到达阴极,电子通过外电路也到达阴极。在阴极催化剂的作用下,氧气与 $H^+$ 和电子发生反应生成水,这一过程称为氧的阴极还原过程。阴极上发生的化学反应为

$$\frac{1}{2}O_2 + 2H^+ + 2e^- = H_2O \tag{4-15}$$

总的化学反应式为

$$H_2 + \frac{1}{2}O_2 = H_2O \tag{4-16}$$

与此同时,电子在外电路的连接下形成电流,通过适当连接可以向负载输出电能,生成的水通过电极随反应尾气排出。

3) 我国燃料电池产业现状与发展

2020 年,《中华人民共和国能源法(征求意见稿)》《关于开展燃料电池汽车示范应用的通知》《新能源汽车产业发展规划(2021—2035 年)》《新时代的中国能源发展》白皮书等相继发布,进一步明确了国家对发展氢能产业的支持。截至2020 年,我国超过 50 个地方政府发布了氢能发展相关的规划、实施方案、行动计划等,规划加氢站数量拟定超千座、燃料电池车数量达几十万辆,产值规模达万亿。

(1) 国产化进程加快。

随着燃料电池汽车示范城市群的申报,我国各地政府发展氢能产业的热情持续高涨。通过政策与行业的双重加持,燃料电池电堆及系统必然会加速国产化、成本快速下降、性能水平大幅提升,并向高功率、高集成、低成本方向发展。当前,已有多家燃料电池生产企业推出了 150 kW 及以上的电堆与系统,电堆价格降至 1~2 元/W。据统计,与 2015 年相比,2020 年燃料电池电堆性能大幅提升,其中,电堆功率提升 37%,石墨板及金属板电堆功率的密度分别提升 47%、50%,寿命分别增长 300%、67%,系统集成能力大幅增强。此外,国内具有代表性的系统测试技术研发机构和系统测试设备供应商已有 10 余家。燃料电池系统测试台架具有 30~90 kW 的工况测试能力,最大负载功率为 150 kW,可判定燃料电池系统输出性能和工况适应性,也可以进行燃料电池系统的启动特性、额定/峰值功率、稳态特性、气密性、电阻、可靠性、耐久性以及系统效率等多项试验测试。

近年来,央企依托自身的技术及资源优势,积极布局氢能产业,已形成一定的技术积累及产业规模,为我国氢能产业注入了"强心剂"。当前统计的共 97 家电力、钢铁、石化、环保等领域的央企中,已有超过 25 家开展了氢能相关工作,部分央企已在氢能产业链上多点布局。国家电投已形成 5 个产业基地、6 个研发实验室、数十个试验间;中石化"十四五"期间将加快发展以氢能为核心的新能源业务,拟规划布局 1 000 座加氢站或油氢合建站;东方电气于 2010 年正式立项启动燃料电池技术,目前开发出适用于客车、城际车、物流车、环卫车及热电联供等多个应用场景的燃料电池产品;宝武集团已成功运营 10 辆氢燃料电池半挂牵引车,正大力推进 50 辆燃料电池重卡投运[49]。

(2) 氢燃料电池汽车发展空间广阔。

氢能源汽车属于新能源汽车的一个重要技术路线,可以真正做到零排放,续航里程高、加氢快的优势非常明显。可以预测,未来可能出现的催化剂主要来自政策支持力度的加大以及行业销量量级的不断突破,年度销量有望从千辆级别到万辆以上规模级别。

氢能源汽车目前规模化发展应用的主要制约因素在成本。首先是车辆成本，氢能源汽车产业规模较小，现阶段国内每年约 1 000～2 000 辆，全球约 9 000 辆，燃料电池相关的系统零部件造价较贵，目前氢能源汽车的价格基本上是混动车或纯电动车的 2 倍以上。其次是能源使用成本，氢气使用成本在 50～60 元/kg，每百公里耗氢在 3 kg 左右，每百公里耗氢的成本在 150～180 元，汽油车每百公里耗油成本在 50～60 元，电动车每百公里耗电成本在 20 元以内。氢能源汽车使用的经济性还不突出。最后是主要拉动因素，目前氢能源汽车发展的主要拉动因素还是政策支持(补贴与地方示范推广)，未来随着规模的扩大，氢能源汽车的经济性将不断提升，根据 2020 年《节能与新能源汽车技术路线图 2.0》中的最新规划，2025 年氢能源汽车的保有量计划将达 10 万辆，2030—2035 年年保有量达 100 万辆，现在只有 7 000 多辆，未来 5～10 年的发展潜力与空间巨大。因此，未来可能出现的催化剂主要来自政策支持力度的加大以及行业销量量级的不断突破，年度销量有望从千辆级别到万辆以上规模级别。

为了提前一步抢占市场，汽车行业相关上市公司纷纷在氢能源汽车领域开始布局。氢能源汽车或将成为下一个汽车行业的重点竞争赛道，但仍然存在很多现实问题需要解决[50]。

(3) 多电飞机(MEA)所使用的燃料电池。

随着民航工业的蓬勃发展，飞机及航线数量双双攀升，航空燃油消耗急剧增加，飞机废气及噪声排放大幅上升，给环境带来不可忽视的影响。此外，随着航空燃油价格上涨，航空公司运营成本也在大幅增加。多电飞机(more electric aircraft，MEA)技术作为解决上述问题的有效途径之一，得到了快速发展[51]。

MEA 的核心技术是采用电能来代替传统的液压、气压和机械能，可有效降低飞机部件的质量，增加能量转换效率，提高可靠性，缩减运维成本，同时还可减少废气排放、缓解环境污染。然而，在 MEA 领域，大规模运用燃料电池供电系统主要受限于 4 个方面：① 动态响应较慢，难以满足未来 MEA 的机动性要求；② 无法存储能量，系统运行效率较低；③ 耐久性较差，负荷快速变化的功率波动将大大缩短燃料电池供电系统的使用寿命；④ 成本较高。因此，为适应 MEA 中大量新型电气化负荷的强脉动、宽频域变化、冲击性强等特性，燃料电池在使用时往往需要与蓄电池和超级电容结合，构成混合供电系统(hybrid power supply system，HPSS)。

对于混合供电系统，因为快速变化的脉动负荷功率会大大缩短燃料电池的使用寿命，故燃料电池仅提供低频平均功率以提高其耐久性；超级电容功率密度高、动态响应快，但能量密度低，可承担高频脉动功率；而蓄电池能量密度相对较高、动态响应相对较快,但频繁的瞬态负荷功率波动会缩短其使用寿命,故蓄电池提供中频波动功率以优化系统的体积和质量。显然,动态功率分配技术是保证负荷功率按此运动响应特性分配的关键,对混合供电系统能否成功运用于未来的 MEA 电力系统具有极为重要的理论意义和现实价值。然而,与用于汽车的多电系统相比,MEA 对系统的供电可靠性要求更高,且电气化负荷数量更多,空间分布更广泛,导致动态功率分配的实现极具难度。同时,还需兼顾储能单元荷电状态(state of charge,SOC)限制、负荷再生能量的无损消纳、"热插拔"及冗余拓展等需求。

目前,国内外针对混合供电系统或混合储能系统的动态功率分配技术已开展了广泛深入的研究,不仅涉及 MEA 领域,还包含轨道交通、电动汽车、电气化船舶、直流微电网等领域。但总体而言,已有研究大都采用基于通信网络的集中控制或协同控制策略,将其应用于混合供电系统时,仍存在以下不足:① MEA 电气化负荷数量众多,空间分布广泛,需要大量的电压、电流采样部件,使得系统结构复杂、成本高昂,更影响了全局可靠性;② 基于通信网络的控制器,任何环节的故障,都将致使整个系统失效,无法满足机载设备对供电可靠性的严苛要求;③ 通信延时的存在使得动态功率分配实时性能差,无法达到预期效果;④ 供电单元无法实现"热插拔",使得系统不具备冗余容错及灵活扩容能力,难以满足未来 MEA 分布式供电对电力系统提出的多样性、宜扩展、强容错等新要求。为克服集中控制或协同控制的缺点,无须互联通信网络的分散式控制策略逐渐受到了国内外学者的关注。

对现有的分散式动态功率分配方法进行分析总结,可大致归为以下两类。第一类为基于频域解耦的分散式控制方法。典型研究是通过对燃料电池和超级电容端口变换器施加相互独立的控制,实现动态功率分配和超级电容储能单元荷电状态的调节等控制目标。然而,不难发现这些控制方法均需采集负荷电流、母线电压等公共信号。由于 MEA 中电气化负荷数量众多、空间分布广泛,若不利用通信链路则很难直接获取这些公共信号。因此,这类控制方法不是真正意义上的分散控制。第二类为基于混合下垂控制的分散式控制方法。根据供电单元输出阻抗组合形式的不同,混合下垂控制主要可分为 3 种方案:① 虚拟高通滤波器和虚拟低通滤波器的组合形式;② 虚拟电阻和虚拟电容的组合形式及其改进形式;③ 虚拟电感和虚拟电阻的组合形式及其改进形式。

尽管这些混合下垂控制方法均以分散的控制方式实现了动态功率分配、储能单元荷电状态调节、再生能量回收等控制目标,但这些策略仅解决了脉动负荷功率在两种不同特性供电单元间的优化分配,并不适用混合供电系统。因此,还需改进混合下垂控制技术,例如分散式动态功率分配策略实现了动态功率分配、储能单元荷电状态调节、再生能量回收等控制目标,以延长供电单元的使用寿命,间接提升了系统的能量利用率;同时,当系统处于健康状态(即所有供电单元均能正常运行)和部分失效状态(即某一供电单元发生故障)时,研究了各供电单元间的动态功率分配关系,分析了供电单元故障对系统动态功率分配性能的影响,以说明所提动态功率分配策略的高可靠性;另外,分析了系统参数对实际动态功率分配性能的影响,通过优化选取系统参数,保证了系统期望的动态功率分配性能[52]。

(4)氢燃料电池商用车。

近年来,我国大力发展氢能源,在氢的制取、储运等环节有了一定的突破,同时也在不断推进氢燃料电池车的应用。氢燃料电池商用车的电气系统总体布置设计如图4-31所示。

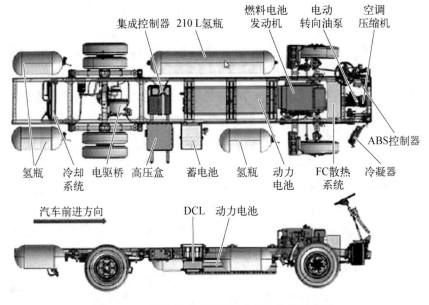

**图4-31 氢燃料电池商用车电气总体布置设计**

氢燃料电池商用车底盘部分主要由以下部件组成:车架、动力电池及高压盒、蓄电池、电驱桥、集成控制器、电动转向油泵、空调压缩机、防抱死(ABS)控制器、燃料电池发动机、DCL(data conversion and loading)电源变换器、氢瓶、冷却系统等。

氢燃料电池系统主要由电堆、氢供给循环系统、空气供给单元、升压DC/DC、DCL、散热系统、氢瓶以及数据采集单元等组成。电堆作为氢燃料电池发动机的核心部件,是氢气和氧气发生化学反应进而产生电能的地方。电堆由双极板和膜电极两大部分组成,其中膜电极由催化剂、质子交换膜以及碳纸组成。氢供给循环系统由减压阀、电磁阀和氢气回流泵、氢浓度传感器以及氢气管路组成。数据采集单元用来实时监控燃料电池发动机运行的各种参数以及状态,同时对这些参数进行数据分析处理,并对异常的参数进行报警以及处理。

由于燃料电池发动机产生的电压较低,无法满足车辆动力电池的使用要求,需使用升压 DC/DC 将燃料电池发动机产生的电能转换成适合动力电池电压要求的电能,从而给动力电池补充能量。同时,作为氢燃料电池动力系统的关键部件,升压 DC/DC 通过对发动机输出功率的精确控制,可实现燃料电池与整车高压之间的解耦,实现整车动力系统之间的功率分配和优化控制,并能稳定发动机的工作状态,延长发动机寿命。

氢燃料电池系统中的加热器以及空气泵等组件的工作电压介于燃料电池发动机输出电压以及 DC/DC 变换器的输出电压之间,与两者皆不相同,需通过 DCL 将 DC/DC 的电压转换成适合其工作电压范围的电源,以满足其使用。氢气作为一种易燃易爆气体,在使用过程中,一旦发生氢气泄露,很容易产生安全风险,对车辆以及周围的人员、环境等带来安全隐患。因此,在氢气使用过程中,需要对燃料电池系统的氢气压力及系统周围的氢气浓度进行实时监测,以确保车辆以及人员的安全。

氢燃料电池商用车高压系统主要包括氢燃料电池发动机、升压 DC/DC 变换器、DCL 电源变换器、加热器、空气泵、动力电池、动力电池高压盒、集成控制器、空调压缩机、正温度系数(positive temperature coefficient,PTC)电加热、转向电机和驱动电机等。氢燃料电池车辆高压系统电气原理结构如图 4-32 所示。

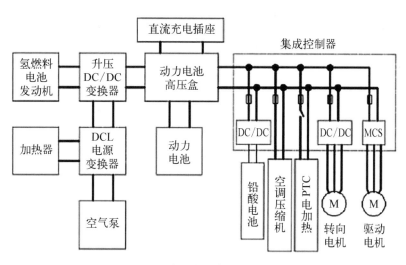

**图 4-32　氢燃料电池车辆高压系统电气原理结构**

氢燃料电池商用车低压电气配电原理设计,主要分为两个部分:一部分是氢燃料电池系统低压配电设计;另一部分是纯电动部分底盘低压配电设计。这里着重介绍燃料电池低压系统配电设计,纯电动部分底盘低压配电设计在这里不做介绍。氢燃料电池系统低压部分包括空气流量计、氢浓度传感器、氢系统控制器、氢循环泵、氢尾排系统控制器、燃料电池冷却风扇、燃料电池冷却水泵、燃料电池升压 DC/DC、燃料电池 DCL、燃料电池系统控制器等。

当车辆上高压后,燃料电池系统低压供电,如车辆系统级芯片(system on ship,SOC)达到整车控制策略的限值(如 30%)时,燃料电池堆开始工作,系统给整车提供动力,并根据其工作时的整车实际工况,燃料电池系统参与整车不同的工作工况。在整车需要下电或需要关闭氢燃料电池系统时,如果外界温度过低,则氢燃料电池系统还需要进行氢尾排管的吹扫工作,以避免管中的冷凝水结冰,从而影响系统的使用。因此,整车在设计时,必须考虑燃料电池系统的延时下电,确保燃料电池系统的正常使用和可靠性。

氢燃料电池系统控制流程如图 4-33 所示。整车上低压电后,控制氢燃料电池系统低压上电。低压上电后,氢燃料电池控制系统处于待机状态。然后,整车上高压,氢燃料电池系统开始工作。氢燃料电池系统工作后,向整车控制反馈系统状态以及可加载功率,整车根据运行工况信息结合氢燃料电池可加载功率,控制氢燃料电池系统的功率输出。当车辆需要下电或需要氢燃料电池关机时,整车控制器向氢燃料电池系统发送关机指令,氢燃料电池系统根据整车控制器指令,依次进行系统降载、关机等指令。如果外界温度过低,则氢燃料电池系统还需要进行氢尾排管的吹扫工作,以避免管中的冷凝水结冰,从而影响系统的使用。氢燃料电池系统关机后,向整车控制器反馈系统关闭成功状态信息。就整车下电情况下氢燃料电池系统的关闭流程而言,由于燃料电池系统关闭前必须考虑进行氢尾排系统的吹扫过程,整车控制器需为燃料电池系统设计延时下电

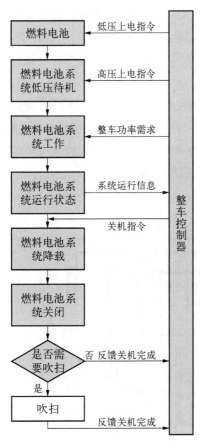

**图 4-33　燃料电池系统控制流程**

功能,待氢燃料电池系统吹扫完成并系统关闭后,整车控制器再执行后续下电操作[53]。

## 4.5　微能量集中技术

能量收集概念在 20 世纪已经出现,但在现实环境中,由于环境能源供电系统体积庞大,一直给人笨重、复杂和昂贵的形象。不过,今非昔比,科技的飞速发展,伴随着超大规模集成电路微型芯片的层出不穷,能量吸收、采集与利用设备的小型乃至微型化已经成为可易实现的事情,如交通运输基础设施、无线医疗设备、轮胎压力检测和楼宇自动化市场,尤其是楼宇自动化系统中的占位传感器、自动调温器甚至光控开关等以前安装时通常使用电源或控制配线,现已采用局部能量收集系统为其供电。

### 4.5.1　河道水流自由式发电技术

就目前被广泛应用的水轮发电机组来看,其中的水轮机大体上可以分为冲击式水轮机和反击式水轮机两大类。冲击式水轮机的转轮受到水流的冲击而旋转,工作过程中水流的压力不变,主要是动能的转换;反击式水轮机的转轮在水中受到水流的反作用力而旋转,工作过程中水流的压力能和动能均有所改变,但主要是压力能的转换。冲击式水轮机按水流的流向可分为切击式(又称水斗式)和斜击式两类。反击式水轮机可分为混流式、轴流式、斜流式和灌流式。

当前,所有型号的水轮机均是针对具有水利开发价值的水力资源而设计的。具体地说,如果水资源没有一定的水位落差和水流流量,则该水资源就不具备水力发电的开发价值。根据目前的水力发电设计规范,遍布于地球上广大区域中的山间小溪和平原河道的水流必须通过筑坝蓄水等方式来抬高上游水位和集中流量才能实现水力发电。也就是说,对于当前的水力发电规范,相对平坦的河道之类的低水头水流或小流量水流是没有利用价值的。

在当前全球面临能源紧缺的情况下,如何将类似普通河道水流的低能量密度水力资源和不破坏自然景区的瀑布水力资源加以利用,已经引起人们的注意。虽然开发此类水力资源所能产生的单机组电力有限,完全无法与高水头、大流量的大中型水电站相比,但是前者在地球上的总量不容小视,且其最大的优势在于无须人们投入巨大的资金进行常规水电站不可缺少的水利设施建设。

尽管致力于低水头、小流量水力发电技术的研究不乏先例,且各种各样的创新思想和技术也已不少,但迄今为止,这些相关技术均存在诸多缺陷,因此难以被推广应用。

　　一种可再生能源发电技术领域的河道水流自由式发电装置包括螺旋桨水轮发电机组、电机输出连接器、逆变器、逆变输出连接器、辅助电路模块、阻尼负载和电力参数传感模块（见图4-34）。工作过程：河道水流从螺旋桨水轮机的前置螺旋桨流入，依次经过主螺旋桨和水轮发电机，再从圆柱形外壳的后端流出时，主螺旋桨在水流的有效推动下，将水力能量转换为主螺旋桨和转动主轴的转动力矩，主螺旋桨带动水轮发电机转子转动，在输出接口形成三相交流电力输出，三相交流电力输至逆变器，实现水轮发电机输出电力参数对电网参数的同步跟随，并在辅助电路模块的决策下，控制装置实现安全运行。该发明具有较高的水力能量转换效率，并可实现对螺旋桨水轮机过高转速的限制功能。

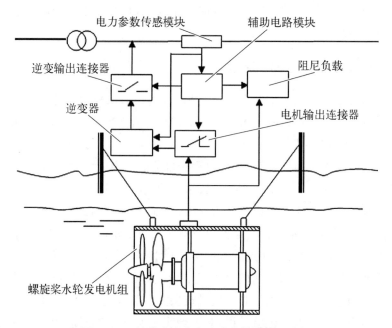

图4-34　河道水流自由式发电装置原理结构

　　1）装置原理结构

　　螺旋桨水轮发电机组包括螺旋桨水轮机、水轮发电机、发电机固定支架和圆柱形外壳（见图4-35）。

　　螺旋桨水轮机和水轮发电机通过发电机固定支架安装于圆柱形外壳内，螺旋桨水轮机处于圆柱形外壳内的前部，水轮发电机处于圆柱形外壳的后部。当螺旋桨水轮机转动时，在其轴端所产生的转动力矩通过转动主轴传动给水轮发电机的转动主轴，作为水轮发电机的主动力矩带动发电机转子的转动。

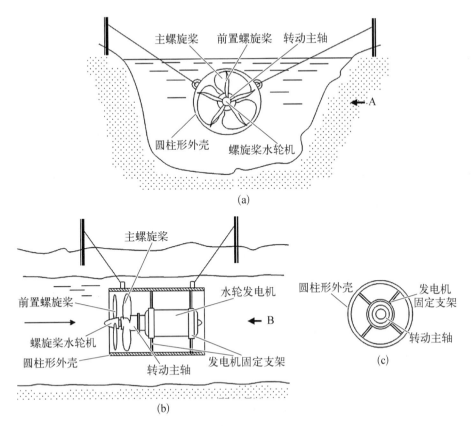

图 4‑35 螺旋桨水轮发电机组原理结构

(a) 机组正视图；(b) A 向视图；(c) B 向视图

螺旋桨水轮机的转动主轴通过法兰盘与水轮发电机的转动主轴相连接,两者的转动主轴连接处既是螺旋桨水轮机转矩输出端,也是水轮发电机的转矩输入端。

水轮发电机为三相交流永磁同步潜水发电机,其技术特征如下：① 三相绕组 A‑X、B‑Y、C‑Z 沿定子铁芯内圆相隔120°分别放置；② 转子铁芯为永久磁铁；③ 带护水密封外套,确保发电机在潜水工作状态下电机内部不会进水,水轮发电机的输出接口即螺旋桨水轮发电机组的输出接口。

圆柱形外壳用于固定螺旋桨水轮机和水轮发电机,同时能够改善螺旋桨水轮机的水力学特性,使得流经螺旋桨水轮机每个叶片的工作水流与圆柱形外壳外的水流隔离,确保流经每个叶片后的水流沿着机组的轴向流动,起到水流流出的整流作用,避免了机组出水末端的紊流和卡门涡列对主螺旋桨叶片背面压力的干扰,因此能够明显提高水力能量转换效率。

螺旋桨水轮机包括主螺旋桨、前置螺旋桨、转动主轴。其中,前置螺旋桨的桨轴内设有一个凸环,转动主轴的前端设有一个凹环,前置螺旋桨通过凸环与转动主轴的凹环相啮合。前置螺旋桨能够在转动主轴的一端自由旋转,其后设有主螺旋桨,主螺旋桨与转动主轴紧固连接、构成一体。当主螺旋桨受到水流推力作用而产生转动时,带动转动主轴转动。

前置螺旋桨的直径与主螺旋桨的直径相同,两者的直径小于圆柱形外壳的内直径。当主螺旋桨直径与前置螺旋桨直径均为 1 000 mm 时,水轮发电机的最大输出电功率可达 200 kW。前置螺旋桨起导流作用,当水流流经前置螺旋桨时,利用前置螺旋桨叶片的水力学特性,形成了一种水流的特定角度,因此产生对主螺旋桨叶片的最大推力;主螺旋桨每个叶片所产生的推力集中转换成转动主轴的旋转力矩,螺旋桨水轮机所产生的旋转力矩再由转动主轴传动到水轮发电机的转动主轴。前置螺旋桨在对入射水流进行导流的同时,自身也受到水流的推动而产生与主螺旋桨旋转方向相反的旋转,从而能够恰到好处地将水流流量以最大效率动态分布在主螺旋桨的每个叶片的着力面上,既提高了水能转换效率,又克服了螺旋桨水轮机的径向振动。

电机输出连接器,即螺旋桨水轮发电机组输出电能与逆变器的连接开关器,由 3 个电力电子开关器件构成三相通道,利用电力电子开关器件的软开关特性,实现三相电能流通过程的零电压开通与零电流关断的功能。

逆变器输出连接器,即逆变器与电网的连接开关器,其内部结构与电机输出连接器相同。逆变器包括逆变器输入接口、三相整流桥、输入滤波器、三相逆变桥、输出滤波器、控制模块、驱动隔离模块、逆变器输出接口(见图 4-36)。

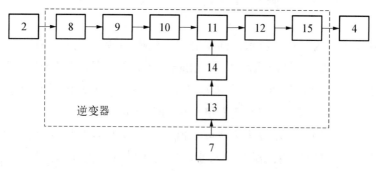

注:2—电机输出连接器;8—逆变器输入接口;9—三相整流桥;10—输入滤波器;11—三相逆变桥;12—输出滤波器;13—控制模块;14—驱动隔离模块;15—逆变器输出接口;4—逆变器输出连接器;7—电力参数传感模块。

图 4-36 逆变器内部原理结构

控制模块包括逆变控制模数转换器和SPWM生成器。逆变控制模数转换器的输入端口具有6个模拟信号输入通道,用于分别接收来自三相的电压和电流传感器的电气参数信号。逆变控制模数转换器包含6个A/D子模块,分别对6路输入信号进行模数转换。逆变控制模数转换器的输出端口与SPWM生成器的输入端口连接,SPWM生成器的输出端口控制模块的输出端口。SPWM生成器负责生成SPWM信号,SPWM信号即正弦波脉冲调制信号。控制模块的核心芯片可采用DSP芯片,对于有不同输出性能要求的逆变器,只需对软件进行修改。

SPWM生成器中的PWM(脉宽调制)根据采样控制的重要结论——冲量相等而形状不同的窄脉冲加在具有惯性的环节上,其基本作用效果相同,将一个正弦波的每半个周期进行等分,然后把每等分的正弦曲线与横坐标轴所包围的面积用一个与该面积相等的等高矩形脉冲来代替,则各脉冲的宽度将按正弦规律变化。通常以正弦波为调制波,以高频率的等腰三角形为载波,两者相交调制即构成正弦波脉冲调制波SPWM。SPWM生成器能够根据电网三相电压与电流的数字信号所提供的电网基本参数信息(如电压幅值、有效值、频率和相位等)来确定同步跟踪电网基本参数的特定形式三相SPWM信号输出;三相SPWM信号输至驱动隔离模块的输入端口,经驱动隔离模块的光耦合管隔离后,输出至三相逆变桥的控制信号输入端口控制三相电力的逆变波形与特性;三相电力经过三相逆变桥即被斩波转换成标准的50 Hz三相交流电,经输出滤波器滤除谐波后,输出给负载或并入电网运行,逆变器的这一工作过程简称为AC-DC-AC,即交流-直流-交流变换。控制模块需始终确保逆变器的输出电力参数具有标准的输出电压、频率和并网运行时的同步相位。例如,并网运行时,控制模块实时检测电网运行参数,根据电网的实时参数,确定对三相逆变桥的控制决策,以便达到其输出电压、频率和相位对电网运行参数的同步跟随。

阻尼负载包括3个双向晶闸管和3个水电阻。每一个双向晶闸管和1个水电阻构成1个单相阻尼负载,3个双向晶闸管和3个水电阻分别构成3个单相阻尼负载。3个双向晶闸管的3个输入端头作为阻尼负载的输入接口,3个双向晶闸管的输出端头分别与3个水电阻的输入端头连接,3个双向晶闸管的控制信号输入端头作为阻尼负载的3个控制信号输入接口。

所谓水电阻,即在装有水的容器上安插两个电极,以水作为导电体,在水中加盐、废硫酸等来增加其导电性,以形成一个电阻小、适宜大电流放电的导电体。当水电阻中的溶液通入电流后会对水进行电解,以消耗大量电能,因此它能够起到电阻丝所不能起到的作用,不会发生严重发热和烧毁。

当螺旋桨水轮发电机组甩负荷或某种原因造成逆变器输出连接器关断时，势必会造成螺旋桨水轮机的转速过高，此时接入阻尼负载，使水轮发电机三相输出及时被接入 3 个负载，让水轮发电机对螺旋桨水轮机形成一种电磁阻力矩，可及时将螺旋桨水轮机过高的转速降低下来，起到限速的作用。正是由于利用阻尼负载的这种能够增加水轮发电机电磁阻力矩的特性，水轮机的限速功能得到了保障。阻尼负载的运用既能够替代水轮机的调速结构，又省却了一般水轮机不可缺少的测速装置，整个装置显得十分简洁、紧凑和可靠。

辅助电路模块包括辅助控制模数转换器和数据处理器。其中，辅助控制模数转换器的输入端口作为辅助电路模块的输入接口与电力参数传感模块的输出端口连接。辅助控制模数转换器的输入端口具有 6 个模拟信号输入通道，辅助控制模数转换器包括 6 个 A/D 子模块，用于分别接收来自电网三相的电压和电流传感器的电气参数信号。辅助控制模数转换器的输出端口与数据处理器的输入接口连接，数据处理器的输出接口即辅助电路模块的输出接口。

辅助控制模数转换器将电气参数数字信号输送至数据处理器后，数据处理器根据电网的三相电压、电流的特征参数以及电压与电流的过零时刻等信息处理如下。

（1）控制电机输出连接器的开通或关断：当辅助电路模块不向阻尼负载发出接通指令时，控制电机输出连接器始终处于开通状态。

（2）当辅助电路模块向阻尼负载发出接通指令时，则向电机输出连接器发送关断指令，即在阻尼负载接入水轮发电机三相输出的同时，电机输出连接器被关断，此时阻尼负载成为水轮发电机的唯一输出负载；否则，电机输出连接器保持或者恢复开通状态。

（3）控制逆变器输出连接器：当逆变器输出电力电气参数与电网电气参数达到同步跟踪时，开通逆变器输出连接器；否则，关断逆变器输出连接器。

（4）控制阻尼负载的接入或断开：当逆变器输出连接器从开通状态转变至关断状态时，触发阻尼负载中的三相双向晶闸管导通，使阻尼负载中的每个单相阻尼负载处于接入状态，直接成为水轮发电机的三相负载，与此同时，电机输出连接器处于关断状态；否则，控制阻尼负载与螺旋桨水轮发电机组的输出接口之间处于断开状态。

（5）当辅助电路模块从电力参数传感模块获取的电网电气参数被其中的数据处理器判定为允许机组正常输出电力参数时，辅助电路模块将重新控制阻尼负载断开，电机输出连接器恢复开通，逆变器输出连接器开通。

电机输出连接器和逆变器输出连接器的开通或关断,以及阻尼负载的接入或断开,其中的状态关系如表 4-1 所示。

表 4-1　连接器与阻尼接入/断开状态

| 机组运行状态 | 电机输出连接器 | 逆变器输出连接器 | 阻尼负载 |
| --- | --- | --- | --- |
| 冷启动 | 开通 | 关断 | 断开 |
| 进入运行 | 开通 | 开通 | 断开 |
| 脱离电网 | 关断 | 关断 | 接入 |
| 重新启动 | 开通 | 关断 | 断开 |
| 重新进入运行 | 开通 | 开通 | 断开 |

电力参数传感模块包括 3 个电压传感器和 3 个电流传感器,每一个电压传感器和 1 个电流传感器分别检测每个单相的电压与电流信号,3 个电压传感器的输出端口和 3 个电流传感器的输出端口分别与逆变器的控制输入接口即逆变器中的控制模块的输入端口、辅助电路模块的输入接口相连接。

辅助电路模块中的数据处理器能够与 GPRS 远程监控系统相连,实现系统装置中发电输出参数与 GPRS 远程监控系统之间的数据交互。换句话说,辅助电路模块中的数据处理器还具有发电量计算和信息数据显示与通信功能。其中,发电量计算也是依据电力参数传感模块获取的电网电气参数,即三相电压、电流的特征参数以及电压与电流的过零时刻,来求出三相电压、电流有效值、功率因数,从而获得当地机组的输出有功功率,再根据机组运行时间连续累计,计算出本机组向电网输送的电能总量。信息数据显示是通过数据处理器的 VGA 接口与液晶显示屏的输入接口连接,利用事先编制的电气参数显示软件,实现该装置输出的三相电压有效值、电流有效值、功率因数和电能总量等数据在现场终端液晶显示屏上的实时显示。

通信功能通过数据处理器的 RS232 串行接口实现:① 数据处理器的 RS232 串行接口与笔记本电脑或嵌入式系统的 RS232 串行接口连接,实现本装置的发电输出参数与笔记本电脑或嵌入式系统的数据通信。② RS232 串行接口与 GPRS 远程监控的远程终端 GPRS 模块的 RS232 串行接口连接,实现装置的发电输出参数与 GPRS 远程监控中心及其巡视终端的数据交互。

因此,河道水流自由式发电装置这一发明还能够通过辅助电路模块中的数据处理器数据通信功能实现无人值守的全自动发电运行。

2) 装置工作过程原理

将螺旋桨水轮发电机组的螺旋桨水轮机正对着水流的流速方向,通过钢索与河岸的桩柱连接,调节钢索的长度,将其整体潜入河道水流中。当河道水流从螺旋桨水轮机的前置螺旋桨,即圆柱形外壳的前端流入,依次经过主螺旋桨和水轮发电机,从圆柱形外壳的后端流出时,主螺旋桨在水流的有效推动下,将水力能量转换为主螺旋桨和转动主轴的转动力矩。

主螺旋桨输出的转矩通过同轴连接结构同时带动水轮发电机转子的转动;水轮发电机转子的转动切割定子铁芯磁力线。从而在定子线圈产生感应电动势,即在水轮发电机的输出接口形成三相交流电力输出。

三相交流电力通过电机输出连接器输出至逆变器,逆变器中的控制模块根据电网参数的检测信息确定三相逆变桥的输出电压、频率和相位数值,实现水轮发电机输出电力参数对电网参数的同步跟随,并在辅助电路模块的决策下,控制逆变器输出连接器的开通。

一旦出现电网或负载的异常现象,辅助电路模块通过对电压、电流传感器输出信号的检测与判断,实时决策是否立即使逆变器输出连接器和电机输出连接器关断,并接入阻尼负载来限制螺旋桨水轮机的过高转速,从而避免水轮发电机的空载高电压对电机造成损害。

装置运行中,通过辅助电路模块数据处理器的 RS232 串行接口与 GPRS 远程监控系统终端 GPRS 模块的 RS232 串行接口连接,实现发电输出参数与 GPRS 远程监控中心及其巡视终端的数据交互,使 GPRS 远程监控中心及其巡视终端能够实时了解与掌握该装置分布于各处的发电运行状况[54]。

上述"河道水流自由式发电装置"主要用于河道水流的动能收集,对其稍加技术改造,便能同样适用于海洋潮汐动能的采集与转化。具体方法:对其尾部出水口加装"止回导叶"。改装后的"水流自由式发电装置"只要将两台(或多台)"两两互为逆向"并列安装,即可对海洋潮汐运动的全天候动能进行采集与发电。

### 4.5.2　射频能量采集技术

射频能量采集是由无线能量传输(wireless power transmission,MPT)技术发展而来的。实际上,它是 MPT 的另一种表现形式。无线能量传输系统由发射端和接收端组成,以此进行能量传输;而射频能量采集主要利用了其中的接收端,进而收集环境中分散的、较为微弱的射频能量。

在近几年发展迅速的无线充电领域,已经有很多产品开始支持无线充电设备。无线充电技术主要包括电磁感应无线充电、磁共振无线充电和电磁能量无线充电。前两种无线充电方式受限于电磁感应发射线圈(原边)与接收线圈(副边)的间距,需要在较近的距离下才能达到较高的能量传输效率,因此无线充电距离受到一定程度的限制。电磁能量无线充电是通过电磁波来传输能量,因此在远距离能量传输上引起了人们的普遍关注。电磁能量无线充电的能量源是电磁波,其将发射到接收端的电磁波收集并转换成可用的电能,也是能量收集技术的一种。

电磁能量的采集意味着射频能量不是我们有意创造出来传送能量的,而又由于人类活动,无线通信、电视广播和微波信号等射频能量在生活环境中无处不在。特别是在城市里,由移动电子设备、无线电和电视信号塔,甚至是围绕地球运行的卫星和蜂窝电话发射的射频电磁波,充斥在我们的周围。随着消费通信市场的迅速发展,几乎每个城市或人群聚居的区域都有大量的无线电波。

当然,由于多种电磁波传播效应和不均匀的基站分布,这种射频功率密度在时空和空间上并不总是恒定和一致的。因此,要实现射频能量采集就需要克服几个问题。一个问题,即使从射频源发射出来的能量很高,如全球移动通信系统(global system for mobile communications,GSM)基站的发射功率为 20 W,但电磁波在空间中传播后,也只有少量的能量能够用来收集,其余的能量则会作为热量消散掉,或被其他物质吸收掉。另一个问题,如何利用收集起来的能量为电器供电,特别是为设备源源不断地提供能量。能够用于收集的能量本就相对微小,那么又如何将这些微小的能量进行存储和管理,也是需要解决的一个问题。

1) 射频能量采集技术发展概述

19 世纪 80 年代,德国物理学家海因里希·赫兹(Heinrich Hertz)通过麦克斯韦理论设计并经试验证实了电磁波的存在,这是无线能量传输研究的开端[55]。1890 年,塞尔维亚裔美籍物理学家尼古拉·特斯拉(Nikola Tesla)通过电感耦合和电容耦合的方式,利用线圈成功进行了近距离无线功率传输的试验[56]。

1892 年,科学家们就已经成功将其应用在铁路列车无线供电中。1964 年,也已经发明了矩形印刷天线,该天线能有效地接收微波信号,并将其转换为直流电,还用这种天线成功地为一架直升机模型提供了动力[57]。

21 世纪,射频能量采集的研究逐渐兴起。2005 年,美国 PowerCast 公司成功从 1.5 英里(1 英里＝$1.61 \times 10^3$ m)以外的地方,收集到了一个小型广播电台发射出的射频信号。2013 年,有人设计了一种应用在传感器设备上的射频能量收集装置。该装置在距离东京的信号发射塔 6.3 km 处进行测试时,成功为传感器提供了平均电压为 2.68 V 的直流电能[58]。

同期,又有人设计了一种免电池的嵌入式传感器平台,使用配套的射频能量采集系统为平台供能。该研究中的射频能量采集装置主要针对无线数字电视的射频信号,灵敏度达到 18.86 dBm[59]。

接着,有人通过双频天线,对 GSM900/1800 的射频信号进行收集。在信号强度大于 10 dBm 时,能量采集装置可以为无线网络的节点持续供电[60]。

2016 年,美国俄亥俄州立大学学者针对 2.45 GHz 的 WLAN 信号设计了能量采集器。该射频能量收集装置持续收集 20 min 后,可以输出 20 μA 的电流,为一种温湿度检测器供电 10 min[61]。

2017 年,华盛顿大学学者设计了一款无电池手机。该手机可以通过一款即时通信软件 Skype 实现射频通话功能。该手机可以在距离信号基站 9.4 m 处获取基站发射处的射频能量,提供给手机使用。若同时使用手机上的光能采集系统,则可以让手机在距离基站 15.2 m 处获取射频能量,二者同时为手机供能以保证手机的通话功能[62]。

2018 年,厦门大学学者设计了一套针对 2.4 GHz 的 WiFi 信号射频能量采集系统,并利用支持向量机(support vector machine,SVM)方法构建了多个能量收集点的部署模型,寻找合适的位置来部署接收点[63]。

2019 年,杜月林等学者利用四阵列层叠耦合贴片微带天线模块和三阶维拉德整流电路设计了一套射频能量采集系统。测试时,以发射功率为 2 W 的 WiFi 路由器作为发射源,将系统放置在距离路由器约 1 m 的位置,观察到整个系统的输出电压约为 6 V[64]。

2020 年,安亚斌等学者基于天线-整流器协同设计方法,开发了一种面向无线传感器及通信节点的高灵敏度的射频能量采集系统。根据测试,该系统的最高灵敏度可达 27.9 dBm[65]。

2) 射频能量采集基本组成

射频能量收集系统主要包括天线模块、整流模块、电源管理模块和储能模块。天线模块用于收集环境中的微波能量。整流模块将天线模块收集起来的微波能量通过整流电路进行转换,将高频交流信号转换成直流电能。电源管理模块将收集的电能进行升压处理和能量存储,以此为低功耗的电子产品供电。储能模块将电源管理模块输出的多余电能存储起来,以备负载需要时供电。

(1) 接收天线。

麦克斯韦电磁场理论提出,时变电场的周围会伴随时变的磁场,二者相互依存。因此,当接收天线周围存在电磁波时,天线导体内会产生感应作用,生成高频电流,这样接收天线就可以从环境中捕获射频信号并转换为电能,这就是射频能量采集最基本的过程。在射频能量采集装置中,体积是非常重要的因素。与其他类型的天线相比,印刷天线的物理模型较为简单,同时有体积小、质量轻、制作简单、成本较低等优点,因此多作为射频能量采集系统的接收天线。印刷天线由基板和基板两侧的金属贴片组成,多为单层结构,也有少数天线设计为复杂的多层或立体结构。印刷天线具有多种馈电方式,如微带线馈电、同轴线馈电、平行双线馈电、耦合馈电、缝隙馈电等,微带线馈电和同轴线馈电是工程设计时最常用的馈电方式。

近年来,研究者们为了提高射频能量收集系统的整体效率,对接收天线进行了若干研究和优化。对于接收天线,提高天线增益和扩展工作带宽是其重点优化目标。常见的天线类型有偶极天线、单极天线、环形天线、开口天线、阵列天线等。

① 偶极天线。偶极天线又称偶极子天线(dipole antenna 或 doublet),是在无线电通信中,使用最早、结构最简单、应用最广泛的一类天线。它是由一对对称放置的导体构成,导体相互靠近的两端分别与馈电线相连。用作发射天线时,电信号从天线中心馈入导体;用作接收天线时,也在天线中心从导体中获取接收信号。常见的偶极子天线由两根共轴的直导线构成,这种天线在远处产生的辐射场是轴对称的,且在理论上能够严格求解。偶极子天线是共振天线,理论分析表明,细长偶极子天线内的电流分布具有驻波的形式,驻波的波长正好是天线产生或接收的电磁波的波长。因而制作偶极子天线时,会通过工作波长来确定天线的长度。最常见的偶极子天线是半波天线,它的总长度近似为工作波长的一半。除了直导线构成的半波天线,有时也会使用其他类型的偶极子天线,如直导线构成全波天线、短天线,以及形状更为复杂的笼形天线、蝙蝠翼天线等。海因里希・赫兹在验证电磁波存在的试验中使用的天线就是一种偶极子天线。

偶极天线可应用于需要在一定频率范围内传输信号的场景。最基本的偶极天线由两个"极子"(即两个导电振子)构成。通过在这两个导电振子中通入电流而产生电压,该电压进一步产生从天线向外辐射的电磁波或无线电信号。偶极天线可偏离其谐振频率工作,并通过采用高阻抗馈线而极大地扩展带宽。目前,使用的偶极天线可分为半波、多波、折叠波和非谐振波等多个类型。

② 单极天线。单极天线(monopole antenna)是竖直的具有 1/4 波长的天线。该天线安装在一个接地平面上,可以是实际地面,也可以是诸如搭载工具车体等人造接地面。单极天线的馈电是在下端点使用同轴电缆进行的,馈线的接地导体与平台相连接。在自由空间中,1/4 波长单极天线在垂直平面上的辐射方向图与半波偶极天线在垂直平面中的方向图形状相似,但没有地下辐射。在水平面上,垂直单极天线是全向性的。

单极天线属于一种谐振天线,其天线长度由所收发的无线电波的波长决定。单极天线通常由安装于接地平面上的单个导体构成,接收机或发射机的馈线一侧与该导体连接,另一侧接地。单极天线具有全向辐射方向图,用于宽覆盖范围内的传输。单极天线可包括 1/4 波长单极子天线、短波车载天线和半波对称振子天线等。

③ 环形天线。环形天线(loop antenna)是将一根金属导线绕成一定形状,如圆形、方形、三角形等,以导体两端作为输出端的结构。绕制多圈(如螺旋状或重叠绕制)的称为多圈环天线。

环形天线用于频率为 3 GHz 左右的通信链路,并用作微波频率电磁场探测器。在电学层面上,环形天线根据其周长分为小型和大型两种。大型自谐振环形天线的周长接近其工作频率的一个波长,因此本身在该频率下即可实现谐振。小型环形天线的周长为其波长的 5%～30%,因此通过电容器实现谐振。此类天线可同时用于发射和接收,但尺寸为波长 1% 以下的小型环形天线因辐射效率较低,仅能用于接收。大型谐振环形天线用于甚高频(very high frequency,VHF)和超高频(ultra high frequency,UHF)等高频中。

④ 开口天线。开口天线又称开口同轴天线(open-ended coaxial antenna),经开口或开孔发射电磁波,是微波频率领域使用的主要定向天线类型。射频和微波频率下使用的开口天线包括喇叭天线、波导开口天线、反射面天线以及微带贴片天线。由于此类天线本身为非谐振结构天线,其可通过更换或调节馈电天线的方式在极广的频率范围内使用。

⑤ 阵列天线。阵列天线(array antenna)是由许多相同的单个天线(如对称天线)按一定规律排列组成的天线系统,也称天线阵,俗称天线阵的独立单元为阵元或天线单元。如果阵元排列在一根直线或一个平面上,则成为直线阵列或平面阵列。

(2) 整流电路。

整流电路是射频能量采集系统中必不可少的一个模块,其在接收天线之后,将接收天线收集到的高频信号整流为直流电并传向后端的电路。整流电路一般包括匹配网络/输入滤波、整流二极管、输出滤波几个部分,具体模型结构及工作流程如图 4-37 所示。

整流二极管作为整流电路中最关键的器件,可以利用其单向导通性将前端传递过来的射频信号转换为直流信号。但是,在高频电路中,二极管会在工作时呈现非线性特性,进而产生高次谐波向前或向后传递。为了抑制高次谐波,提高输出直流信号的质量,可以在整流二极管的前后设置滤波环节。

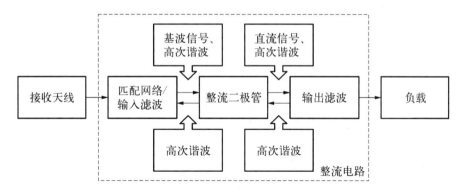

**图 4-37  射频信号整流电路原理**

一般来说,在接收天线和整流二极管之间会存在匹配网络,目的是让两部分阻抗匹配,提高能量的利用效率。此时,可以将匹配网络巧妙设计,使其具有低通滤波的特性,这样做的优势有二:第一,对接收天线传递过来的基波信号进行滤波,除去其中包含的高次谐波,避免高次谐波影响整流电路的工作;第二,可以避免二极管产生的高次谐波经由接收天线发射到环境中,将高次谐波反射回二极管,避免了能量的损失。输出滤波器的功能与输入滤波器相似,仅允许直流信号通过,反射其他高次谐波。一方面,保证了输出直流信号的电能质量;另一方面,通过与输入滤波器配合,反复利用二者之间不断反射的高次谐波,提高了整流效率[66]。

3) 射频能量收集系统基本工作原理

无线电磁波辐射功率密度的计算公式为

$$S = G_t \frac{P_t}{4\pi d^2} \tag{4-17}$$

式中,$P_t$ 为发射天线的辐射功率;$G_t$ 为发射天线的增益;$d$ 为发射距离。

接收天线有效接收面积为

$$A = G_r \frac{\lambda^2}{4\pi} F^2(\theta, \phi) \tag{4-18}$$

式中,$G_r$ 为接收天线增益;$\lambda$ 为自由空间的电波波长;$F(\theta, \phi)$ 是天线的方向函数,而电流元的归一化方向函数 $F(\theta, \phi) = \sin\theta$;$A$ 为天线有效接收面积,一般是指其在功率最大接收方向上的有效接收面积,即 $F^2(\theta, \phi) = 1$;$(\theta, \phi)$ 为入射到接收天线时的球面角。

当选取最大来波方向,即 $F^2(\theta, \phi) = 1$ 时,接收天线可以获得最大接收功

率为

$$P_{\mathrm{rmax}} = G_{\mathrm{t}} G_{\mathrm{r}} \frac{\mu P_{\mathrm{t}} \lambda^2}{16 \pi^2 d^2} \qquad (4-19)$$

式中，$\mu$ 为辐射能量损耗系数。

由于自由空间电波传输损耗系数 $\mu = 1$，所以

$$P_{\mathrm{rmax}} = G_{\mathrm{t}} G_{\mathrm{r}} \frac{P_{\mathrm{t}} \lambda^2}{16 \pi^2 d^2} \qquad (4-20)$$

4）能量管理

由于整流模块的输出电压受到天线能够接收到的功率影响，会随着接收天线接收到的功率变化而发生变化。此外，在周围环境中能够接收到的无线电磁波能量的功率较小，因为无线电波在空间中传播会随着距离的增加而衰减，还有一部分会通过热量的形式消耗或被其他物体吸收。因此，有必要将整流电路的输出电压提高，以满足电子设备供电电压的需要，为负载提供稳定的电压。同时，在电子设备处于休眠阶段时，需要将多余的电量存储起来，在需要的时候再输出给供电设备，这样的设计可以更好地利用收集到的能量。

用于存储电能的储能器件包括蓄电池、常规电容、超级电容和锂离子电池等。锂离子电池具有可再充电和高能量密度等特点，但在充电时需要独立的保护电路。蓄电池虽价格低，但能量密度太低且自耗电大、起始工作电压较高，因此，不适用于低输入功率的情况。超级电容具有起动电低、容量高、充电时间短、使用寿命长、充电模式多等优点。超级电容在工作时只发生物理反应，不发生化学反应，其稳定性较高。在极低的压差条件下，超级电容也可以进行电量存储，而锂电池则至少需要 1 V 的电压差才可以进行充电。

### 4.5.3 热能采集技术

国际上对热能采集的研究起源于 19 世纪 20 年代，在塞贝克效应（seeback effect）被提出以后，人们就根据这个效应展开了大量关于温差发电、热能采集的研究。1947 年，世界上第一台温差发电机面世，该发电机的性能要比传统发电机好得多。随后，人们在热能采集领域的研究投入了更多的精力，热能采集也逐渐应用于各行各业，如航天器供能、汽车尾气废热回收、人体穿戴设备供能、传感器供能等。

航天器供能的常用方式是太阳能供电，但这种方式存在一个很大的弊端：只适用于航天器工作在有太阳辐射的空间中。当太阳能电池板接收不到太阳辐

射时就无法为航天器供能,此时同位素温差发电器(RTG)就成了首要的备选供能方式。RTG 利用同位素衰变时产生的热量经过塞贝克效应转化为电能,具有稳定、高效、寿命长等特点。

1) 现代发展概况

2003 年美国发射的勇气号和机遇号火星探测器,以及 2006 年美国发射的新视野号行星探测器均采用 RTG 为航天器供电[67]。

在我国登月二期工程中,同样使用了同位素温差发电器为航天器提供动力,提供常值负载以及为 CPU 供电,同时利用剩下的余热为航天器内的仪器保温,使其可以在月球夜晚低于−170 ℃的极低温度下工作[68]。

汽车尾气排放的热量约占汽车燃料燃烧产生热量的 40%,尾气最高可以达到 800 ℃。因此,人们很早就开始了关于汽车尾气废热回收的研究。1998 年,日本 Nissan 汽车公司研究出一款用于回收汽车尾气废热的温差发电器,它安装在汽车排气管的中部。该温差发电器所用的热电偶直径为 20 mm,高度为 9.2 mm。在该公司的设计中,每 8 对热电偶组成一个模块,可以提供 1.2 W 的电能,一共使用了 72 个模块铺设在排气管的内壁上。在试验中,当汽车以 60 km/h 的速度进行爬坡时,该温差发电器可以将排气中 11% 的热量转换为电能提供给汽车使用[69]。

随着人体穿戴设备的普及和传感器网络的大规模应用,很多研究者尝试使用热能收集装置为设备供电。2015 年,韩国 Kaist 研究院的科研人员设计了一种适用于人体穿戴的温差发电装置。该装置通过在基底上加入无机材料,增强了发电装置的柔韧性并减轻了其质量,可应用在可穿戴设备中[70]。

2016 年,北卡罗来纳州立大学研究出了一种表面积为 7 cm² 的芯片,可以利用温差进行发电。该芯片正反两面温差为 3 ℃时,可产生 $40\sim50\ \mu W/cm^2$ 的电能[71]。

2) 温差发电的原理

温差发电利用热电效应中的塞贝克效应来实现由热能到电能的转换[72]。如图 4 - 38 所示,将一对 N 型半导体和 P 型半导体半圆环相连组成一个闭合圆环回路,若两个接头处存在温差,则会在回路中形成电流[73]。此时,若将某一个半圆环切去一段,那么在这个缺口处就会存在一定的电动势,这就是塞贝克效应。

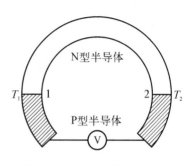

图 4 - 38　塞贝克效应示意图

从微观角度来看,两种材料的接头 1 和 2 若处于不同的温度,即存在一定的温差,不妨假定 $T_1 < T_2$。那么,N 型半导体中的电子会向低温端(接头 1)移动,P 型半导体中的空穴向高温端(接头 2)移动,于是在开路端就会形成电动势。利用此现象,可将多组这样的半导体对串联起来,并用导热和导电性较好的导流片将其连接起来,进而形成温差发电片。如图 4 - 39 所示,其为目前较为常见的纵向结构的温差发电片示意图,在商业上通常都是将几百组半导体对组合起来以达到所需功率。

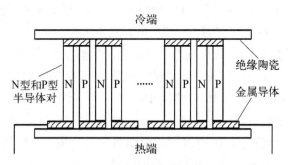

**图 4 - 39 温差发电片结构**

3) 温差发电的主要参数

依据塞贝克效应,当发电器热端和冷端的温度存在 $T_1 < T_2$ 时,回路中产生的电压 $U$ 为

$$U = \alpha \times (T_2 - T_1) \tag{4-21}$$

式中,$\alpha$ 为材料的塞贝克系数,又称温差电动势率,定义为

$$\alpha \approx \lim_{\Delta T \to 0} \frac{\Delta U}{\Delta T} = \frac{\mathrm{d}U}{\mathrm{d}T} \tag{4-22}$$

由式(4 - 22)可知,塞贝克系数的大小由材料的热电特性决定。对于半导体材料,塞贝克系数通常可以达到几百 $\mu V/K$。

若将温差发电片视为一个电源,其自身阻值则为电源的内阻。实际上,热电效应产生的电压只有一部分加在了外部负载上,而这部分也正是温差发电片的实际输出电压 $U_{out}$

$$U_{out} = \alpha(T_2 - T_1) \frac{R_L}{R_L + r} = \frac{\alpha(T_2 - T_1)}{1 + m} \tag{4-23}$$

式中,$R_L$ 为外部负载的阻值;$r$ 为温差发电片自身的阻值;$m$ 为自身阻值与外部负载阻值的比值[74]。

此时,回路中的电流为

$$I = \frac{\alpha(T_2 - T_1)}{R_L + r} \qquad (4-24)$$

于是,可以计算温差发电片的输出功率为

$$P_{out} = U_{out} \times I = \frac{\alpha^2 (T_2 - T_1)^2 R_L}{(R_L + r)^2} = \frac{m}{(1+m)^2} \times \frac{\alpha^2 (T_2 - T_1)^2}{r}$$

$$(4-25)$$

由式(4-25)可知,当温差发电片的内阻 $r$ 一定、$m = 1$ 时,$P_{out}$ 有最大值。此时,意味着负载电阻 $R_L$ 与温差发电片内阻 $r$ 相等,则温差发电片输出的功率最大,即最大值 $P_{max}$ 为

$$P_{max} = \frac{\alpha^2 (T_2 - T_1)^2}{4r} \qquad (4-26)$$

### 4.5.4　小型振动能量采集方法

振动能量采集是一种新型的环境能量采集技术,从最初概念的提出到成为当前国际研究的热点,其发展历程仅 20 多年。这种能量采集技术不仅能从周围环境的振动源采集能量并将其转换为可利用的电能,同时还可以减少很多场合中振动对结构造成的损伤、降低结构维护成本,其应用范围最广。尽管这种振动能量的输出电能仅为微瓦至毫瓦级,但是对于微机电系统(micro-electromechanical system,MEMS)来说已经足够使用[75]。

所谓微机电系统(MEMS),也叫作微电子机械系统、微系统、微机械等,指尺寸为几毫米乃至更小的高科技装置。微机电系统内部结构一般在微米甚至纳米量级,是一个独立的智能系统。微机电系统是在微电子技术(半导体制造技术)的基础上发展起来的,融合了光刻、腐蚀、薄膜、LIGA(光刻、电铸和印刷)、硅微加工、非硅微加工和精密机械加工等技术制作的高科技电子机械器件。微机电系统是集微传感器、微执行器、微机械结构、微电源、微能源、信号处理和控制电路、高性能电子集成器件、接口、通信等于一体的微型器件或系统。MEMS 是一项革命性的新技术,广泛应用于高新技术产业,是一项关系到国家科技发展、经济繁荣和国防安全的关键技术。

MEMS 侧重于超精密机械加工,涉及微电子、材料、力学、化学、机械学诸多

学科领域。它的学科面涵盖微尺度下的力、电、光、磁、声、表面等物理、化学、机械的各分支。常见的产品包括 MEMS 加速度计、MEMS 麦克风、微马达、微泵、微振子、MEMS 光学传感器、MEMS 压力传感器、MEMS 陀螺仪、MEMS 湿度传感器、MEMS 气体传感器以及它们的集成产品。

1) MEMS 能量采集方法

这些微系统或微机械的电源大多来自对环境中振动能量的采集。目前,环境中振动能量的采集主要是基于电磁感应、电容静电变化、压电效应这 3 种基本方法。

(1) 电磁式能量采集。

电磁式能量采集技术是利用法拉第电磁感应定律将自然界中大量存在的机械振动能量转换为电能的能量采集技术。与压电式采集相比,虽然这种能量采集技术输出电压较低、能量小且难以微型化,但非常适用于采集几赫兹到一百多赫兹的低频振动能量,因而同样受到科研人员与机构的广泛重视。

图 4-40 所示为一种微型四磁体能量采集器。该器件的体积仅为 0.15 cm³,最大回收功率可以达到 46 μW[76]。

(2) 静电式能量采集。

静电式振动能量采集方法利用电容的变化来产生电能。可变电容器在外部电源或驻极体电场作用下产生感应电荷,当可变电容器电容发生变化时,电容器上的电荷重新分布,在回路中形成电流,从而将环境中的机械振动能量转换为电能。虽然这种能量采集技术输出功率较小,但是能够很好地与集成电路(integrated circuit,IC)工艺兼容,且可以通过硅微加工技术制造 MEMS 可变电容,很适合为无线传感器等微型设备供电。

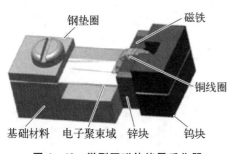

**图 4-40 微型四磁体能量采集器**

（钢垫圈、磁铁、铜线圈、基础材料、电子聚束域、锌块、钨块）

图 4-41 所示为一种采用双电荷驻极体板设计出的外平面静电式低频振动能量采集器。该静电能量采集器由一个可移动的盘状圆形物体和一系列的硅弹性条悬架组成。整个装置由互补金属氧化物半导体(complementary metal oxide semicon-ductor,CMOS)工艺兼容的硅微机械加工技术制作,整体体积约为 0.12 cm³。两板极装置是具有正负电荷的驻极体。该静电能量采集器在振动加速度为 0.5g、频率为 66 Hz 时,其输出功率为 0.34 μW,对应的归一化功率密度为 11.67 μW/(cm³·g²)[77]。

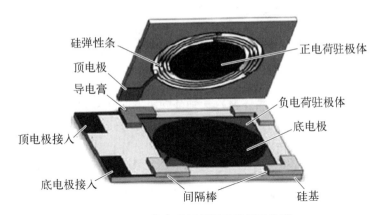

**图 4‑41　静电式低频振动能量采集器**

（3）压电式能量采集。

与以上两种采集方式相比，压电式能量采集器件具有最高的能量密度，且价格低廉，结构简单，易于加工制作和实现微型化。因为压电材料可以通过微小的形变产生较高密度的电能，所以压电能量采集器件是未来最有发展前景的供电方法之一，备受研究人员的重视。

压电式能量采集器的工作原理是利用正压电效应，在外界振动源的激励作用下，能量采集器压电层中的正负电荷极化，从而形成电源的正负极，为其他设备供电[78]。压电式能量采集器有单层与双层两种结构形式，如图 4‑42 所示。必须指出，尽管传统的压电陶瓷器件具有优良的压电性能，但它们同时是高脆性的，不耐冲击，也无法弯曲，不适合高应变、激烈冲击或柔软、弯曲、复杂表面（如车辆轮胎、火车枕木和生物体等）等场合的应用，从而限制了其应用的广泛性。因此，人们开始研究具有一定压电性能又具有柔性的压电复合器件[79]。

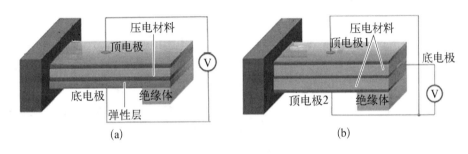

**图 4‑42　压电式能量采集器结构**

（a）单层结构；（b）双层结构

2) 压电效应与压电方程

自 1880 年居里兄弟在实验室发现了正压电效应,压电学成为现代科学与技术的重要领域。

(1) 压电效应。

所谓正压电效应,即当晶体材料受到某固定方向外力的作用时,内部产生电极化现象,同时在两个表面产生符号相反的电荷,当外力撤去后,晶体又恢复到不带电的状态。当外力作用方向改变时,电荷的极性也随之改变,晶体受力所产生的电荷量与外力的大小成正比。

压电式能量采集器件大多是利用正压电效应制成的。反之,如果在压电材料两端表面通以电压,即将压电材料置于外电场,外电场使压电材料内部正负电荷中心产生相对位移,引起弹性应变以及材料尺寸的变化,称为逆压电效应,这种变化与电场方向有关。

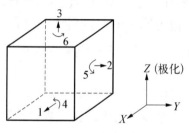

图 4-43　晶体取向表示

(2) 压电方程。

压电效应有强烈的方向性。在直角坐标系中,通常将晶体极化的正方向选为与 $X$、$Y$、$Z$ 晶轴中的 $Z$ 轴方向一致。沿着 $X$、$Y$、$Z$ 轴的正应力分量分别由下标 1、2、3 表示,则极化方向总是与 3 轴一致。沿轴的剪应力分量分别由下标 4、5、6 表示(见图 4-43)[80]。

在压电晶体中,电极化由两部分效应引起,一部分来自电偏置,一部分来自机械应力。因此,电极化以及外加机械应力一般性的表达式为

$$D = dT + \varepsilon E \tag{4-27}$$

式中,$D$ 为电位移向量,$D = [D_1 \quad D_2 \quad D_3]^T$;$d$ 为压电系数矩阵,$d = [d_{ij}] = \begin{bmatrix} d_{11} & d_{12} & \cdots & d_{16} \\ d_{21} & d_{22} & \cdots & d_{26} \\ d_{31} & d_{32} & \cdots & d_{36} \end{bmatrix}$;$T$ 为外加机械应力向量,$T = [T_1 \quad T_2 \quad \cdots \quad T_6]^T$;$\varepsilon$ 为

介电常数矩阵,$\varepsilon = [\varepsilon_{ij}] = \begin{bmatrix} \varepsilon_{11} & \varepsilon_{12} & \varepsilon_{13} \\ \varepsilon_{21} & \varepsilon_{22} & \varepsilon_{23} \\ \varepsilon_{31} & \varepsilon_{32} & \varepsilon_{33} \end{bmatrix}$;$E$ 为电场强度向量,$E = $

$[E_1 \quad E_2 \quad E_3]^T$。如果没有外加电场,则表达式右边的第二项可以去掉。

一般的压电表达式可以写成矩阵形式

$$\begin{bmatrix} D_1 \\ D_2 \\ D_3 \end{bmatrix} = \begin{bmatrix} d_{11} & d_{12} & \cdots & d_{16} \\ d_{21} & d_{22} & \cdots & d_{26} \\ d_{31} & d_{32} & \cdots & d_{36} \end{bmatrix} \begin{bmatrix} T_1 & T_2 & \cdots & T_6 \end{bmatrix}^{\mathrm{T}} + \begin{bmatrix} \varepsilon_{11} & \varepsilon_{12} & \varepsilon_{13} \\ \varepsilon_{21} & \varepsilon_{22} & \varepsilon_{23} \\ \varepsilon_{31} & \varepsilon_{32} & \varepsilon_{33} \end{bmatrix} \begin{bmatrix} E_1 \\ E_2 \\ E_3 \end{bmatrix}$$

$$(4-28)$$

式中，$T_1$ 到 $T_3$ 为 1 到 3 轴方向上的正应力；$T_4$ 到 $T_6$ 为剪应力。

类似地，逆压电效应的一般表达式为

$$s = ST + d^{\mathrm{T}} E \tag{4-29}$$

式中，$s$ 为应变向量，$s = \begin{bmatrix} s_1 & s_2 & \cdots & s_6 \end{bmatrix}^{\mathrm{T}}$；$S$ 为柔度矩阵，$S = [s_{ij}] =$
$\begin{bmatrix} s_{11} & s_{12} & \cdots & s_{16} \\ s_{21} & s_{22} & \cdots & s_{26} \\ s_{31} & s_{32} & \cdots & s_{36} \end{bmatrix}$。

在没有外加应力 $T$ 时，应变只与电场有关。

根据压电材料的对称性，压电材料在极化后只有 $d_{31}$、$d_{33}$、$d_{15}$ 这 3 个分量。压电材料选用锆钛铅酸（PZT）薄膜，由于 PZT 薄膜晶体结构及电偶极矩分布特性，当晶体受到应力 $T$ 作用时，晶体在 $X$、$Y$、$Z$ 方向都会产生拉伸或压缩的形变，因为 $Z$ 轴方向存在电偶极矩，$Z$ 方向的伸缩效果要改变这个电偶极矩的大小，因而在 $Z$ 方向会产生压电效应。这就要求晶体的压电常数 $d_{31} \neq 0$、$d_{32} \neq 0$、$d_{33} \neq 0$。此外，由于 $Z$ 轴是四阶轴，$X$、$Y$ 可以相互抵消而不改变晶体的性质，故有 $d_{31} \neq d_{32}$。因为在 $X$ 方向和 $Y$ 方向的伸缩应变并不会改变电偶极矩为零的状态，所以在 $X$ 方向和 $Y$ 方向不会出现压电效应，可以得到 PZT 晶体的压电常数

$$d_{11} = d_{12} = d_{13} = d_{21} = d_{22} = d_{23} = 0 \tag{4-30}$$

当 PZT 晶体受到剪应力 $T_4$ 的作用时，晶体会产生剪应变，而原本平行于 $Z$ 轴的电偶极矩会朝 $Y$ 方向发生偏转，结果表现为 $Y$ 方向的电偶极矩不为零，则在 $Y$ 方向会有压电效应产生，其压电常数 $d_{24} \neq 0$。但是，剪应力 $T_4$ 的作用并不会改变原来 $X$ 方向和 $Z$ 方向电偶极矩的状态，因此在 $X$ 方向和 $Z$ 方向不会产生压电效应，故 $d_{14} = d_{34} = 0$。同理，当 PZT 晶体受到剪应力 $T_5$ 的作用时，压电常数电偶极矩 $d_{25} = d_{35} = 0$，$d_{15} \neq 0$。又因为 $Z$ 轴是四阶轴，则有 $d_{24} = d_{15}$。因为 $XOY$ 平面上的电偶极矩为 0，当 PZT 晶体受到剪应力 $T_6$ 作用时，$X$ 方向、$Y$ 方向和 $Z$ 方向原来电偶极矩的状态并不会发生改变，所以在 $X$ 方向和 $Z$ 方向不产生压电效应，故压电常数 $d_{16} = d_{26} = d_{36} = 0$。综上，PZT 晶体的压电常数矩阵为

$$d = \begin{bmatrix} 0 & 0 & 0 & 0 & d_{15} & 0 \\ 0 & 0 & 0 & d_{15} & 0 & 0 \\ d_{31} & d_{32} & d_{33} & 0 & 0 & 0 \end{bmatrix} \qquad (4-31)$$

微能量采集是一个发展迅猛的新兴领域。能量采集已经不是一个新概念，尽管这种技术目前来看仍有一些局限，但随着对能量采集技术的深入研究，越来越多的能量采集器件将会为无线传感器网络和便携式电子设备供电，具有广阔的市场和应用前景。正如现在摆动手臂的动能可以为手表提供能量一样，或许未来行人的脚步就可以照亮一座城市[81]。

## 4.6 核电池

核电池一般指原子能电池。原子能电池又称放射性同位素电池，也叫作放射性同位素温差发电器。这种温差发电器是由一些性能优异的半导体材料，如碲化铋、碲化铅、锗硅合金和硒族化合物等串联起来组成的。另外，还得有一个合适的热源和换能器，在热源和换能器之间形成温差才可发电。

### 4.6.1 核电池发展简史

第一个放射性同位素电池是在 1959 年 1 月 16 日由美国人制成的，重 1 800 g，在 280 d 内可发出 11.6 kW·h 电。在此之后，核电池的发展颇快。1961 年，美国发射第一颗人造卫星"探险者 1 号"，上面的无线电发报机就是由核电池供电。1976 年，美国的"海盗 1 号""海盗 2 号"两艘宇宙飞船先后在火星上着陆，短短 5 个月得到的火星情报比以往人类历史上所积累的全部情报都要多，它们的工作电源也是放射性同位素电池。因为火星表面温度的昼夜差超过 100 ℃，如此巨大的温差，一般化学电池是无法工作的。

我国第一个钚-238 同位素电池已在中国原子能科学研究院诞生，标志着中国在核电源系统研究上迈出了重要的一步。随着我国空间探测的进一步发展以及未来深空探测的需求，为我国航天器提供稳定、持久的能源已提到议事日程上来，作为迄今为止航天器仪器、设备最理想供电来源的同位素电池成为航天技术进步的重要标志，掌握同位素电池制备的一系列关键技术并具备自主研制生产能力显得尤为重要。2004 年，中国原子能院同位素所承担了百毫瓦级钚-238 同位素电池研制的任务，要在两年时间里完成总体设计和一系列相关工艺研究，研制出样品。中国原子能院同位素所和协作单位按照制定的研究方案开展了大量的模拟试验、示踪试验、热试验等工作。

## 4.6.2 热电式核电池的基本构造与原理

放射性同位素电池的核心是换能器。换能器将同位素在衰变过程中不断放出的射线的热能转变为电能。目前，常用的换能器为静态热电换能器，其利用热电偶的原理在不同的金属中产生电位差，从而发电（见图4-44）。

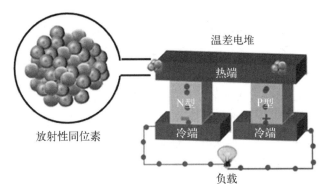

**图4-44 核电池工作原理示意图**

在外形上，放射性同位素电池虽有多种形状，但最外层均由合金制成，起保护电池和散热的作用；次外层是辐射屏蔽层，防止辐射线泄漏出来；第三层是换能器，在这里热能被转换成电能；最后是电池的心脏部分，放射性同位素原子在这里不断地发生蜕变并放出热量（见图4-45）。它的优点是可以做得很小，但是效率颇低，热利用率只有10%～20%，大部分热能被浪费掉。

按能量转换机制，核电池一般可分为直接转换式和间接转换式。具体地讲，包括直接充电式核电池、

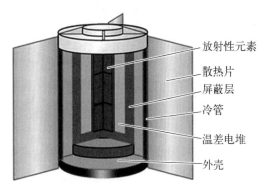

**图4-45 核电池基本构成**

气体电离式核电池、辐射伏特效应能量转换核电池、荧光体光电式核电池、热致光式核电池、温差式核电池、热离子发射式核电池、电磁辐射能量转换核电池和热机转换核电池等。

按提供电压的高低，核电池可分为高压型（几百至几千伏特）和低压型（几十毫伏至1伏特）两类。高电压型核电池用含有β射线源（锶-90或氚）的物质制

成发射极,周围用涂有薄碳层的镍制成收集电极,中间是真空或固体介质。低电压型核电池又分为温差电堆型、气体电离型和荧光-光电型三种结构[82]。

### 4.6.3 核电池的基本分类法

根据放射性同位素电池的能量转换效率和输出功率,核电池可以分为热电式、辐射伏特效应式、压电同位素电池、闪烁中间体型同位素电池等。

1) 热电式同位素电池

热电式同位素电池通过换能器件,将直接收集放射性同位素衰变产生的射线,或基于塞贝克效应、热致电子/光子发射效应等转换为电能。

2) 辐射伏特效应电池

辐射伏特效应同位素电池的工作原理是利用放射性同位素衰变发出的射线照射半导体材料,半导体产生大量电子-空穴对,电子-空穴对在电场作用下被分离,因此接入外接电路时即实现电能输出。辐射伏特效应的同位素电池有望实现小型化,在集成电路和微机电等领域具有潜在的应用。

3) 压电同位素电池

压电同位素电池是基于布雷顿(Brayton)循环放射性同位素能源系统和PZT - 5H 单压电晶片,制备的一种电射流驱动的压电核电池(piezoelectric nuclear battery driven by the jet-flow, PNBJ)。该电池中,用 PZT - 5H 单压电晶片取代了涡轮机,由放射性同位素衰变能量加热的高速氮气射流输出电能。在 $2.26 \times 10^{-3}$ m³/s 的流量和 25 ℃室温下获得 0.34% 以上的 PNBJ 能量转换效率。这种电池可用于低功率微电子和微系统,如电子手表、交流发光二极管(AC - LED)和传感器等。

4) 闪烁中间体型同位素电池

这是一种基于 γ 放射性同位素源的双效多级同位素电池,组合了无线电波(radio-voltaic, RV)和无线电光伏(radio-photovoltaic, RPV)这两种能量转换机制,将 γ 射线转换为电能。研究发现,尽管每种效应对电池的贡献都很显著,但是 RPV 效应比 RV 效应产生更多的电能输出。多级同位素电池的输出性能在⁶⁰Co 源下以 0.103 kGy/h 和 0.68 kGy/h 的剂量率表征。进一步研究发现,使用具有高活度的⁶⁰Co 放射性同位素源和具有额外水平的转换模块可以获得相当大的输出性能。同时,硅酸钇镥闪烁晶体(LYSO)对第一级转换模块性能极限的厚度有影响,应优化选择多级双效同位素电池的结构参数。闪烁体的厚度强烈影响多级转换模块中 γ 射线的能量沉积分布,导致 RV 和 RPV 效应产生的输出变化,反过来影响电池的总输出。

当前,除了热电式、辐射伏特效应式电池技术较为成熟外,压电同位素电池、闪烁中间体型同位素电池则处在继续研究探索之中。

### 4.6.4　核电池适用范围

核电池的应用范围非常广,可以应用于其他电池(电源)无法单独提供长时间供电的任何地方或设备。

1)主要应用领域

大型的核电池主要用于军事、工业、深海设施和航天等领域。在军事上,核电池已经为一些装备提供能源,如海下声呐、水下监听器。在航天领域,阳光太弱、宇宙射线过强会导致太阳能电池失效,只有核电池能长期可靠地工作。在工业上,核电池可以在终年积雪的高山、遥远荒凉的孤岛、荒无人烟的沙漠等地区使用。

2)深海设施上的应用

大海的深处也是放射性同位素电池的用武之地。在深海,太阳能电池根本派不上用场,燃料电池和其他化学电池的使用寿命又太短,因此只得使用核电池。

在深海设施方面,如各种海下科学仪器、海底油井阀门的开关、海底电缆中继器等,核电池不仅能耐 5~6 km 深海的高压,安全可靠地工作,还可以连续使用几十年而无须更换。除海底潜艇导航信标外,人们还可以将核电池用作水下监听器的电源,用以监听敌方潜水艇的活动。另外,将核电池用作海底电缆的中继站电源,既耐高压,又安全可靠,且运行成本很低。

3)医学领域应用

在医学上,放射性同位素电池已用于心脏起搏器和人工心脏,其能源要求精细可靠,以便能放入患者胸腔内长期使用。以前在无法解决能源问题时,人们只能把能源放在体外,但连接体外到体内的管线却成了重要的感染渠道,很是让人头疼。眼下植入人体内的微型核电池以钽铂合金作外壳,内装 150 mg 钚-238,整个电池只有 160 g,体积仅 18 $cm^3$,可以连续使用 10 年以上。

4)微型机电系统

随着科技的进步,以微型机电系统为代表的低功率电子器件技术飞速发展。例如,从汽车安全气囊的触发感应器到环境监控系统的传感器,微型机电系统已经应用到了人们的日常生活。微型机电系统是在微电子技术基础上发展起来的集微型电源、微传感器、微执行器、微机械结构、信号处理和控制电路、高性能电子集成器件、接口、通信于一体的微型器件或系统。因此,微型机电设备一般都具有体积小、质量轻、功率小、便于移动、性能稳定、成本低和可植入性等特点,它们在各行各业都有非常广泛的应用前景。核电池已经逐渐成为微机电系统进一步发展的理想电源[83]。

不过,无论是高压型核电池还是低压型核电池,都存在一些问题,前者电流偏小,后者电压偏小,都只能在特定的场景应用,做不到普适性。加上成本、安全等方面的问题,短时间根本不可能大规模民用化。

### 4.6.5  微型核电池

微型核电池(penny-sized nuclear battery)是指体积小(只有一硬币的厚度)、电力极强、使用非常安全的"核电池",可用于手机充电。通过利用微型和纳米级系统开发出了一种超微型电源设备,其通过放射性物质的衰变,释放出带电粒子,从而获得持续电流。

1)β型电池

第一种类型的微型核电池基于β辐生伏特效应,即由于电子-空穴对(EHPs)产生的正电荷流动,形成电势差。当EHPs扩散进入半导体PN结的耗尽区,在PN结内建电场的作用下,实现对EHPs的分离,即电子向N区、空穴向P区运动,产生电流输出。

虽然辐生伏特效应与光生伏特效应类似,但微型核电池的开发比太阳能电池的开发要困难得多。主要原因在于,核电池中的电子通量密度比太阳能电池中的光子通量密度要低。对于微电池,即使使用了极低放射强度的同位素,电子通密度仍会降低。从β放射性同位素放射出来的电子能分布通常有很宽的频谱范围。带有不同能量的电子会停留在半导体PN结器件不同深度的位置。因此,产生的EHPs空间分布是不同的。为了获得更高的能量输出,需要对PN结器件进行优化设计,并采取微制造工艺达到尽可能将EHPs收集到耗尽层的目的(见图4-46)。

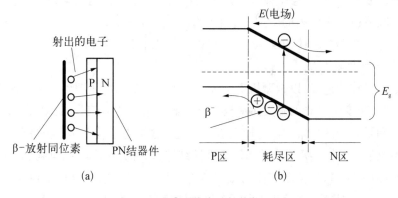

**图 4 - 46  β型核电池结构与原理**

(a) β型电池结构;(b) 辐生伏特效应电势图

2）自主往复式

传统核电池的一种工作方式是利用电容器收集辐射电荷。将弹性变形的铜悬臂梁置于距离镍石放射源一段间隔的位置,当悬臂梁收集了来自放射源的带电荷粒子后,镍－63 剩余负电荷产生静电力,会将悬臂梁吸引到放射源。当悬臂梁接触到放射源,悬臂梁放电回到初始位置,再次进行下一循环周期的电荷收集,从而实现了自主往复式悬臂梁,或称直接收集型电荷运动转换装置(见图 4－47)。

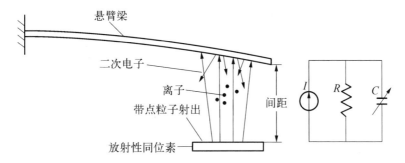

**图 4－47　自主往复式悬臂梁型核电池结构及其等效电路**

3）钷－147 电池

大多数微型机电、纳米器件及低耗能电子器件所消耗的能量均在毫瓦(mW)范围内。为了增加微型核电池的能量输出,如果允许,选择高能量放射器才能具有更高的放射强度。虽然钷放射性同位素的半衰期只有 2.6 年,但其平均能量为 62 keV,最高能量达到 250 keV,这在硅基 PN 结器件中是允许的。

4）用于微型核电池的纯 β 放射源特性

用于微型核电池的纯 β 型放射性同位素特性比较如表 4－2 所示。由表 4－2 可知:硫－35 的每单位钉放射强度居首;镍－63 的半衰期最长;氪－85 的平均能量最高。

**表 4－2　用于微型核电池的纯 β 放射源特性比较表**

| 放射性<br>同位素 | 每单位钉放射强度<br>/(mg·$\mu g^{-1}$) | 半衰期<br>/年 | 平均能量<br>/keV |
|---|---|---|---|
| 镍－63 | 0.056 | 100.20 | 17.4 |
| 氚－3 | 9.709 | 12.30 | 5.7 |
| 钷－147 | 0.943 | 2.60 | 62.0 |
| 锶－90 | 0.138 | 28.80 | 195.8 |
| 氪－85 | 0.391 | 10.80 | 251.6 |

（续表）

| 放射性<br>同位素 | 每单位钉放射强度<br>/(mg·$\mu g^{-1}$) | 半衰期<br>/年 | 平均能量<br>/keV |
|---|---|---|---|
| 钉-106 | 3.300 | 1.06 | 93.0 |
| 钙-45 | 19.763 | 0.45 | 77.0 |
| 硫-35 | 41.667 | 87.20 | 49.0 |

### 4.6.6 核电池技术的发展趋势

迄今为止,核电池的主流技术仍是放射性同位素热电发生器(radioisotope thermoelectric generator, RTG),或称 RTG 电池。这种电池是由塞贝克效应将放射性元素衰变所产生的热量转换为电能。但是,制约 RTG 应用的两个主要因素是转换效率低和体积较大。目前的 RTG 只有约 6% 的转换效率,这也决定了它的成品具有很大的质量,且能量密度较低。为了能使核电池在小型器件中发挥优势,研究人员正朝着核电池小型化并提高电池转换效率的方向努力。

与干电池、锂电池等传统电池相比,核电池有高环境适应性、高稳定性、高功率匹配等天然优势。但是也有转换效率低下、电池能量密度小的技术缺陷,这仍然是限制核电池应用的主要原因。动态型热电转换同位素电池虽然达到了 40% 的转换效率,但其高速运转零部件的润滑问题和高速转动产生的极大惯性矢量影响电池稳定性等问题,仍未取得突破性进展。目前,出现了采用新型发电原理,特别是基于管道绒毛式纳米线压电材料和纳米热点材料耦合阵列的动态同位素电池,以及依靠管道热流作用、热电材料实现电能输出等技术,使电池同位素放射源加载活度降低,能量转换效率大幅提高,且更加稳定、易于加工制造,为放射性同位素电池提供了一新的方向。

核电池技术的发展对核电池材料也提出了越来越高的要求。在同位素热源材料方面,主要包括 α、β、γ 三种,$^{238}$Pu 和 $^{210}$Po 是主要的 α 源,$^{63}$Ni、$^{90}$Sr 和 $^{90}$Y 是主要的 β 源。氚源由于具有较高的能量密度(1 000 mW·h/g),且无毒低污染,地球上存量极大,无疑在未来的核电池中最具应用前景。在能量转换材料方面,$Bi_2Te_3$/$Sb_2Te_3$ 是低温温差式电池的主要材料,高温材料则主要选用 SiGe、GaN、SiC 等,特别是第 3 代半导体的兴起极大地促进了辐生伏特效应电池的研究,在生长制备等工艺水平突破后,极有希望取代核电池中的传统半导体材料。未来对核电池的研究方向可以概括如下。

（1）光伏电池对吸收光子的特性。

在核电池中实现高转换效率的关键因素在于同位素热光电转换单元之间光谱的匹配。当辐射器发射光子能量小于禁带宽度时，光伏电池无法利用该光子实现光电转换，而光伏电池吸收这些光子会使自身温度升高，光伏电池效率下降的同时，导致热光伏器件热耗散增大，最终光伏换能器件能量转换效率随温度升高而显著下降。显然，深入研究放射源的自吸收效应，研究不同放射源的自吸收规律对其表面出射参数的影响，能够为放射源自吸收效应对核电池输出性能的影响进一步提供基础数据。

（2）降低电池温度和回收热能的方法。

从降低电池温度和回收热能的角度考虑，需在热光伏器件光路上加装光学滤光片。核电池的另一个技术瓶颈是光伏电池的转换效率会随着温度升高而显著下降。为了使电池保持低温，需要庞大的散热系统，这会限制同位素热光伏电池质量功率比的提升。因此，对于一个确定输入功率的核电池，电池温度越低，换能效率越高，与此同时散热器越大，质量功率比随之减小。因此，光伏电池温度必须在质量功率比和光伏电池换能效率之间实现最佳选择，以优化核电池的整体设计（热源尺寸、散热器结构等）。

（3）β 粒子输运规律。

要深入研究放射源释放的 β 粒子在材料中的输运规律。例如，带电粒子在靶材料中电荷累积效应对 β 辐射伏特效应核电池输出性能的影响。

（4）结构设计。

要进一步研究 β 辐射伏特效应核电池中 PN 结、PIN 结和肖特基二极管精细结构设计，包括发射层厚度、基底层厚度、掺杂浓度对换能器件耗尽层和内建电势的影响，掺杂浓度对少数载流子扩散长度、载流子表面复合率和反向饱和电流的影响等。

（5）环境对 β 辐生伏特效应核电池输出特性的影响。

要开展环境因素（如温度、气压）和制备工艺技术（如微纳米加工工艺、放射源加载技术、半导体器件退火条件和表面处理工艺等）对 β 辐生伏特效应核电池输出性能影响的研究。

（6）半导体器件抗辐照能力。

只有真正提高半导体换能器件的抗辐照能力，才能制备使用寿命长的核电池。

（7）核电池使用安全。

核电池在使用中需要考虑对人体的辐射污染问题。只有在解决了安全、能源转换效率和成本等方面的综合问题后,微型化核电池才会成为普及产品。

一旦微型核电池技术成熟,包括电池续航力差的手机等人们日常使用的随身携带电子设备都将获得充足的能源。有消息称,中国科学家们在000511烯碳基上利用钍代替铀元素作为新型核燃料的钍核电池技术已经开发成功。钍核电池高科技产品已经被列入中国重点火炬与星火计划、中国重点新产品计划和中国高新能源技术产业化推进项目[84]。

## 4.7 核聚变发电技术的发展前景

提起"人造太阳",人们都会想到可控核聚变和托卡马克(Tokamak)装置。托卡马克的中央是一个环形的真空室,外面缠绕着线圈。在通电的时,托卡马克的内部会产生巨大的螺旋形磁场,磁场将其中的等离子体加热到很高的温度,以达到核聚变的目的。受控热核聚变在常规托卡马克装置上已经实现。但常规托卡马克装置体积庞大、效率低、突破难度大。20世纪末,科学家们把新兴的超导技术用于托卡马克装置,使其基础理论研究和系统运行参数得到很大提高。核聚变(nuclear fusion),又称核融合、融合反应或聚变反应,是指由质量小的原子,主要是指氘或氚,在一定条件下(如超高温和高压),让核外电子摆脱原子核的束缚,使两个原子核能够互相吸引而碰撞到一起,即发生原子核互相聚合作用,生成新的质量更大的原子核(如氦)。中子在这个碰撞过程中逃离原子核的束缚而释放出来,在这过程中,大量电子和中子释放出来的是巨大的能量。

### 4.7.1 热核聚合反应的基本原理

由于聚变反应的两个原子核都带正电,必须要克服库仑排斥力才能让两个原子核接近并发生聚变反应。为了达到这样的目的,将高温的电离气体(如常用的氘或氚)约束在容器中持续足够长的时间,依靠其高速的热运动来克服原子核之间的库仑势垒,使得原子核之间发生频繁的碰撞来引起大量的聚变反应并释放能量。此时电离的气体在整体上呈现准中性和集体行为的特征,称之为等离子体。等离子体又称为物质的第四态。

要使可控热核聚变提供稳定的能源,就必须使聚变反应能够自持且有净能量输出。为了达到这个目标,世界上的科学家想尽了各种办法。比如著名的劳森判据,就是通过综合考虑热核聚变过程中聚变能的产生以及高温等离子体通过各种途径不断向外损失能量计算出了使聚变反应自持的必要条件。

以氘(D)/氚(T)等离子体为例,如果等离子体释放能量的总功率密度和损

失功率密度分别为 $P$ 和 $P_L$,则只有在

$$\eta P \geqslant P_L \tag{4-32}$$

的条件下,才能达到聚变反应自持状态。式中,$\eta$ 是能量的回收效率,则

$$\begin{cases} P = P_r + P_L \\ P_L = P_b + \dfrac{3nT}{\tau} \end{cases} \tag{4-33}$$

式中,$P_r$ 是在氘氚(DT)聚变反应中所产生的单位体积聚变功率,而 $P_b$ 和 $\dfrac{3nT}{\tau}$ 分别是单位体积的韧致辐射损失功率和单位体积热传导以及粒子逃逸引起的能量损失功率;$n$、$T$、$\tau$ 分别是等离子体的密度、温度和能量约束时间。

在 DT 聚变反应中,劳森判据一般取

$$\begin{cases} T \geqslant 10 \ \text{keV} \\ n\tau \geqslant 10^{20} \ \text{m}^{-3} \cdot \text{s} \end{cases} \tag{4-34}$$

在 DD 聚变反应中,劳森判据一般取

$$\begin{cases} T \geqslant 100 \ \text{keV} \\ n\tau \geqslant 10^{22} \ \text{m}^{-3} \cdot \text{s} \end{cases} \tag{4-35}$$

所谓 DT 或 DD 聚变反应,是因为核聚变反应大体上分为四种。

DT 聚变反应:　$D + T \rightarrow {}^4H_e(3.52 \ \text{MeV}) + n(14.06 \ \text{MeV})$ $\tag{4-36}$

DD 聚变反应 1:　$D + D \rightarrow T(1.01 \ MeV) + P(3.03 \ MeV)$ $\tag{4-37}$

DD 聚变反应 2:　$D + D \rightarrow {}^3H_e(0.82 \ \text{MeV}) + n(2.45 \ \text{MeV})$ $\tag{4-38}$

DH3 聚变反应:　$D + {}^3H_e \rightarrow {}^4H_e(3.67 \ \text{MeV}) + P(14.67 \ \text{MeV})$ $\tag{4-39}$

这 4 种聚变反应的反应截面会随着能量的变化而变化。其中,由式(4-37)和式(4-38)反映出来,DD 聚变反应存在的总截面有两种;DT 聚变反应的总截面是 DD 聚变反应截面的 100 倍左右,其能量大约在 100 keV 时达到最大值。

除了劳森判据之外,使用较多的还有点火条件。如在 DT 聚变反应,反应产生带正电的 ${}^4H_e$（α 粒子）和中子,α 粒子和中子得到的能量分别占全部聚变反应能量的 1/5 和 4/5,中子的能量输出到冷却剂中用于发电,而 α 粒子的能量可以直接用来加热等离子体,补充等离子体的热能和辐射损失,不需要外界加热,这样的自持条件称为点火条件。点火条件可以描述为

$$\frac{1}{5}P_r > P_L \tag{4-40}$$

由此可见,点火条件的要求要比劳森判据高很多。

以上说明,根据劳森判据和点火条件,要实现聚变能量净输出,必须要把等离子体加热到数亿摄氏度的高温,并且需要等离子体在聚变堆中的约束时间足够长。可是,目前在地球上还找不到"盛放"这么高温度等离子体的容器,因为像太阳这样的恒星是通过其强大的引力来约束等离子体的,这种方式称为引力约束。不过,经过科学家们的努力,终于找到解决问题的办法,即主要采用惯性约束和磁约束两种途径在地球上来实现可控热核聚变。

惯性约束核聚变与氢弹的原理类似,通过高功率激光或者是由粒子束均匀照射氘/氚靶丸。由于被转换成的等离子体自身的高速运动惯性,其来不及四处扩散就达到了高温和高密度的状态,进而发生聚变反应。

磁约束核聚变是利用带电粒子受磁场的洛伦兹力作用,使其只能绕着磁力线做回旋运动。通过适当设计,就能得到合适的磁场位形来实现等离子体的良好约束。现在已经使用的托卡马克装置就是一种磁约束核聚变装置。

## 4.7.2　托卡马克装置构造原理

如今,世界上的发达国家都在可控核聚变的研究上下大功夫,并且还一起组织了这方面的国际合作项目——建设国际托卡马克装置。它是世界上在建的最大、最复杂的磁约束核聚变装置,用来检验核聚变发电的可行性及其效率值大小。

目前,许多国家拥有托卡马克装置,其中包括中国的 EAST 和 HL-2M,美国的 C-Mod 和 DIII-D,欧盟的 JET 和 NSTE,德国的 ASDEX-U,法国的 Tore Supra,韩国的 KSTAR,日本的 JT-60U,等等[85]。

托卡马克装置的发电原理如图 4-48 所示。托卡马克是由苏联科学家发明的一种环形装置,其俄文含义是具有磁线圈的环形真空室(кольцевая вакуумная камера с магнитной катушкой)。其工作原理如下:充斥在该类装置真空室中的核聚变原料经过欧姆加热,再经电磁波加热后,将核聚变原料电离成等离子体态;包层外的超导线圈通电后会在真空室内叠加产生环形的螺旋磁场;等离子体的带电粒子在洛伦兹力的作用下,沿着磁感线的方向做螺旋运动,进而对高温等离子体起到约束作用;随着真空室内聚变反应的持续进行,其产生的热能与包层中的冷却剂不断进行热交换;冷却剂经过包层的热交换后成为热水;热水通过热交换器的作用转换成能够推动蒸汽发电机组的蒸汽,推动蒸汽机涡轮叶片带动

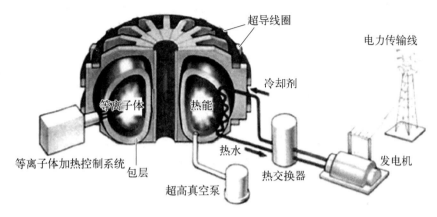

图 4‑48　托卡马克装置发电原理

发电机转子运动,最终转换成电能输出至电力网[86]。

其中,冷却剂、热水、热交换器和发电机构成热交换系统。等离子体加热控制系统用于控制托卡马克装置(核聚变堆)内核聚变原料的聚变反应温度。超高真空泵用来确保核聚变反应堆始终能够保持超高真空度的状态。

### 4.7.3　核聚变是可以预见的最佳新能源

这种可控热核聚变反应堆被认为是解决人类未来电能等能量需求的绝佳方式,因为可控热核聚变可以稳定产生极高的能量,并因为其清洁无污染,所以成为人类最理想的能量来源之一。

我国的核聚变能研究从 20 世纪 60 年代就已经开始了,但由于各种困难,发展比苏联以及欧洲国家慢一些。尽管如此,我国也长期在走自主研究的道路。从 1991 年开始,我国开展了超导托卡马克发展计划,旨在研究如何解决托卡马克稳态运行的问题。到了 1994 年,我国已经建造出了和国际热核聚变实验堆(international thermonuclear fusion experimental reactor, ITER)相似的装置,它就是"EAST"。同时,我国还在继续建造自己的可控核聚变实验新装置,如合肥市和成都市都有这方面的试验装置。据央视新闻等媒体报道,2020 年 12 月,由中国核工业集团西南物理研究院自主设计和建造,位于成都市的中国环流器二号 M 装置(HL‑2M)已经建成并实现首次发电。这也意味着我国已经掌握大型先进托卡马克装置的设计、建造和运行技术,为今后我国核聚变堆的自主设计与建造积累了经验。

据《中国青年报》2020 年 12 月 4 日文章《我国最高参数"人造太阳"在成都建成》介绍,"中国环流器二号 M 装置"是我国目前规模最大、参数最高的先进托卡马克装置,是我国新一代先进磁约束核聚变实验研究装置,可以制造出大量的等离子体,其温度可达 $1.5 \times 10^9$ ℃,电流能力也达到 2.5 MA(1 MA= $10^6$ A)。平常百姓家庭用电的电流只有 15 A 左右,这么大的电流值简直令人难以想象。

此前,中核集团已经先后发展了多种类型的磁约束核聚变研究装置,建成了中国环流器一号、新一号和二号 A 装置等,取得了系列重大科研成果。而二号 M 装置则能实现高密度、高比压、高自举电流运行,被认为是我国吸取 ITER 的极佳平台,它的建成和成功运行,以及在运行过程中积累的经验,必将帮助我国在可控核聚变发电领域技术开发事业中实现跨越式发展。

科学网 2020 年 12 月 4 日的文章《英国正向建设全球首座核聚变电站迈进》报道了英国的可控核聚变装置——"能源生产球形托卡马克"(spherical Tokamak for energy production, STEP)已启动,在接下来的 5 年中将投入 2.22 亿英镑用于设计开发,2032 年 10 月开始建设,计划于 2040 年开始运营。从其时间规划上来看,英国要到 2040 年才可能出现核聚变发电站,而我国的可控核聚变装置已经开始放电试验,相信我国在可控核聚变发电站建设上会走在英国等西方国家的前面。

### 4.7.4 核聚变发电与核裂变发电的区别

核聚变是与核裂变相反的一种核反应形式。核裂变最大的问题是核污染。至今为止,世界上已经发生过不少核电事故。其中较为严重并被人们所熟知的要数苏联的切尔诺贝利事故和日本的福岛核事故。前者发生在 1986 年 4 月 26 日,乌克兰普里皮亚季邻近的切尔诺贝利核电厂的第四号反应堆发生了爆炸。爆炸在短暂时间里连续发生,进而引发大火并散发出大量高能辐射物质到大气层中,使得辐射尘埃涵盖了周边大面积的区域。至今为止,该事故还是被认为是历史上最严重的核电事故。后者发生在 2011 年 3 月 12 日,因受地震和海啸的影响,福岛第一核电厂的基础结构遭受严重破坏,造成放射性物质大量泄漏到外部。2011 年 4 月 12 日,日本原子力安全保安院将福岛核电厂事故的等级定为核事故最高分级(7 级),与切尔诺贝利核事故属于同级。

目前已经在进行商业化运行的核电站全部属于核裂变反应堆电站。尽管核裂变反应堆电站的技术在不断改进升级,但是它毕竟是根据核裂变原理进行热能转换,而这种核裂变反应,一旦出现事故,必然会对环境造成污染。而且受核污染的环境要达到自然净化几乎不可能。受核污染的环境会持续非常长的时间,因为核材料的半衰期很长,如铀的半衰期为 45 000 年,而且根本就没有物理或化学的方法可消除这种辐射。而人体能够承受的辐射剂量非常小,哪怕只有几微克放射性物质,都会对人体产生极大不良影响,乃至几乎所有的动植物都要受到灾难性危害。

　　相比核裂变,核聚变几乎不会带来放射性污染等环境问题,而且其原料可直接取自海水中的氘,来源几乎取之不尽,是理想的能源方式。不过,要想让核聚变能量可被人类有效利用,必须能够构建合理的控制核聚变反应的速度和规模,实现持续、平稳的能量输出,这就是可控核聚变技术。可以预期,在不久的将来,商业化运行的核聚变发电厂就会出现,给人类带来可以永久使用的清洁热能及电力资源。

　　顺便说一句,无论核裂变电站还是核聚变电站都不能作为电力系统(电网)的调峰/调频机组,即使其输出功率足够大也不行,因为无论哪种核反应电站,均需要保持稳定运行,不能大幅度地改变其运行工况,否则将会造成核电反应堆的灾难性事故。也就是说,对于整个电力系统(电网)的调峰/调频,只能依靠传统燃煤/燃气热力发电厂或者大型水力发电厂进行。因此,对于传统热力发电厂的节能与环保技术的改造、提升和发展,仍然具有现实与未来的经济意义与实用价值。

## 参考文献

［1］王胜永,马殿光,史战国,等.光伏并网逆变器输出能量最大化的设计方法[J].电力电子技术,2012,46(9):1-3.

［2］徐晨曦,杜壮.光热发电之最[J].中国战略新兴产业,2014(4):66.

［3］李洪川.对我国开发太阳能光热电站的几点思考[J].电力科技与环保,2017,33(1):57-58.

［4］祁巧玲.全球最大太阳能发电站惹争议[J].中国生态文明,2015(2):71.

［5］李伟.太阳能光伏发电技术应用现状及未来发展趋势研究[J].江苏科技信息,2018(24):54-56.

［6］张华.50 MW分布式光伏发电站和接入电网系统设计[D].西安:西安科技大学,2020.

［7］IRENA. Renewable energy statistics 2020[M]. Abu Dhabi: IRENA. https://www.irena.org/publications/2020/jul/renewable-energy-statistics-2020.

［8］计长安,张秀彬,何斌,等.基于MCU的光伏控制系统[J].微计算机信息,2005,21(3):46-47,55.

［9］冯博翰.基于聚类分析算法的农村公路网优化研究[D].武汉:武汉轻工大学,2020.

［10］杨俊闯,赵超.K-means聚类算法研究综述[J].计算机工程与应用,2019,55(23):7-14,63.

［11］沈浩,王士同.按风格划分数据的模糊聚类算法[J].模式识别与人工智能,2019,32(3):204-213.

［12］厉伟.基于聚类的复杂网络中社团发现的算法[D].哈尔滨:哈尔滨工程大学,2015.

[13] 杨博文.基于 GN 算法的社会网络舆情分析技术研究[D].郑州：华北水利水电大学,2018.

[14] 姜昊,赵建国,冯李.基于 Fast－Newman 算法的网络社团分区在传送网汇聚区划分中的应用[J].信息通信,2019(1)：212－214.

[15] 时珉,尹瑞,姜卫同,等.分布式光伏灵活并网集群调控技术综述[J].电测与仪表,2021(4)：1－10.

[16] 谢宏文,黄洁亭.中国风电基地政策回顾与展望[J].水力发电,2021,47(1)：122－126.

[17] 沈德昌.世界风电产业近期发展状况及未来五年预测[J].风能产业,2015(7)：7－11.

[18] 程亚洲.风力发电原理及应用探讨[J].世界经济导刊,2019,27(25)：94.

[19] 袁昌盛.双馈风力发电系统并网母线电压控制策略的分析与仿真[D].天津：天津理工大学,2021.

[20] ALI M, YAQOOB M, CAO L L, et al. Disturbance-observer-based DC-bus voltage control for ripple mitigation and improved dynamic response in two-stage single-phase inverter system[J]. IEEE Transactions on Industrial Electronics, 2019, 66 (9)：6836－6845.

[21] 计长安,张秀彬,赵兴勇,等.基于模糊控制的风光互补能源系统[J].电工技术学报,2007,22(10)：178－184.

[22] 王世杰,胡威,高鑫,等.新能源并网发电对配电网电能质量的影响研究[J].计算技术与自动化,2021,40(2)：47－52.

[23] 邓琳,于宁,乔雪.风电功率波动特性的概率分布模型研究[J].数学的实践与认识,2021,51(6)：95－102.

[24] 刘西陲,沈炯,李益国.基于加权双高斯分布的广义自回归条件异方差边际电价预测模型[J].电网技术,2010,34(1)：139－144.

[25] 张登义.分布式电源及其并网对电力系统的影响研究[J].科技风,2021(6)：193－195.

[26] 欧阳武,程浩忠,张秀彬,等.考虑分布式电源调峰的配电网规划[J].电力系统自动化,2008,32(22)：12－15,40.

[27] TORKAN A, EHSANI M. A novel non-isolated Z-source DC-DC converter for photovoltaic applications[J]. IEEE Transactions on Industry Applications, 2018, 37(4)：133－141.

[28] WU T F, CHANG C H, CHEN Y K. A fuzzy-logic-controlled single-stage converter for PV-powered lighting system application[J]. IEEE Transactions on Industrial Electronics, 2000, 47(2)：287－296.

[29] DU Y M, BHAT A K S. Analysis and design of a high-frequency isolated dual-tank LCL resonant AC-DC converter[J]. IEEE Transactions on Industry Applications, 2016, 52(2)：1566－1576.

[30] 鄂翔宇.分布式光伏电站逆变器效率与稳定性研究[D].恩施：湖北民族大学,2020.

[31] 朱培基.新型单相功率解耦逆变器及其无功功率控制研究[D].合肥：合肥工业大学,2020.

[32] XU S, SHAO R, CHANG L, et al. Modified pulse energy modulation technique of a

three-switch buck-boost inverter［C］. Milwaukee：2016 IEEE Energy Conversion Congress and Exposition（ECCE），2016：1 - 6.

［33］ 王晓.功率解耦微型光伏逆变器研究[D].北京：北京交通大学,2014.

［34］ WAKILEH G J.电力系统谐波—基本原理、分析方法和滤波器设计[M].徐政,译.北京：机械工业出版社,2003.

［35］ 林海雪.从 IEC 电磁兼容标准看电网谐波国家标准[J].电网技术,1999,23(5)：64 - 67,72.

［36］ 李承.基于单周控制理论的有源电力滤波器与动态电压恢复器研究[D].武汉：华中科技大学,2005.

［37］ Hydrogen Council. Hydrogen Scaling U［EB/OL］.（2019 - 10 - 31）https：// hydrogencouncil. com/wp-content/uploads//2017/11/Hydrogen-Scaling-up _ Hydrogen-Council_2017.

［38］ 殷伊琳.我国氢能产业发展现状及展望[J].化学工业与工程,2021,38(4)：78 - 83.

［39］ 宋泽林.氢能源利用现状及发展方向[J].石化技术,2021(5)：69 - 70,32.

［40］ United States Department of Energy. Hydrogen and fuel cells pro-gram FY 2017 annual progress report［R］. Washington DC：United States Department of Energy，2018.

［41］ 国家能源局.能源技术革命创新行动计划（2016 - 2030）［EB/OL］.（2016 - 04 - 07） http：//www.ndrc.gov.cn/zcfb/zcfbtz/201606/t20160601_806201.

［42］ 佚名.2018 中国氢能源及燃料电池产业高峰论坛召开！［EB/OL］.（2018 - 10 - 11）［2021 - 05 - 09］https：//www.sohu.com/a/258880082_651095.

［43］ 侯明,衣宝廉.燃料电池的关键技术[J].科技导报,2016,34(6)：52 - 61.

［44］ STEINBACH A, DURU C, THOMA G, et al. Highly active, durable, and ultra-low-platinum-group metal nanostructured thin film oxygen reduction reaction catalysts and supports［EB/OL］.（2019 - 12 - 30）［2021 - 05 - 10］https：//www. hydrogen. energy.gov/.

［45］ KONGKANAND A. Highly-accessible catalysts for durable high-power performance ［EB/OL］.（2017 - 06 - 07）［2021 - 05 - 10］https：//www. hydrogen. energy. gov/pdfs/ review17/fc144_kongkanand_2017_o.pdf.

［46］ CHEN Q, NIU Z Q, LI H K, et al. Recent progress of gas diffusion layer in proton exchange membrane fuel cell：Two-phase flow and material properties［J］. International Journal of Hydrogen Energy 2021，46(12)：8640 - 8671.

［47］ 宋显珠,郑明月,肖镇松,等.氢燃料电池关键材料发展现状及研究进展[J].材料导报, 2020,34(S2)：1 - 15.

［48］ 刘应都,郭红霞,欧阳晓平.氢燃料电池技术发展现状及未来展望[J].中国工程科学, 2021,23(4)：169 - 178.

［49］ 王子缘,赵吉诗,金子儿,等.我国燃料电池产业现状与思考[N].中国能源报,2021 - 07 - 12.

［50］ 司马岩.氢能源汽车发展空间巨大[N].中华工商时报,2021 - 08 - 20.

［51］ WHEELER P, BOZHKO S. The more electric aircraft：technology and challenges ［J］. IEEE Electrification Magazine，2014，2(4)：6 - 12.

［52］宋清超,陈家伟,蔡坤城,等.多电飞机用燃料电池-蓄电池-超级电容混合供电系统的高可靠动态功率分配技术[J].电工技术学报,2021(8):20-32.

［53］赵雷雷,秦振海,黄龙,等.氢燃料电池商用车电气系统设计[J].汽车电器,2021(8):21-26.

［54］张秀彬,赵兴勇,焦东升,等.河道水流自由式发电装置[P].CN 200810203449.2,2008.

［55］BROWN W C. The history of wireless power transmission[J]. Solar Energy, 1996, 56 (1): 3-21.

［56］COOPER C. The truth about tesla: the myth of the lone genius in the history of innovation[M]. New York: Race Point Publishing, 2018.

［57］SARKAR T K, MAILLOU R, OLINER A A, et al. History of wireless [M]. Hoboken: John Wiley & Sons, 2006.

［58］SHIGETA R, SASAKI T, QUAN D M, et al. Ambient RF energy harvesting sensor device with capacitor-leakage-aware duty cycle control[J]. IEEE Sensors Journal, 2013, 13(8): 2973-2983.

［59］VYAS R J, COOK B B, KAWAHARA Y, et al. EWEHP: A batteryless embedded sensor platform wirelessly powered from ambient digital-TV signals [J]. IEEE Transactions on Microwave Theory and Techniques, 2013, 61(6): 2491-2505.

［60］BARRECA N, SARAIVA H M, GOUVEIA P T. Antennas and circuits for ambient RF energy harvesting in wireless body area networks[C]. London: IEEE 24th International Symposium on Personal, Indoor and Mobile Radio Communications, 2013: 531-537.

［61］OLGUN U, CHEN C C, VOLAKIS J L. Design of an efficient ambient WiFi energy harvesting system[J]. IET Microwaves, Antennas & Propagation, 2016, 6(11): 1200-1206.

［62］TALLA V, KELLOGG B, GOLLAKOTA S, et al. Battery-free cellphone[J]. Proceedings of the ACM on Interactive, Mobile, Wearable and Ubiquitous Technologies, 2017(2): 1-20.

［63］陈学林.Wi-Fi射频能量收集系统的研究与设计[D].厦门:厦门大学,2018.

［64］杜月林,边伟成,郑宝玉.异构网络中射频能量收集技术研究与实现[J].南京邮电大学学报(自然科学版),2019,39(2):70-75.

［65］安亚斌,李小明,程海青.天线-整流器协同设计的高灵敏度射频能量采集单元研究[J].空间电子技术,2020,17(2):92-98.

［66］张朔烨.面向环境多能量源的混合采集系统的研制[D].成都:电子科技大学,2020.

［67］蔡善钰,何舜尧.空间放射性同位素电池发展回顾和新世纪应用前景[J].核科学与工程,2004,24(2):97-104.

［68］张建中,王泽深,任保国.放射性同位素温差发电器在探月工程中的应用[J].宇航学报,2007,28(2):130-136.

［69］IKOMA K, MUNEKIYO M, FURUYA K, et al. Thermoelectric module and generator for gasoline engine vehicles [C]. Nagoya: Seventeenth International Conference on Thermoelectrics. Proceedings ICT98 (Cat. No. 98TH8365), 1998: 464-467.

［70］MONTALBANO E.工程师故事:八大最"来电"的能量采器[EB/OL].(2017-01-12)

http://www.docin.com/.

[71] Vrgks.通往不同充电的世界：可穿戴设备如何收集能量[EB/OL].(2016-07-13) http://www.hiavr.com/.

[72] 张秀彬.热工测量原理及其现代技术[M].上海：上海交通大学出版社,1995.

[73] 柳长昕.半导体温差发电系统研究及其应用[D].大连：大连理工大学,2013.

[74] 姜晓丽.半导体温差发电装置的研制[D].大连：大连理工大学,2009.

[75] 胡红阳.核电设备状态无线监测低功耗装置的研究与设计[D].成都：电子科技大学,2013.

[76] KODALI P, MAHIDHAR M N, LOKESH N, et al. Vibration energy harvesting [C]. Mumbai：International Conference on Emerging Electronic (ICEE), 2012.

[77] BEEBY S. A micro electromagnetic generator for vibration energy harvesting [J]. Journal of Micromechanics & Microengineering, 2007, 17(7)：1257-1265.

[78] TAO K, SUN W L, MIAO J, et al. Design and implementation of an out-of-plane electrostatic vibration energy harvester with dual-charged electret plates [J]. Microelectronic Engineering, 2015(3)：32-37.

[79] 贾志超.压电自供电无线传感器网络节点关键技术的研究[D].哈尔滨：哈尔滨理工大学,2015.

[80] 陈仁文.新型环境能量采集技术[M].北京：国防工业出版社,2011.

[81] 王楚.小型振动能量采集器制作及其性能研究[D].南京：南京邮电大学,2017.

[82] 李潇祎,陆景彬,郑人洲,等.核电池概述及展望[J].原子核物理评论,2020,37(4)：875-892.

[83] 毛富利.核电池技术：将再也不用充电了？[J].科学中国人,2019(5)：70-73.

[84] 刘玉敏.β辐射伏特效应微型核电池的研究[D].长春：吉林大学,2018.

[85] 杨耀荣.托卡马克中离子鱼骨模和反剪切阿尔芬本征模混杂模拟研究[D].合肥：中国科学技术,2021.

[86] 王俊儒.真空技术在托卡马克杂质控制与粒子清除相关的应用研究[D].合肥：中国科学技术大学,2021.

# 第5章 电力系统储能技术

在没有推广储能技术的过去,电力系统的发电和用电只能同时发生。在这种状态下,用电高峰承受着巨大发电压力的同时,在用电低谷又存在着大量闲置电力无用,系统只能依靠调峰机组对电网的输出电力进行调节,难免会造成大量的电力资源浪费。储能技术应用于电力系统的各个生产调度过程,便能很好地使用电高峰时段的发电压力得到显著缓解,让已有电力设备的利用率得到有效提高。在减少电网设备供电压力的同时,还能减少电网发生故障的概率,维护整体电网的发用电安全,从而满足社会对稳定电力的要求;显著减少电网建设和维护的资金投入,逐渐将现有外延扩张性的发展模式转变为内涵增效型。

按照储能技术的能量类型,可以将其分为基础燃料的存储、电能的存储、后消费能量的存储。其中,电能存储技术是电力系统中的储能之重。按照能量存储形式的差别,可以分为物理储能和电化学储能两大类。其中,物理储能又可进一步划分为机械储能和电磁场储能。机械储能包括抽水储能、压缩空气储能、飞轮储能等;电磁场储能主要指超导磁储能等。电化学储能包括蓄电池、超级铅酸电池、锂离子电池、硫基电池、液流电池、锂电池和超级电容储能等。

研究证实,分布式电源接入配电网支线路末端可有效减少线路损耗,提升线路末端电压,减少电力系统供电压力,保障对重要用户的可靠供电。同时,独立型微电网还可以解决偏远地区、海岛地区用电困难问题,有效促进地区经济发展。

随着新能源发电规模的快速增长,研究分布式电源的输出特性和并网对电力系统的电能质量、潮流分布、系统稳定性、可靠性和并网协同规划等方面带来的影响越来越重要。长期以来,电能的不可大量长久存储始终是困扰电气工程的技术难题。随着科技的迅速发展以及电储能和机械储能创新技术的不断涌现与推广应用,电能、热能、机械能存储已然成为可实施的实用装备。这对配合分布式新能源的发展具有十分重要的技术意义和社会经济价值。

风电、光伏发电输出的随机性、波动性和无法大量储存,决定了此类分布式发电储能技术在扩大电力联网规模的过程中,为了确保系统的稳定性及电能质量所发挥出的技术意义。

对于储能,往往会出现一种惯性思维,认为蓄电池就是一种典型且成熟的电储能装备技术。然而,蓄电池只不过是储能技术领域中极为"小微"的一种电化学储能技术设备,何况在人类进入 21 世纪之际储能材料还在发生重大的技术变革。

以下将阐述抽水储能、蓄电池储能、超导磁储能、飞轮储能、超级电容储能、压缩空气储能等几种方式的技术原理与结构特点等[1]。

## 5.1　抽水储能技术

抽水储能是在电力负荷低谷期将水从下水库抽到上水库,这是一种将电能转化成水的重力势能而储存起来的能量转换形式。抽水储能的综合效率在70%～85%,适用于电力系统的调峰填谷、调频、调相、紧急事故备用。

### 5.1.1　抽水储能电站发展的简略介绍

在国外,抽水储能电站已有 100 多年的历史,如瑞士的奈特拉抽水储能电站建于 1882 年。

我国在 20 世纪 60 年代后期才开始研究抽水储能电站的开发,于 1968 年和 1973 年先后建成岗南和密云两座小型混合式抽水储能电站,装机容量分别为 11 MW 和 22 MW,与欧美、日本等发达国家和地区相比,我国抽水储能电站的建设起步较晚。

20 世纪 80 年代中后期,随着改革开放带来的社会经济快速发展,我国电网规模不断扩大,广东、华北和华东等地以火电为主的电网受地区水力资源的限制,可供开发的水电很少,电网缺少经济的调峰手段,电网调峰矛盾日益突出,缺电局面由电量缺乏转变为调峰容量也缺乏,修建抽水储能电站来解决以火电为主电网的调峰问题逐步达成共识。随着电网经济运行和电源结构调整的要求,一些以水电为主的电网也开始研究兴建一定规模的抽水储能电站。为此,国家有关部门组织开展了较大范围的抽水储能电站资源普查和规划选点,制定了抽水储能电站发展规划,抽水储能电站的建设步伐得以加快。1991 年,装机容量为 270 MW 的潘家口混合式抽水储能电站首先投入运行,从而迎来了抽水储能电站建设的第一次高潮。随后,抽水储能电站建设进入了快速发展期,先后兴建了广蓄一期、北京十三陵、浙江天荒坪等几座大型抽水储能电站;"十五"期间,又相继开工了张河湾、西龙池、白莲河等一批大型抽水储能电站[2]。

## 5.1.2 抽水储能电站的发展趋势

随着我国新兴能源的大规模开发利用,抽水储能电站的配置由过去单一的侧重于用电负荷中心逐步向用电负荷中心、能源基地、送出端和落地端等多方面发展。

新能源的迅速发展加速了抽水储能电站的建设。其中,风电作为清洁的可再生资源是国家鼓励发展的产业,核电是国家大力发展的新型能源,风电和核电的大力发展对实现我国能源结构优化及可持续发展有着不可替代的作用。

抽水储能电站具有启动灵活、爬坡速度快等常规水电站所具有的优点和低谷储能的特点,可以很好地缓解风电给电电力系统带来的不利影响。

核电机组运行费用低,环境污染小,但核电机组所用燃料具有高危险性,一旦发生核燃料泄漏事故,将对周边地区造成严重的后果;同时,由于核电机组单机容量较大,一旦停机,将对其所在电网造成很大的冲击,严重时可能会造成整个电网的崩溃。在电网中,必须要有强大调节能力的电源与之配合,因此建设一定规模的抽水储能电站配合核电机组运行,可辅助核电在核燃料使用期内尽可能地用尽燃料,多发电,不但有利于燃料的后期处理,降低危险性,还能有效降低核电发电成本。

抽水储能电站是电力系统中最可靠、最有经济价值、寿命周期长、容量大、技术最成熟的储能装置,是新能源发展的重要组成部分。配套建设抽水储能电站可降低核电机组运行维护费用,延长机组寿命;有效减少风电场并网运行对电网的冲击,提高风电场和电网运行的协调性以及电网运行的安全稳定性。

对于中国这样一个能源生产和消费大国,既有节能减排的需求,又有能源增长以支撑经济发展的需要,这就需要大力发展储能产业。

我国电力系统建设正处于快速发展阶段,存在用电高峰时的供电紧张、有功无功储备不足、输配电容量利用率不高和输电效率低等问题。同时,越来越多的大型工业企业和涉及信息、安全领域的用户对负荷侧电能质量问题提出更高的要求。这些特点为分散电力储能系统的发展提供了广泛的空间,而储能系统在电力系统中的应用可以达到调峰、提高系统运行稳定性及提高电能质量等目的。

为了保障大型火电或核电机组能够长期稳定地在最优状态运行,需要配套建设抽水储能电站,承担调峰调荷等任务。2008年,我国已建成抽水储能电站20座,在建的有11座,装机容量达到$1\,091\times10^4$ kW,占全国总装机容量的1.35%。我国抽水储能电站的占比明显偏低,随着国内核电及大型火电机组的投建,国内抽水储能电站建设明显加速。在建规模达到约 $1.4 \times 10^7$ kW,拟建和可行性研究阶段的抽水储能电站规划规模分别达到 $1.5 \times 10^7$ kW 和 $2.0 \times 10^7$ kW。若以上项目顺利投产,近期我国抽水储能电站总装机容量就达到约 $6.0 \times 10^7$ kW。

储能本身不是新兴技术,但从产业角度来说却是刚刚出现,正处在起步阶段[3]。

### 5.1.3　抽水储能电站类型

抽水储能电站按电站有无天然径流分类,包括纯抽水储能电站和混合式抽水储能电站这两种。前者没有或只有少量的天然水进入上水库(以补充因蒸发或渗漏的损失),而作为能量载体的水体基本保持一个定量,只是在一个周期内,在上下水库之间往复利用;厂房内安装的全部是抽水储能机组,其主要功能是调峰填谷、承担系统事故备用等任务,并不承担常规发电和综合利用等任务。后者的上水库具有天然径流汇入,来水流量已达到能安装常规水轮发电机组来承担系统的负荷。因而混合式抽水储能电站厂房内所安装的机组一部分是常规水轮发电机组,另一部分是抽水储能机组。相应地,这类电站的发电量也由两部分构成,一部分为抽水储能发电量,另一部分为天然径流发电量。因此,这类水电站的功能,除了调峰填谷和承担系统事故备用等任务外,还有常规发电和满足综合利用要求等任务。

抽水储能电站按水库调节性能分类,又包括日调节、周调节和季调节这 3 种。日调节抽水储能电站的运行周期呈现日循环规律,每天顶 1 次(晚间)或 2 次(白天和晚上)尖峰负荷,晚高峰过后,上水库放空、下水库蓄满;继而利用午夜负荷低谷时系统的多余电能抽水,至次日清晨上水库蓄满,下水库被抽空。纯抽水储能电站大多为日调节蓄能电站。周调节抽水储能电站的运行周期呈现周循环规律。在一周的 5 个工作日中,蓄能机组如同日调节蓄能电站一样工作。但每天的发电用水量大于蓄水量,在工作日结束时上水库放空,在双休日,系统负荷降低,利用多余电能进行大量蓄水,至周一早晨上水库蓄满。我国第一个周调节抽水储能电站为福建仙游抽水储能电站。季调节抽水储能电站,每年汛期利用水电站的季节性电能作为抽水能源,将水电站必须放弃的多余水量,抽到上水库蓄存起来,在枯水期放水发电,以增补天然径流的不足。这样就将原来汛期的季节性电能转化成了枯水期的保证电能。这类电站绝大多数为混合式抽水储能电站。

当然,还有按站内安装的抽水储能机组类型、布置特点、抽水储能电站的运行工况和启动方式等进行分类,此处不做赘述。顺便指出,抽水储能电站中所采用的水力机组均为可逆式水泵水轮机。

### 5.1.4 抽水储能电站的构成特点

抽水储能电站一般由 5 个部分组成,分别为上水库、下水库、可逆水泵水轮机组、输水系统、地面开关站。

从基本工作原理来说,抽水储能电站完整的构成如图 5 - 1 所示。其中,调压井是为调节水头而设置的,这是因为水力机械在工况过渡过程会出现水库水头剧烈波动现象[4]。

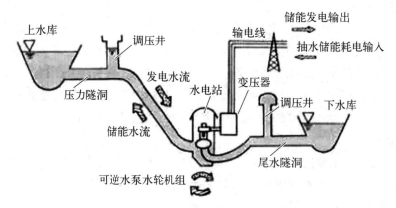

图 5 - 1 抽水储能发电系统结构简图

## 5.2 蓄电池储能技术

蓄电池包括铅酸电池、锂电池、钠基电池和液流电池等。其中,锂电池是一类由锂金属或锂合金为正/负极材料,使用非水电解质溶液的电池。锂电池以其安全性高、输出功率大、使用寿命长的优点,大规模用于电动汽车和规模化发电站。

### 5.2.1 锂电池等蓄电池的结构与特点

锂电池大致可分为两类:锂金属电池和锂离子电池。锂金属电池一般是使用 $MnO_2$ 为正极材料,金属锂或其合金金属为负极材料,使用非水电解质溶液。锂离子电池一般是使用锂合金金属氧化物为正极材料,石墨为负极材料,使用非水电解质。

另外,还有一种"大力核聚变锂电池",又叫原子电池、核电池、氚电池,其在一个放射性同位素的衰减过程产生电能。与核反应堆一样,产生的原子能电力与其他类型蓄电池的不同之处在于,其不使用链式反应。与其他电池相比,尽管造价昂贵,但有极长的寿命和高能量密度。因此,主要用于长时间无人值守操作的设备,如航天器、心脏起搏器、水下系统和偏远地区的科学考察站等。

我国锂资源储量仅占全球的 20%,且集中于高海拔地区,开采困难。受此制约,锂的资源高度依赖进口,随时面临卡脖子的风险,但新能源汽车和工业领域的电动化对锂电池的需求量日益攀升,寻找在部分应用中可以替代锂离子电池的新技术势在必行。在此背景下,钠离子电池进入大众的视野。钠的地壳元素含量排名第六,这就意味着钠资源非常丰富。其实钠离子电池并不是什么新鲜概念。早在 19 世纪,人类就开始了对这一领域的探索。钠元素和锂元素有着相近的化学性质和工作原理,主要通过钠离子在正负极之间的嵌入、脱出实现电荷转移,但早期的钠离子在电池上的表现远不如锂离子。相较于锂离子,钠离子体积较大,在材料结构稳定性和动力学性能方面要求更严苛,这也是钠离子电池迟迟难以商用的瓶颈。

我国著名企业宁德时代的对策是使用克容量较高(160 mA·h/g)的“普鲁士白”材料作为正极材料(属于“普鲁士蓝”类化合物中的一种),其容量最接近磷酸铁锂,宁德时代又对材料体相结构进行电荷重排,解决了“普鲁士白”在循环过程中容量快速衰减这一核心难题。负极材料方面,宁德时代使用的是具有独特孔隙结构的“硬碳”材料,其具有克容量高(可达 350 mA·h/g)、易脱嵌、循环性能优异等特点。基于材料体系的突破,宁德时代第一代钠离子电池单体电池能量密度达到了 160 W·h/kg,这是目前全球的最高水平,且在常温下充电 15 min 就可补充 80% 电量,赋予了电池快充能力。不仅如此,在 -20 ℃ 的低温环境下,也拥有 90% 以上的放电保持率;在系统集成效率方面,也可以达到 80%。宁德时代下一代钠离子电池的能量密度有望突破 200 W·h/kg[5]。

比传统铅酸电池充放电速度更快、成本更低的铅碳电池也得到了快速发展。高性能铅碳电池也已经成功应用于超级电容。

液流电池也已经被广泛应用于电网应急备用电源和负荷削峰填谷储备。以全钒液流电池为例,全钒液流电池系统由“电堆”单元、电解液及电解液“储供”单元、控制管理单元等部分组成。其中,“电堆”是由数节单电池以压滤机的方式叠加紧固而成。全钒液流电池工作原理如下:正极和负极电解液分别装在两个储罐中,通过泵和管路使电解液通过电池循环;在电堆中,正极、负极电解液用离子交换膜分隔开,电池外接负载(见图 5-2)[6]。其储能技术特点在于:电池输出功率取决于其中“电堆”的大小和数量,储能容量取决于电解液的容量和浓度,设计十分灵活；电解质金属离子只有钒离子一种，可以有效避免电解液交叉污染，电池使用寿命长；电解质溶液为水溶液，电池系统无潜在的爆炸或着火危险，安全性高；电池部件使用的材料来源丰富，在回收过程中不会产生污染。全钒液流电池的储能技术应用于大规模储能技术的潜力很大[7]。

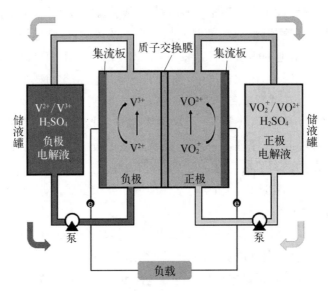

图 5-2　全钒液流电池工作原理示意图

## 5.2.2　新型电化学储能技术

此外，新型电化学储能技术层出不穷，半固态电池就是其中的一种。半固态电池的电极悬浮液主要由活性材料、导电添加剂和电解液组成。电池的正极和负极悬浮液分别装在两个储液罐中，利用送液泵使悬浮液在电池反应室和外部储液罐之间进行循环流动（见图 5-3）[8]。

图 5-3　半固态电池结构示意图

在电池反应器内部，正极和负极悬浮液用离子隔膜分隔开。充电时，电池内部离子从正极向负极运动，电子经外电路从正极向负极运动；放电时，离子与电子的运动方向与充电时相反。半固态电池的优势是储能容量和功率可独立调控，即储能容量由储液罐的大小决定,功率由电池反应室的大小决定。另外,正、负极材料的利用率与传统电池相比有所提高,且电极悬浮液中的电解液便于更换或补充。对电极悬浮液的成分和电池结构进行优化,可进一步提高电池的电化学性能,降低其综合成本[9]。

当然,新型的蓄电池还有很多,更为详细的内容可参阅有关文献[10]。

## 5.3　超导磁储能技术

超导磁储能(superconducting magnetic energy storage,SMES)的本质是一个大型电感,即超导线圈利用超导体电阻为零的特性来储存电能,其持续存储的能量几乎不发生损耗,在需要时可将电磁能量输出至负载或电网。这也是解决电网电压凹陷和谐波等问题的方法之一[11]。

### 5.3.1　超导磁储能系统的构成

SMES 系统由超导材料线圈、低温容器、制冷装置、功率变换装置、检测与控制系统组成。其中,超导材料线圈是 SMES 的核心部件,是能量存储单元,在超导态下,具有零电阻,完全抗磁性,与常规导电材料相比,能够承载非常大的电流密度,其储能密度可以高达 $10^8$ J/m$^2$。功率变换装置是大电网与 SMES 系统进行能量交换的装置,实现电网能量在超导储能线圈的缓存,在需要时释放;同时,还可发出电网所需的无功功率,通过相位控制实现与电网的四象限功率交换,从而发挥提高电网稳定性或改善电能质量的作用。低温制冷装置为超导磁体提供低温超导态的运行环境,目前主要是通过液氮实现 77 K 制冷环境。检测与控制系统用来检测获取电网运行主要参数,同时还具有自检和保护功能,保障 SMES 系统安全可靠运行。

### 5.3.2　超导磁储能技术的发展方向

SMES 具有和锂电池相当的单位质量储能,但单位质量功率高于超级电容器,且 SMES 放电时间为毫秒级,远远快于锂电池。尽管超导磁储能在世界上还处于初始发展阶段,但 SMES 已经应用于提高电力系统的暂态稳定性。未来一旦使用高温超导体,降低储能成本,同时加强惰性气体低温储存技术的开发,SMES 无疑会得到迅速发展。

## 5.4　飞轮储能技术

飞轮储能是一种大功率、快响应、高频次、长寿命的机械类储能技术,具有广阔的应用前景。

### 5.4.1　飞轮储能原理

　　飞轮储能系统通常包括飞轮、电机、轴承、密封壳体、电力控制器和监控仪表。图5-4所示为适用于移动装备或分布式新能源电站的某种小型飞轮储能系统机械结构。其实,飞轮还有两种主流结构,即"内定外转"和"外定内转"。前者相对后者技术要求高,但易实现小型化和高转速。

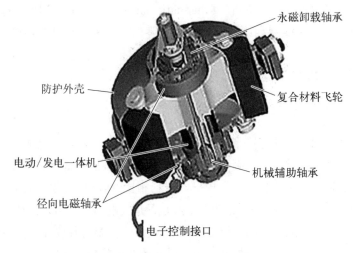

永磁卸载轴承

防护外壳

复合材料飞轮

电动/发电一体机

机械辅助轴承

径向电磁轴承

电子控制接口

**图5-4　飞轮储能机械结构示意图**

　　飞轮储能是一种物理储能技术,利用电能驱动飞轮高速旋转将电能转换为机械能。在需要的时候,通过飞轮惯性拖动电机发电,将储存的机械能转变为电能输出。飞轮高速运转时转动惯量不断增大,储存能力也越来越大,在真空条件下运行还可以减小运行阻力,实现储能效率最大化。飞轮储能具有寿命长、维护简便等优点。目前,大功率的飞轮储能系统除了应用于航空航天之外,主要还应用于风力发电系统,以及电网调频、新能源电站并网、轨道交通、大功率不间断电源(uninterruptible power supply, UPS)等领域。

### 5.4.2　飞轮储能技术的发展方向

　　飞轮储能的计算公式为

$$E = \frac{1}{2} J \omega^2 \qquad (5-1)$$

式中,$E$ 为动能,单位为J;$J$ 为转动惯量,单位为 kg·m²;$\omega$ 为角速度,单位为 rad/s。

由式(5-1)可知,转子质量和转速的提升都可以实现储存能量的提升,转速提升效果更为明显。

提高转速是提高飞轮储存能量的有效途径,与高速电机的特性更加匹配,是最有效的技术路线。转速提升的关键是转子材料。合金材料飞轮可承受的边缘线速度较低,限制了产品储能量的提高。相对而言,碳纤维具有密度低、抗拉强度高的特点,更适合匹配高速电机,可实现飞轮的高转速、高功率、高储能的技术特点。因此,复合材料转子飞轮是未来发展的主要方向。在成本方面,合金飞轮和复合材料飞轮的成本临界点储电量均在 5 kW·h 左右,复合材料转子制作的能量型飞轮更具成本优势[12]。

### 5.4.3 飞轮储能技术的应用前景

飞轮储能适用于大功率、响应快、高频次的场景,典型应用包括 UPS、轨道交通、电网调频三大领域,未来还将拥有充电桩、工程机械等新兴市场。

国内外数据中心、通信基站、重要活动都对电源不间断有明确的要求,目前主要使用化学电池+柴油发电机的组合模式。与目前的化学电池相比,飞轮储能具有响应速度更快、瞬时功率大、占地面积小、使用寿命长等优点,更适合与柴油发电机搭配作为 UPS 电源。

特别值得指出的是,飞轮储能装置将会成为轨道交通中的重要部件。尽管列车减速或刹车可以通过再生能源回馈电网,但是地铁列车进站回收的某些电能仍然需要采用储能的方式予以回收,否则会通过电阻放热方式消耗掉而引起资源浪费和冲击电网的问题。

对于大型电网的发电和用电平衡,需采用大型飞轮储能装置系统,在电网频率发生波动时,为了平抑这种波动,电网需配备总发电量 2%的调频电站。目前,中国电网调频主要是由发电机组承担,未来新能源入网比例增加,电网调频的需求将更大。飞轮储能具备功率大、响应速度快、循环能力强等特性,可以随着电网的变化快速有效地进行有功/无功补偿,平抑负荷波动,缓冲发电输出瞬变,支撑电网频率和电压的稳定,具有很好的应用前景。

华阳集团 600 kW 全磁悬浮飞轮储能系统是国内目前单体容量最大的全磁悬浮飞轮储能系统,标志着华阳集团飞轮储能技术水平进入世界前列。目前,该系统用于深圳城市轨道交通的再生制动能量回收领域。该系统集成了材料学、复合材料转子动力学、电机控制等众多前沿技术,飞轮转速高达 15 000 r/min,具有毫秒级功率响应、千万次循环寿命以及每小时上百次充放电的特性,能够很好地适应城市轨道交通列车频繁启动、制动,且占地面积较小,仅为铅酸电池的

1/4,可根据实际应用放置于各种区域。此外,飞轮储能装置采用合金钢材料制造,报废后可回收利用,符合绿色环保要求。

据测算,华阳集团生产的两套 600 kW 飞轮储能系统,在地铁线全线每年可节电 $1.155 \times 10^7$ kW·h,还兼具减少地铁热排放、改善列车牵引供电质量等优势[13]。

## 5.5 超级电容储能技术

超级电容(super-capacitor,SC)又名电化学电容双电层电容器、黄金电容、法拉电容,是从二十世纪七八十年代发展起来的通过极化电解质来储能的一种电化学元件。它不同于传统的化学电源,是一种介于传统电容器与电池之间、具有特殊性能的电源,主要依靠双电层和氧化还原赝电容(pseudo-capacitance,也称法拉第准电容)电荷来储存电能。储能过程并不发生化学反应,过程是可逆的。因此,超级电容器的反复充放电次数可达十万次。

### 5.5.1 超级电容器的构成

超级电容器的组成结构如图 5-5 所示,是由高比表面积的多孔材料电极、集流体、多孔性电池隔膜及电解液组成。电极材料与集流体之间需紧密相连,以减小接触电阻。隔膜应满足具有尽可能高的离子电导和尽可能低的电子电导条件,一般为纤维结构的电子绝缘材料,如聚丙烯膜。电解液应具有高电导率、高分解电压、较宽的工作温度范围、安全无毒性以及良好的化学稳定性、不与电极材料发生反应等优点。超级电容器使用的电解液可以分为两大类:固态电解液和液态电解液。其中,液态电解液为目前使用较多的电解液,可分为有机体系和水系电解液。

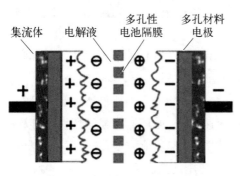

集流体　电解液　多孔性电池隔膜　多孔材料电极

图 5-5　超级电容器结构示意图

1) 电极

一体化电极(电极整体)主要由电极活性物质、导电剂、分散剂和集流体组成。电极材料是超级电容器的核心组成部分,超级电容器的性能主要由电极材料的性能决定。目前,超级电容器的电极材料主要分为碳材料、导电聚合物材料和金属氧化物。导电聚合物材料中的导电剂是在不影响电极反应的前提下,为了提高电极活性物质的电导率而加入的具有良好导电性的物质,一般包括石墨和金属粉末等。导电聚合物材料中的分散剂是为了使电极活性物质能够充分分散而加入的添加剂,主要有乙炔黑等密度较小的物质。集流体一方面作为电极活性物质的载体,使电极活性物质均匀地分散在集流体的表面;另一方面在电极反应过程中作为电子集结体。

2) 电解液

水系电解液是最早应用于超级电容器的电解液,具有较高的电导率,电解质分子直径较小,易与微孔充分浸渍,便于充分利用表面积且价格便宜。水系电解液可以分为酸性电解液、碱性电解液和中性电解液。酸性电解液中最常用的是 $H_2SO_4$ 水溶液,具有电导率及离子浓度高、等效串联电阻低的优点。但是,$H_2SO_4$ 水溶液的腐蚀性大,且其中的集流体不能用金属材料,电容器受到挤压破坏后,会导致 $H_2SO_4$ 泄漏,造成更大的腐蚀。碱性电解液最常用的是 KOH 水溶液,除了用 KOH 水溶液外,LiOH 水溶液也可以作为电解液。对于金属氧化物电极材料,其在碱性电解液中具有最高的比容量,且相对于酸性电解液,碱性电解液的腐蚀性相对较小。但是,碱性电解液存在"爬碱"现象,这使得密封成为难题。中性电解液主要包括钾盐、钙盐、钠盐和有部分锂盐的水溶液,一般腐蚀性较小。金属氧化物电极材料在中性电解液中容量更低。尽管水系电解液价格便宜,应用较广泛,但水系电解液分解电压较低(水的理论分解电压为 1.229 V),导致使用水系电解液超级电容器的工作电压低,不利于提高其能量密度。此外,水系电解液凝固点较高、沸点较低,不利于使超级电容器在更宽的温度范围内使用。

有机电解液主要由电解质和溶剂组成。常用的电解质阳离子主要有季铵盐($R_4N^+$),如 $Me_4N^+$、$Et_4N^+$、$Bu_4N^+$、$Me_3EtN^+$ 等;阴离子有 $CLO_4N^-$、$BF_4^-$、$PF_6^-$、$AsF_6^-$ 等。常用的溶剂有碳酸丙烯酯(PC)、$\gamma$-丁内酯(BL)、碳酸乙二酯(EC)、二甲基甲酰胺(DMF)、丁腈(AN)等。有机电解液均具有较高的分解电压(一般为 2~4 V),有利于获得更高的能量密度。此外,有机电解液的使用温度范围较宽,具有较高的电化学稳定性。但是,有机电解液也具有离子传输能力较差、成本高等缺点。

在超级电容器电极材料的研究日趋成熟,电极材料的性能得到大幅度提高的条件下,改善电解液的性能将成为继电极材料之后改善超级电容器性能的另一突破口。

3) 隔膜

隔膜的作用是防止正负极之间直接接触而发生短路,但允许电解液离子自由通过的多孔绝缘体薄膜。隔膜材料不仅需要具有稳定的化学性质,本身还不能具有导电性,且对于电解液离子的通过不产生任何阻碍作用。目前,使用最多的隔膜是聚合物多孔薄膜,如玻璃纤维、聚丙烯膜、琼脂膜等。

### 5.5.2　超级电容器的储能原理

根据储能机理可将超级电容器分为双电层电容器和法拉第赝电容器两类。

1) 双电层电容器的储能原理

双电层电容器是通过电极溶液界面上异号电荷的对峙储存能量,其理论基础是电极溶液界面的双电层。现代双电层理论把双电层看作一个近似的平行板电容器,认为电极表面的剩余电荷通过静电作用从溶液中吸引带异号电荷的离子,使其在电解质溶液中靠近电极表面(约 $10^{-10}$ m)处形成一个与电极表面所带剩余电荷数量相等而符号相反的界面层。在外界电场消失时,由于界面存在"位垒",界面两侧的两层电荷均不能越过边界彼此中和,形成了能够稳定存在的双电层。

双电层电容器采用高比表面积的碳材料作为电极材料,其能量储存如图 5-6 所示。在充电前,电极材料中的剩余电荷和电解液中的电解质均处于自然状态,电极表面的少数静电荷与溶液中带异号电荷的电解质离子相互吸引,形成双电层,使电极溶液界面上存在电势差 $\varphi_0$,此时大部分电解液离子随机均匀分布在溶液体相中。开始充电时,正、负电极表面所带的剩余电荷急剧增多,而溶液中的阴、阳离子也在电场作用下分别向正、负电极表面迁移,在电极溶液界面形成双电层。此时,电极表面的剩余电荷密度较大,大量带异号电荷的离子排列在靠

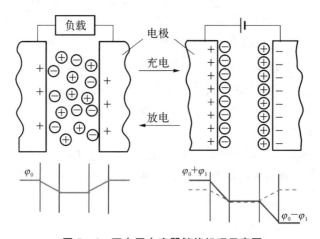

图 5-6　双电层电容器储能机理示意图

电极溶液界面的一侧。与充电之前相比,充电后正极表面因带大量正电荷而电势升高的数值为 $\varphi_1$,负极表面因负电荷增加而电势降低的数值也为 $\varphi_1$,正、负电极的电势差(即双电层电容器所提供的电压)为电势升高数值的 2 倍,即 $2\varphi_1$。放电时,当正、负极分别与外电路连通时,电极表面的电荷通过外电路彼此中和,电极溶液界面形成双电层的电解液离子也重新分散到溶液体相中,恢复到充电前的自然状态。这就是双电层电容器的储能原理。

2) 法拉第赝电容器的储能原理

法拉第赝电容是指在电极表面或体相中的二维/准二维空间上,电活性物质进行欠电位沉积,发生高度可逆的化学吸附脱附或氧化还原反应而产生的电容。赝电容是介于传统电容器和电池之间的一种中间状态,虽然电极活性物质因电子传递发生了法拉第效应,但其充放电行为更接近电容器而非普通电池。这是因为其充放电行为存在两个特征:电容器的电压随储存或释放的电荷量近似线性变化;当电容器的电压随时间发生线性变化时,所观察到的电流或电容接近一个常数。

对于法拉第赝电容,其电荷储存不仅包括电极表面的双电层,还包括电极活性物质表面或体相中的二维/准二维空间上活性物质发生法拉第效应而储存的能量。对于一个超级电容器体系,往往是法拉第赝电容和双电层电容这两种存储机制同时存在,只是其中一种存储机制占据主导地位,而另一种存储机制相对较弱。在法拉第赝电容器中,法拉第赝电容占据绝对主导地位,其功率密度大小由活性物质表面或体相中电解液离子的传输速率和电荷转移速率控制。在电极面积相同的情况下,法拉第赝电容的比容量可以是双电层电容比容量的 10~100 倍。

法拉第赝电容材料的比容量除了与电极材料的微观结构(比表面积、孔隙率和孔径分布等)有关外,还与电极活性物质的种类(元素组成)、晶体结构等因素相关。由于法拉第赝电容的充放电速度在一定程度上受电解液离子在活性物质表面或体相中二维/准二维空间上迁移速度的限制,因此法拉第赝电容器的倍率性能与电极材料的晶体结构具有非常密切的关系[14]。

### 5.5.3　超级电容器的主要应用领域

超级电容器以其高比能量、大功率密度和长循环寿命等特点在如下领域得到了极为广泛的应用。

1) 太阳能与风力发电

太阳能发电、风力发电均具有间歇性和不稳定性,需通过大型储能装置的调节才能输出。该储能系统要求存储容量大,存储速度快,工作寿命长,漏电流小、能够在较宽温度范围内稳定工作以适应天气的变化以及免维护等。由于蓄电池难以满足上述要求,因此超级电容器和大型液流电池被视为能够满足这一领域特殊要求的新型储能系统[15]。

2)航天军事领域

在航天军事领域,超级电容器可以为粒子束武器、导弹、航天飞行器、激光武器和潜艇等高尖端军事设备的电源提供高功率电能。因为这些武器装备在发射阶段除装备(配置)常规高比能量电池外,还需配备超级电容器才能构成致密型超高功率脉冲电源,通过对脉冲释放率、脉冲密度、脉冲强度的调整,使起飞加速器、电弧喷气式推进器等装置在脉冲状态下可以达到任意平均功率水平的功率状态。同时,炸弹的引爆、坦克的启动等均需要配备超级电容器提供瞬间大电流[16]。

3)无线通信和消费类电子产品

由于具有大功率和快速充放电的特性,超级电容器相当适合作为大功率脉冲电源,特别是那些使用无线技术的便携装置,如便携式计算机、采用无线通信的掌上装置等。同时,超级电容器还可在电源波动和停电时维持运作,避免产生损失并延长便携式装置中电池的使用寿命。另外,超级电容器在消费类电子产品中也有广阔的应用前景[17]。

4)电力交通领域

如今,电动车对作为动力源的蓄电池的功率也提出了极为苛刻的要求。电动汽车的启动、刹车和爬坡等过程对电源系统的功率需求极高,因此,配置超级电容器将是最好的选择。同时,超级电容公交车和超级电容电动列车的问世也引发人们的广泛关注[18]。2012年8月10日,世界第一列超级电容轻轨列车在湖南省株洲市下线。这种新型电力机车无须在沿线架设高压线,只需停站几秒钟就能完成充电[19]。

超级电容器还可用于各种大型载重和特种车辆,以及船舶和飞机的电启动装置上,还可作为机场或码头牵引车的主电源等。

## 5.6 压缩空气储能技术

压缩空气储能系统(compressed air energy storage,CAES)被认为是最有发展前景的大规模电力储能技术之一,具有储能规模大、存储周期长、对环境污染小等优点[20]。

## 5.6.1  压缩空气储能系统分类

压缩空气储能种类很多,从是否辅助燃烧的角度可分为非绝热式、绝热式、恒温式 3 种;从是否回收热量的角度可分为补燃式和非补燃式两种;从是否利用压缩/膨胀热的角度可分为回热式和非回热式两种。

1) 非绝热式压缩空气储能

非绝热式压缩空气储能系统为压缩空气储能的基本类型之一。在储能时,电动机带动压缩机压缩空气并将其存于储气装置中。发电过程中,高压空气从储气装置中释放,驱动膨胀机带动发电机输出电能(见图 5 - 7)。

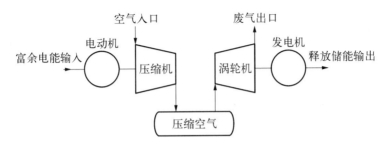

**图 5 - 7  非绝热式压缩空气储能系统基本原理**

2) 补燃式压缩空气储能

在储能时,补燃式压缩空气储能系统中的电动机带动压缩机,空气通过多级压缩储存于储气装置中,同时使用冷却装置回收其压缩放出的热量。在释能过程中,高压空气从储气装置中释放,通过多次补燃,驱动透平带动发电机输出电能。其系统结构如图 5 - 8 所示[21]。

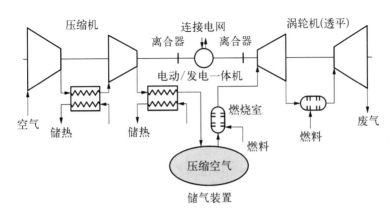

**图 5 - 8  电站压缩空气储能系统示意图**

补燃式压缩空气储能系统的优点是可靠性强、稳定性强、灵活性好；缺点是消耗化石能源、增加温室气体排放。

3）绝热式压缩空气储能

压缩空气储能系统在压缩空气时，将会产生大量的压缩热，一般均需使用储热装置对热能进行回收。在发电过程中，使用该热源对压缩空气进行加热，提高系统效率。目前，国内示范工程采用该模式，多为四级压缩放热和四级膨胀吸热，这是一种比较先进的绝热式压缩空气储能系统。该绝热式压缩空气储能系统基本原理如图5-9所示。

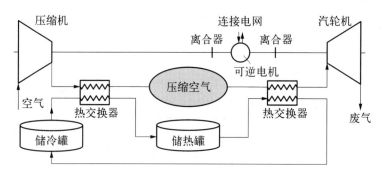

图 5-9　绝热式压缩空气储能系统基本原理

当然，压缩空气储能系统种类远不止这几种，更为详细的技术可以参阅相关文献资料[22]。

### 5.6.2　储气装置种类与特点

储气装置包括地下、地面和水下等储气装置。

1）地下储气装置

地下储气装置是应用较早且使用广泛的储气装置，通常选择地下的天然洞穴或废弃的矿洞、盐穴进行储存。优点是建设成本较低、不占空间；缺点是需要满足特定的地质条件。特别是利用盐矿开采后留下的矿洞储存压缩空气时，体积巨大。利用水溶开采方式在地下较厚的盐层或盐丘中采矿后会形成地下洞穴，高温高压下的盐具有在裂缝条件下自动愈合的特点，一段时间后地下盐穴就成了很好的密封储存库，其密封性好，可靠性高，造价低，被认为是较好的储气方式（见图5-10）。

2）地面储气装置

地面储气装置主要有储气罐和管道两种。储气罐存在压力偏低的缺点。管道储气是使用若干根大口径、高强度的结构钢管按照一定间距布置来储存气体，管道首尾两端通过弯头与外部接口连接。其优点是能够高压、大容量储存压缩

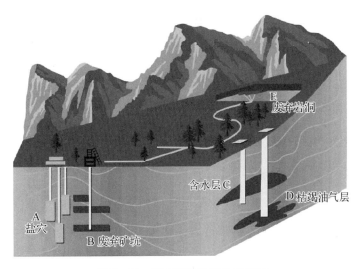

图 5‑10　地下储气装置分布类型

空气;同时,布置灵活,施工方便,可进行埋地放置,能够节约大量的地上空间。

3)水下储气装置

从岸边钻掘气道,直通湖底或海底,连接大型气球,由重物压住,固定在湖中或海中,利用水压加强压缩空气的效果(见图 5‑11)。储能时把高压空气从岸上基地沿着气道打入水底的大气球;需要能源时,就释放压缩空气,推动涡轮发电。水下储气装置能源回收率为 60%～80%,设备保固 10 年,预期还能延长到 20 年。

图 5‑11　海底储气装置

## 5.7　多种储能技术基本性能比较

对当前已经被采用的多种储能技术的基本性能进行比较,可以将其分成三大类：电化学储能、电磁储能和物理储能。

## 5.7.1  电化学储能

电化学储能主要包括铅酸蓄电池、锂电池、全钒液流电池、钠硫电池等，其中铅酸蓄电池在电力系统中的应用最多。

1）铅酸蓄电池

铅酸蓄电池具有技术成熟、价格低廉、储能容量扩展方便、可达兆瓦级的优点，通常可作为产生电场的辅助电源、电网断路器或隔离开关的动作电源和小型电网的不间断电源（UPS）等。缺点是循环使用次数有限导致寿命较短、维护量较大、报废之后若处理不当会造成环境污染等。

2）锂离子电池

锂离子电池，正极由化学性质十分活泼的锂元素的活性离子化合物组成，负极则是化学性质非常稳定的碳材料。锂电池是根据 $Li^+$ 在正负极材料中的嵌入和脱嵌，完成充电和放电化学反应过程的。锂离子电池以高比能量和高比功率的优势，应用于形形色色的数码产品中。缺点是成本相对较高，高低温运行性能差。但是，使用 $LiFePO_4$ 为正极材料的锂电池成本优势突出，正逐渐成为锂电池的主要发展方向。这种材料的锂电池是全球范围内众多汽车行业的第一选择和主要研究方向。

3）液流电池与全钒液流电池

全钒液流电池作为液流电池的主流，其正负极的活性物质均为液态流体状态的氧化还原电极。液流电池具有功率大、寿命长、可以快速充电等优点。但是，我国液流电池的重要组成部分，如离子交换膜、电极材料、高浓度的电解液的生产技术水平，仍处于初期阶段。

4）钠硫电池

钠硫电池是把化学性质活泼的金属钠作为负极材料，把相对稳定的非金属活性物质硫作为正极材料，把稳定的氧化铝陶瓷作为电解质，同时起隔离作用而制造形成电池。如今，已经研制出来的该电池单体容纳电荷的能力达到 650 000 mA·h，功率在 120 W 以上，可以通过串并联直接组合扩容构成储能单元。钠硫电池的优点是具有高的能量密度、大的功率密度、价格低廉、无毒无害等。缺点是工作需要的温度在 320 ℃以上，一旦起隔膜作用的氧化铝陶瓷破裂，呈液体状态的钠和硫会直接接触，从而发生剧烈的放热反应，必将导致 2 000 ℃的高温，这极其危险。

### 5.7.2　电磁储能

1）超导线圈储能系统

20 世纪 70 年代超导线圈储能技术就已经应用在电力系统领域。超导线圈储能是利用导线在特殊环境中的超导特性，将电网提供的电能转化成磁场能储存在周围空气中，储存的能量为 $E = \dfrac{1}{2}LI^2$（其中，$L$ 为线圈自感的大小；$I$ 为线圈电流）。如果该储能线圈一直处于超导状态，线圈的电流将保持恒定。在这种状态下，因为没有电阻存在，能量不会因产热损耗，直到需用时可再取出。超导线圈装置属于直流储能元件，电力系统的交流电需要经过整流才能给超导线圈充电，放电时则过程相反，需要经过逆变。这种储能方式的优点是没有能量形式的转化，响应时间短（毫秒级）、效率高（>95%）、功率密度大（1 000 W/kg）以及具有 10 万次以上的循环使用次数；缺点是成本偏高及其强的磁场对环境产生的影响尚待更进一步评估。

2）超级电容器储能

经特殊工艺制造的超级电容器与传统电容器不同，其根据电化学双电层的结构原理制造而成，可以承受较大的功率波动。在充电过程中，理想状态下，处于极化状态的电荷聚集在电极表面，吸引周围电解质中极性相反的离子，形成双电荷层，构成双电层超级电容器。其优点是安装简单、体积较小，同时具有非常高的功率密度，达 10 kW/kg，且可以运行在各种恶劣的高低温和高低压环境中；缺点是价格昂贵，容量相对较小，大的功率交换状态不能持久，因此，多用于高峰值功率、小容量要求的场合。

### 5.7.3　物理储能

1）抽水储能

利用地势上的特点，基于两个不同海拔高度的水库而建成的电站称为抽水储能电站。在负荷处于低谷时段时，抽水机消耗电能转化为水的重力势能，将下游水库中的水抽送到上游水库；在负荷的高峰时段，利用上游水库水的势能自然流下带动水轮发电机发电。抽水储能电站的优点是储存规模可大可小，能量释放时间短则几小时长则几天，效率为 70%～85%。其缺点是建设周期长，初期投资大，对地理条件有特殊的要求。虽然这种储能方式在大电网中有较好的经济性，但受到地理条件和初期建设投资成本的约束，抽水储能在分散式发电系统中实施有一定难度。

2）飞轮储能

飞轮储能技术储存的是飞轮的动能，利用的是飞轮的高速旋转特征。当需要释放能量时,由飞轮带着发电机旋转,消耗动能,产生电能。最近几年,飞轮储能研究的增多,以及新材料和新技术的出现,如真空技术、磁悬浮技术等,明显减小了轴承的摩擦与空气阻力;强韧性纤维复合材料的投入使用可以承受飞轮更高速度的旋转,显著增加了飞轮单位质量的平均动能;同时,由于电力电子新技术的快速进步,飞轮的运行控制方式变得方便。飞轮储能的优点是功率密度大、循环寿命长、环保无污染、维护简单等。因此,在不久的将来,飞轮储能将成为一种非常有竞争力的储能技术的观点被普遍认同。

3) 压缩空气储能

压缩空气储能的一个循环被分为两个过程:充气压缩过程储能,排气膨胀过程释放能量。深夜,绝大部分负荷停止工作,电机作为电动机运行,带动空压机把空气打入空气储存设备(如报废的矿井、空气存储罐、山洞、用过的油气井或新建的储气井以及其他储气装置),将空气进行高压密封储存;白天,负荷较大,电机作为发电机运行,储存的压缩空气先经固定设备加热后进入燃烧室,在这里与燃料充分混合后燃烧,最后进入气缸驱动活塞,通过传动轴带动原动机,由机械传动装置带动发电机进行发电,或者推动汽轮发电机组进行发电。目前,能输出恒压气体的水封电站是最理想的压缩空气储能。压缩空气储能电站的优点是建设与运行成本低、经济性好、无污染安全可靠、使用寿命长;缺点是场地受限、建设困难等[23]。将其中最主要的储能形式采用图标的方式进行比较更能一目了然(见图 5-12)[24]。

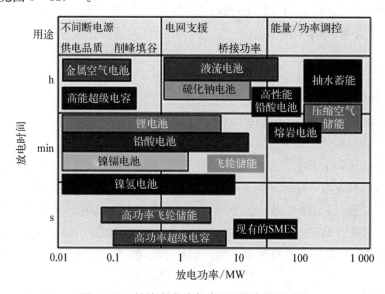

图 5-12 储能方式放电功率和放电时间对比

## 参考文献

[ 1 ] 张中宽,孙慧丽.浅谈储能技术在电力系统中的应用[J].科技传播,2016(9)：209-210.

[ 2 ] 佚名.我国抽水蓄能电站建设现状与前景分析[N].中国电力网,2012-08-28.

[ 3 ] 谭磊,戴旭东.分布式抽水蓄能电站的应用探索[J].工业控制计算机,2018,31(8)：151-152.

[ 4 ] 王宁.多能源互联耦合系统协同优化策略研究[J].南京：南京邮电大学,2018.

[ 5 ] 高驰.宁德时代发布第一代钠离子电池未来可期[J].汽车与配件,2021(15)：55.

[ 6 ] 张华民.储能与液流电池技术[J].储能科学与技术,2012(1)：58-63.

[ 7 ] 刘珂.全钒液流电池扩散层传质系数的影响因素研究[D].杭州：浙江大学工学,2021.

[ 8 ] DUDUTA M, HO B, WOOD V C, et al. Semi-solid lithium rechargeable flow battery [J]. Advanced Energy Materials, 2011(4)：511-516.

[ 9 ] 冯彩梅,张晓虎,陈永翀,等.新型电化学储能技术：半固态锂电池[J].科技通报,2017,33(8)：19-26,179.

[10] 白小洁,曹德富,王君慧,等.半固态储能电池的研究进展[J].无机盐工业,2021(7)：10-22.

[11] 张秀彬,聂晓冬.超导磁储能技术发展的新动向[J].动力工程,1994,14(1)：50-53,63.

[12] 王明菊,王辉.飞轮储能的原理及应用前景分析[J].能源与节能,2021(4)：27-28,54.

[13] 佚名.华阳集团全磁悬浮飞轮储能系统下线[N].潇湘晨报,2021-08-10.

[14] 刘卯成.双金属氧化物及其复合材料的赝电容行为研究[D].兰州：兰州理工大学,2013.

[15] 胡毅,陈轩恕,杜砚.超级电容器的应用与发展[J].电力设备,2008,9(1)：20-22.

[16] 张请,王金全.超级电容器及应用探讨[J].电气技术,2007(8)：67-70.

[17] 陈英放,李媛媛,邓梅根.超级电容器的原理及应用[J].电子元件与材料,2008,27(4)：6-7.

[18] 张杜鹤,欧阳海,胡欢.超级电容器在电动汽车上的应用[J].汽车工程师,2009(6)：56-58.

[19] 佚名.世界第一列超级电容轻轨列车在湖南省株洲市下线[EB/OL].(2012-08-10)[2021-11-09]http://news.sina.com.cn/o/2012-08-10/214924946977.shtml.

[20] 余耀,孙华,许俊斌,等.压缩空气储能技术综述[J].装备机械,2013(1)：68-74.

[21] 钱北中,李强,刘树风.内展翅片换热器应用在压缩空气系统中的节能效益分析[J].应用能源技术,2011(2)：33-35.

[22] 文贤馗,张世海,王锁斌.压缩空气储能技术及示范工程综述[J].应用能源技术,2018(3)：43-48.

[23] 徐荣松.风光互补分式式发电系统中的能量管理研究[D].沈阳：东北大学,2016.

[24] 魏孔贞,孙红英.超导磁储能技术在微电网中的应用[J].仪表技术,2021(4)：19-22,50.

# 第6章 节能与新能源开发的辩证思考

可以说,前述内容已经相当系统且全面地阐述了节能对自然界生态平衡所起到的重要作用。人类在节能的同时,还要力争开发新能源,以清洁能源逐步替代化石燃料的消耗无疑是地球上人类必须共同努力去做的事。这不仅关系到人类社会经济的可持续发展,更关系到人类自身的生存、繁衍、安全与健康。但是,在历史发展的大潮流中,难免泥沙俱下,不少污泥浊水掺杂其中。此处仅举两例来说明,并进一步引入新能源开发的辩证思维方法。

## 6.1 学会甄别新能源开发名义下的弄虚作假

在节能与新能源开发取得累累硕果的过程中,时而会冒出一些弄虚作假的"气泡",试图以其涂装的色彩来沽名钓誉,迷惑大众,甚或骗取国家的巨额财富。这就需要人们具备甄别谬误的"火眼金睛",掌握戳穿创新包装下的虚伪与阴谋的能力。

### 6.1.1 "水变油"的伪科学

20世纪80年代,哈尔滨一位普通司机宣布发明"水变油",在3/4的水中加入1/4的汽油,再加进少量配置的"水基燃料膨化剂"就可以变成"水基燃料",一点即燃,这种"水基燃料"热值高于普通汽油、柴油,且无污染、成本极低。这项"发明"还受到不少"权威人士"肯定,被全国几十家新闻媒体炒得火热。某部队企业还专门为此办了一个公司,有300多家乡镇企业拿出上亿元资金与其共同开发。最终,这一闹剧给人民群众造成了数以亿计的财产损失[1]。

此事发酵十余年后,1995年8月4日,《中国科学报》刊发41位科技界全国政协委员联名呼吁的《调查"水变油"的投资情况及其对经济建设的破坏后果》[2]。文章指出,"水变油"是个以表演偷换科学试验、违背最基本科学原理的所谓发明,在社会上已喧闹了近 10 年。不但在社会上造成思想上的混乱——信假不信真,而且已经在各地骗取了大量投资来支持开发这项"技术",甚至投资建厂。关于"水变油"是否真实? 是否科学? 依据科学基本原理,本来真伪分明,没有必要通过试验鉴定,何况"发明者"也一直拒绝客观的科学鉴定。当前重要的问题是这项"技术"已骗取了大量投资,建立了不少"工厂",给国家的经济建设造成损失。从某种意义上说,这是新中国成立以来所谓的发明事件造成实际经济损失的第一大案。为此,建议:

(1) 由国务院委托国家科委或国防科工委牵头,会同能源、化工等有关部委组成调查组,在全国范围内调查共有多少地区"开发""水变油"项目,投资建立"水变油"厂,现状如何。

(2) 各地方经济建设投资管理部门应配合国家调查组查出所管辖省市地区"水变油"的立项情况包括投资多少和后效如何。

(3) 此项调查还应包括用"肥皂类物质"制作的水油乳状液("膨化燃料")的生产使用情况,特别是要由专业管理部门检验此类"燃料"对引擎等机件的腐蚀情况及其严重后果。

### 6.1.2　"水氢发动机"的新骗局

2019 年,新的"水变油"故事——"水氢发动机"再次引起舆论一片哗然。2019年 5 月 23 日,《南阳日报》刊发的一则报道——《水氢发动机在南阳下线,市委书记点赞!》[3]。这篇文章称,"水氢发动机"正式下线,这意味着车载水可以实时制取氢气,车辆只需加水即可行驶。随后,多地电视台也跟进做了同样报道,并称已经"研制出样车"。可是,在电视台播出的当天就有许多人对该报道提出质疑。

这则不实报道很快引起社会的质疑。面对社会舆论的质疑,当事人却振振有词:"'水氢燃料'汽车技术已成熟,'事实摆在这里,不是瞎编的'。"并宣称:车内特殊的转换设置可以将水转换成氢气,再输入氢燃料反应堆,即氢燃料电池,产生电能,然后驱动车载电机和引擎,从而使车辆行驶。水氢燃料车的最大秘密就是一种特殊催化剂,在这种特殊催化剂的作用下,才能将水转换成氢气。最终使"水氢燃料车"在不加油不充电只加水的状态下,续航里程超过 500 km,轿车续航里程可达 1 000 km。催化剂可以近乎零成本地将水转化成氢气,并通过氢燃料电池发电。无论从技术原理到文字表达都充满了经不起推敲的错误!

历经十几年,世界各国都在致力于氢能源技术的商业化研制,然而成功者却未见其"显山露水"。唯见前不久日本有过该项技术商业化的报道。当然,如果国内确有如此一家民营企业"成功"实现了此项"事业",那是应该值得"大书特书"的大喜事,何乐而不为? 可是面对不实之词难以遮盖的虚假事实,谁也没有本事能够将其"假作真时假变真"!

为什么报刊与媒体就这么容易任其"忽悠"呢? 难道不值得人们深思吗? 与其说这些记者、主编或导演十分欠缺基本的批判思维,不如说这些人似乎连最起码的科普知识也不具备!

不得不说,如今创新正形成一种促进社会发展进步的积极思维和行为潮流。然而现实中,却有另类"创新"。"创新"成为挂在某些人口头上的高频用词,已经超乎人们的想象。除了借"创新"之名行"造假之术"外,还有的则是追赶"创新"之时髦,却无"创新"之物。

正如《人民日报》2019 年 11 月 19 日的文章所指出:"水变油"之类的"创新",不是创新是创伪,是打着"科学"的幌子欺世盗名。科学设想不反对"异想天开",但科学实践必须求真务实。

需要质问,明摆着的骗局,屡破屡骗、一骗就灵,到底是公众防骗意识太差,还是不法分子的骗术太高明? 必须指出,对那些不加严格论证就盲目轻信骗子的官员,也应有相应的说法[4]。科学发现与技术发明(创造)的本质是人类原创性的创新成就,也正是人们所追求的最崇尚目标,绝不是一种披着"创新"外衣的虚伪与欺诈。

## 6.2 电动车与氢能源开发的辩证思维

发展电动车、氢能源汽车主要是解决两个问题:第一是我们国家的石油矿产储量不足,而石油总消耗量激增,自产无法满足自身消耗量,当前将近 73% 的石油需要依靠进口;第二就是大家都能看到的环境污染问题。

为了解决这两个问题,需要开发更清洁的能源。因此,电动车和氢能车自然就被推上了历史舞台。

### 6.2.1 电动车与燃油车的发展

1) 电动车与燃油车的角力

其实,电动车本身并不是新事物。1912 年,纽约、伦敦、巴黎,还有洛杉矶的大街上,跑的电动车远远多于燃油车。这是因为铅酸电池的发明早于内燃机 20 多年。100 多年前,以爱迪生为首的一批科学家就在研究电动车。可是,为什么到了 20 世纪 30 年代后电动车就几乎销声匿迹了,而燃油车却占有了绝对的统治地位呢? 主要原因在于两者在能量密度和能源传输特点的差异。

（1）能量密度决定汽车动力的地位。

对于汽车，每种能源蕴含的能量密度大小，也就决定了汽车能跑的距离远近。100 多年前发明的铅酸电池的能量密度为 90 kW·h/m³，迄今为止，人类花了将近上千亿美金和 100 多年的探索，电池能量密度也只从 90 kW·h/m³ 提高到 260 kW·h/m³。现在特斯拉的电池、比亚迪的刀片电池，大概就是 260 kW·h/m³。汽油的能量密度为 8 600 kW·h/m³，柴油为 9 600 kW·h/m³，甲醇液体为 4 300 kW·h/m³。

（2）能源传输特点影响其发展趋势。

液体能源有个非常好的特点，即陆上可以管路输送，海上可以非常便宜地跨海输送。液体在运输上具有诸多优势，且可以长期储存，但电和燃气均不能长期储存。

2）制约电动车发展的根本因素

毫无疑义，电动车本身的能源消耗对环境并不造成污染。但是，如果国家电网 67% 还是煤电，电动车的增加还是在增加碳排放，显然从本质上并没有减少碳排放。

今天的电动汽车行业用了 5～7 年，把退役的动力电池用作储能电源，如放到 5G 基站下做储能，可能还能再延迟一二十年。但是，储能电池也是有寿命的，里边有很多对自然有害的化学物质，不可能无限期使用。一二十年后，仍然需要回收。如果不回收，几百万个甚至上千万个电池分布在中国大地，任其泄露，其必然是环境的天大灾难。

## 6.2.2　对氢能车的辩证思考

2018 年，国内突然掀起一股氢能热。氢能有它的好处，发电效率高，能降低对石油的依赖，排放为水蒸气，且大规模量产燃料电池后，可降低成本。尽管燃料电池也要用贵金属，但它的贵金属回收技术相对来说比较成熟，且这些年的研发使得贵金属的用料量降低。

1）氢能车未能产业化的原因分析

从 20 世纪 90 年代末一直到 2006 年，美国花了上百亿美金在燃料电池上开展研发。然而，迄今为止，全世界的燃料电池车可能加起来也就是 3 万多辆，美国不到 1 万辆。燃料电池汽车没有产业化的最根本原因是氢气并不适合作为大众你我共有的能源载体，原因有三。

第一，它的体积能量密度最小，为了增加体积能量密度，只好增加压力。目前看到的所有的氢燃料电池车里的储氢罐都是 350 kg 和 700 kg 大气压。要做好 700 kg 压力的高压设备，并非易事。

第二，氢气是元素周期表中最小的分子，意味着最容易泄露，高压氢气更是难束缚。

第三，氢气是易爆气体。虽然它在露天没有问题，但在封闭的空间里，就会有较大的风险。氢气是爆炸范围最宽的气体，氢气在空气中的体积浓度为4%~74%时，遇到火星就会爆炸，只有小于4%是安全的，大于74%时只着火不爆炸。

2) 储氢新技术

怎么解决这些难题？怎么让电动车、燃料电池汽车更好地发展呢？其实，可以采用甲醇作为储氢的载体。甲醇可以以煤、天然气制得，未来可以用太阳能催化$CO_2$和水来制得甲醇，即变成绿色的甲醇。中国现在的甲醇产能是全世界最高，约8 000万吨，吨位接近汽油1/4的量。另外，页岩气让世界发现了将近200年用不完的天然气。有200年用不完的天然气，就有200年用不完的甲醇。天然气是甲醇的原料，天然气这边供气，那边就可以生产甲醇装船，是非常成熟的技术。只要将甲醇转换成液体，就便于在全世界范围内运输，且每吨的运费约50元，很便宜。

当甲醇和水的摩尔比为1∶1时，以质量比为64%的甲醇兑36%的水，相当于64°的酒。甲醇跟乙醇都是酒精，其他性能均相似。装在车上，甲醇与水反应可以制氢，1 L甲醇可以释放143 g氢气，这相当于通过低温冷却获得2 L液氢所释放出来的氢气质量数值，并由此氢气推动燃料电池给车辆提供电能。燃料电池在80 ℃的环境温度下发电，此时它的效率可以达到更高。

显然，甲醇是最好的储氢载体，且能够做到氢气随产随用。甲醇在常温常压下是液体，且其能量密度达到4 300 kW·h/m³，是当前电动汽车电池的20倍。

图6-1所示为甲醇制氢的整个化学反应过程[5]。

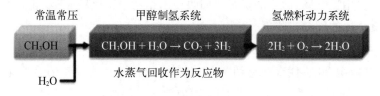

图6-1 甲醇制氢化学反应过程

## 6.3 对节能与新能源未来发展的思考

在经济和贸易全球化的背景下，新能源产业需跟上时代步伐，从而更好地顺应全球经济发展态势和规律。我国新能源行业的良好发展能够在一定程度上让大众认识到绿色能源的重要性,在提升人民群众生活质量的同时,还能够减少能源消耗,保护环境,推动绿色经济稳步向前。

## 6.3.1　智慧能源发展趋势

智慧能源是指把现有的电力能源、水利能源、热力、燃气等能源由单向运转转变为更为高效的工作模式,在此基础上同步进行技术和模式创新。智能电网的建设是智慧能源使用的核心。因此,在我国智慧能源建设的过程中,必须要先建立智能电网,基于智能电网开展智能服务体系,推动智慧能源向前发展,达到自动化智能使用的服务目的。智慧能源服务体系也能够推动原有能源设施的发展,构建网络大数据,形成人民群众、互联网和能源市场共同发展的格局。

1) 智慧能源特征

简单而言,智慧能源可以被理解为低碳能源运用技术与信息技术的融合。智慧能源可以贯穿能源的生产、输送、供给与使用的各个环节,更是能源发展的一种综合性解决方案。在运用智慧能源前必须对智慧能源的特征进行分析,以此探析如何发展智慧能源。

按照当前我国能源技术的开发程度,可以将能源分为常规能源以及新能源。新能源是在原有技术基础上通过更加系统的开发而产生的可利用能源。

智慧能源从能源结构到能源的生产方式、使用方法等都发生了一系列改变,是对能源整体的改进,也是更为高效、可持续的能源方式。智慧能源能够将信息技术融合在能源使用中,对能源进行有效管理,也能通过专业技术去吸收热能和环境中存在的能,再通过能量流或信息技术产生能量的协同效应,让使用率提高。智慧能源不仅能够接入能源总量,提高能源的总体生产效率和利用率,还能减少浪费。因此,智慧能源可以理解为是能源的一种新形态,是特定意义的新能源。

2) 智慧能源发展趋势

我国城镇化进程不断加快,能源消耗日益增加,在当前信息技术发展的大背景下,智慧能源能通过互联网技术将人工智能等与新生能源融合构建出更加开放的能源体系,使能源的运用效率有所提高,同时也能让能源获得跨越式的发展。

智慧能源能够构建出多种类型的互联网络,实现能源互补,也能将能源与用户需求进行深度融合。

（1）能源与信息的融合。

智慧能源是一种新的产业形势，能通过能源互联网将各个能源进行组织与协调。能源互联网是能源技术与互联网技术融合后的产物，包括生产、存储、运输和使用等相关技术。互联网技术包含网络技术以及计算机的使用、软件开发和通信技术等。随着我国当前科学技术的不断发展及创新意识与信息技术的不断融合，未来智慧能源将呈现一种较为整合的产业形式。在我国政策的大力推动下，能源企业与信息技术开发企业必须进行合作，各种新的战略模式已经开始实践。

（2）集中与分布的协调。

集中与分布主要是指能源的储存形式，在能源的未来发展中必须要对储能技术进行突破，实现集中式储能与分布式储能共同向前发展。多元化开发储冷、储热或清洁燃料储存等多种储存形式，通过大容量、低成本的储能产品以及相关管理系统，在集中式可再生能源的基地配备相应储存点，实现能源生产与储存以及资源的有效配置。另外，也要整合小区或家庭在市场中的分布式储能设备，通过建立设备数据库，通过互联网对分布式能量储存设备进行整体监管，构建储能云数据平台，实现标准化管理。在集中与分布式储存建立完成后，进一步支持能源自由交易，使能源能够开展紧急调配等能源增值服务。

（3）大众参与突破技术。

智慧能源的整体运用与发展无法离开大众的认知与参与。智慧能源是一种新产物，打破了人民群众对传统能源的认识以及对能源的生产和使用方法的了解，更是在我国建立起了新的能源商业模式，影响着人民群众的生活习惯和能源使用思维。

智慧能源渗透在人民群众生活中的各个角落。在刚开始运用智慧能源时，人民群众会感到不适应，只有通过大力宣传，提高人民群众的参与度和主动性，才能提高社会对智慧能源的全面认识程度，使智慧能源被人民群众接纳。通过这种方式，人民群众能够享受到智慧能源带来的便利，感受生活中的变化。在人民群众接受后，智慧能源要将传统能源与互联网技术、能源中的新技术进行融合，发展关键技术，突破技术中的难点与重点，建立以信息技术为能源生产方式的调控信息平台的运作模式，促使能源生产者与其他生产者通过互联网进行有效沟通，提高能源生产效率，实现更为高效的能源配置，使供应更加多元化。在能源互联网中，要侧重分布网络，通过分布式储能智能发电和智能用电等相关设备组成互联大数据，推进大数据等新技术在能源领域中的发展，使能源运用更加智慧化[6]。

### 6.3.2　提高国有化程度和创新性的必要性

未来,我国新能源产业经济一定会向着更加规范化和高效化方向发展,整个新能源产业经济的发展速度也会逐渐加快,可以自主研发和设计相关的设备和机械,逐渐形成国有化的新能源产业体系。

我国的新能源产业仍有巨大的利益空间,这会提升整个企业和投资机构的研究和开发力度,提升我国新能源产业的发展水平,吸引更多企业进入新能源行业发展。因此,我国新能源行业的快速发展依赖于我国新能源产业体系的创新和新能源产业技术标准的提高。新能源企业要想获得更好的发展,就需要投入更多资金和精力到科研领域中,将目光放得长远,需要制定企业长远的发展目标,提升企业内部的管理效果。

可以预测,新能源产业发展的主要方向是风力发电、潮汐能以及生物质能等新型能源开发(如可燃冰的产业化开采与能量转换技术的实现)。要想抓住发展契机,对各种新能源进行良性的规划和发展,就需要建立科学有效的监督管理体系,杜绝产业内部出现违规操作,对产业内部发展进行有效指导,不断创新新型能源和新能源生产技术,积极吸引核心人才入驻,提升我国新能源行业自主研发能力。通过发展核心竞争力才能够更好地带动整个新能源市场的发展,加快我国能源改革进程,帮助社会经济快速发展。

### 6.3.3　培育行业发展软环境的重要意义

我国新能源行业经济的发展也需要依赖软环境,人民群众的能源理念需要得到改变,将我国传统的克勤克俭的生活态度以"低碳消费""绿色环保"这样的时代新词重新呈现在人们面前,让人们理解可持续发展和绿色环保等概念的内涵,让绿色能源成为自己生活和工作中的一部分,真正从精神文明的角度接受新能源的应用[7]。

综上,目前我国需要加快经济能源建设,政府需要及时更新资源动态,从而更好地为新能源产业经济发展服务。通过各种措施来调动能源产业积极性,提升对新能源产业的开发和扶持力度,如此才能更好地实现新能源技术和人才的培养和开发,创建出更加和谐的新能源市场氛围,为我国新能源产业经济的腾飞奠定良好的基础,将绿色环保、可持续发展的理念贯彻到底。

### 6.3.4　对可能实现技术的展望

人类未来可能实现的技术实在很多,有的几乎无法凭想象预测。未来科学与技术的实现需要依靠人类的持续探索。不过,就节能与新能源科技而言,颇受人们关注的科技成果大概要数"人造月亮"和"空中发电站"了。

1) 关于"人造月亮"的理想与现实

"人造月亮"的构想最早源于一位法国艺术家:"在地球上空挂一圈镜子做成的项链,让它们一年四季把阳光反射到巴黎的大街小巷[8]"。

受到这位艺术家的启发,很多科研工作者想将这一想法变成现实并应用于城市照明。于是,很多国家对这个项目充满了兴趣。20 世纪 90 年代初,在美国洛克韦尔航天中心做访问学者的弗拉基米尔·瑟罗米亚特尼科夫(Владимир Сермятников,俄罗斯科学院通信院士、太空对接技术奠基人),首次向外界披露了他的"人造月亮"构想,即采用太空阳光反射镜组合来构成"人造月亮"。

弗拉基米尔解释:俄罗斯大面积国土地处高纬度,渴望阳光的人们不得不忍受极夜的折磨。于是,我想,能不能把像"人造月亮"那样的太阳照明系统送入轨道,照亮北极圈内的各个区域,让那里的人们告别黑暗? 此外,当时美苏仍处在冷战时期,如果我们的"人造月亮"技术成功的话,一旦有战事发生,我们就可改变北极圈附近的战场环境……。

为实现这一构想,弗拉基米尔放下美国实验室的工作,回到苏联,向当时的苏联政府高层简述了自己的设想。一心想在美苏较量中占尽先机的苏联领导人,很快便给予弗拉基米尔意想不到的支持,并于 20 世纪 80 年代末期秘密启动了代号为"旗帜"的"人造月亮"计划,总负责人正是弗拉基米尔。

"旗帜"计划分为地面与太空两个阶段工作。其中,"旗帜 1"号阳光反射镜的地面工程试验进展得非常顺利。1993 年 2 月 4 日,弗拉基米尔终于向"人造月亮"迈出了实质性的一步,弗拉基米尔指挥"和平"号空间站科研人员,将代号为"旗帜 2"号的一个特制阳光反射镜(由 8 瓣厚度仅有 5 μm 的超薄镀膜铝片构成)装在一个"镜包"中。随着"镜包"的打开,反射镜便在空中舒展开来,成为一轮"人造月亮"。

这个"月亮"直径为 20 m,地面光斑直径为 4 000 m。当它运行到西欧上空时,恰好是后半夜,它"大方"地向地面投去了第一缕"人造阳光"。

后来,弗拉基米尔接连不断的试验并不尽如人意,但其隐含的"人造月亮"的军事用途在于为苏联抢占 21 世纪军事强国制高点。

2006 年 5 月出版的美国《时代》周刊曾披露:"苏联及后来的俄罗斯之所以那么支持弗拉基米尔的'人造月亮'计划,因为它是太阳能武器的雏形,弗拉基米尔在向决策层提交'人造月亮'计划申请时就举证说,'二战期间,纳粹德军就曾考虑过研发太空镜子,将体积小一些的特殊镜子发射到太空,加强夜间照明,以化解德军夜战能力不强的弱势。只是后来战局发展对德国日益不利,才未付诸实施。'但这显然给弗拉基米尔极大的启示,他曾调走了纳粹德军有关'太空镜子'的所有绝密研究资料。"

弗拉基米尔本人也曾向俄军总参谋部描述过"人造月亮"的可怕军事用途:一旦将其变成攻击武器,"人造月亮"将会超过现在地球上所有常规和非常规武器。按弗拉基米尔的设想,一旦俄罗斯顺利完成"旗帜 3"试验,那么将来即使在夜间战场上,俄罗斯人也可选择有利时机,转动"人造月亮",将战场变为白昼,使对方的作战部署失去夜幕的掩护,令其夜视器材丧失功能,进而陷入被动挨打的境地。其次,弗拉基米尔还能利用太空反射镜等太阳能武器,对敌方人员实施持续不间断的强光照射,在生理和心理上摧毁敌人的斗志,使敌人彻底丧失战斗力。除了灼伤敌方有生力量,这种方式亦可使敌方弹药库、油料补给设施等重要目标瞬间化为乌有,使敌方武器系统因高温攻击而丧失性能或瘫痪。

事实上,美国也丝毫没有放松在"人造月亮"技术上的争夺,且已投入巨资研发。至于用途,有人说:"如果发生战争,只需调一下焦距,集中太阳光热,那么敌对国的军事目标就会灰飞烟灭!"

正当俄美在这一领域展开新一轮激烈角力时,弗拉基米尔却于 2006 年 9 月 19 日去世。然而,这位"人造月亮"鼻祖的离世,并没有影响俄军方继续推进"人造月亮"研究的决心。普京总统已经正式决定推进由弗拉基米尔生前一手制定的"旗帜 3"计划[9]。

据介绍,上述"人造月亮"反射的光线强度和照明时长均可进行调节,照明范围精度也可以控制在几十米之内。但是,考虑到大气运动等因素的影响,光照覆盖区的实际光照度只有现在路灯的 1/5 左右,相当于当地夏季的黄昏时刻[10]。

2)"人造月亮"对生态的正负效应

"人造月亮"固然是人们一种极富创新性的思维产物,但它和世界上的一切事物一样也具有对自然生态效应的两面性。

(1)"人造月亮"的正面意义。

"人造月亮"的正面积极意义(好处)值得肯定。最直接的就是可以节约能源、节省费用。以城市道路照明为例,如果"人造月亮"能够在夜晚照亮 50 km² 的区域,那么一年就可以节约电费 12 亿元以上。更为重要的是,在遇到各种自然灾害导致的断电之后,"人造月亮"还能按照需要对灾区进行照明。

另外,"人造月亮"应用在军事方面,也能起到对敌方威慑和警告的作用,甚至还可以产生一些间接性的杀伤效果。也就是说,它的确具有国防军事价值。

（2）"人造月亮"的负面效应。

"人造月亮"一旦真正投入使用，也可能会带来一系列的问题。

庄子说："日出而作，日入而息，逍遥于天地之间而心意自得。"人类在进化过程中早已适应了昼夜交替的生活，一旦夜晚不再黑暗，我们的健康就可能会出现问题。研究发现，人造光会增加我们患上肥胖症、抑郁症、睡眠紊乱、糖尿病等疾病的概率。对于自然界的动物和昆虫来说，"人造月亮"带来的影响更可能是直接致命的。许多候鸟在夜间迁徙时，依靠月光或星光进行导航。"人造月亮"产生的非自然光亮会使它们迷失或偏离航向，会有撞击高层建筑等事故的发生，甚至还可能会导致它们迁徙过早或过晚，错过了筑巢、繁殖和进行其他活动的最佳环境条件。对光线更为敏感的昆虫也会受到"人造月亮"的影响，直接的后果就是导致趋光性昆虫数量的下降，从而影响到以它们为食的动物、利用它们传粉的植物等。研究发现，目前我们使用的人造光源已经对各种昆虫、鸟类、爬行动物以及其他野生物种的繁殖、进食、睡眠等生活习性，甚至是生育周期产生了很大的影响[11]。

（3）"人造月亮"的技术经济适用性。

"人造月亮"面临的一个大难题那就是它的制作过程十分复杂。因为它是一个巨型阳光反射镜，使用的材料必须能够保证在几十分钟内可以快速切换数百摄氏度的温差，且需始终保持高频反射率。因此，要想实现"人造月亮"，就必须先在材料方面有所突破，而这些都不是容易的事！

"人造月亮"技术仍然处于探索阶段，虽然多年前"人造月亮"的项目已经在多个国家有过诸多尝试，但并未取得推广应用。如今有了很大发展，技术上已经相对成熟，当然可以考虑采用相对小型的"人造月亮"来替代城市道路照明问题，乃至提供防灾救灾的紧急照明需求[12]。

3）关于空中发电站的设想、创新与实现

所谓空中发电站，就是将发电装置放置于天空或太空，再将空中发出的电能通过有线或无线的传输方式传送回地面。就当前的科技水平来看，空中发电站大体可能存在的有空中风力发电与空中太阳能发电两种方式（类型）。

（1）空中风力发电站。

空中风力发电站实际上是风车和飞艇的结合体。它有一个充满氦气的外壳，能飘浮在空中收集风力进行发电，利用高空可达到传统风力塔 5 倍的强风发电，然后通过电缆传回地面。

美国风能公司——阿尔泰罗能源公司已经研制出可飘浮在空中的风力发电机原型，能够在距地面 350 英尺（约合 100 m）的高度发电。最终商用版本空中风力发电机的作业高度可达到 1 000 英尺(约合 300 m),这一高度的风力更强,也更为稳定。空中风力发电机利用现代充气材料将涡轮机送入距地面更高的高度,利用绳索固定,而后将发出的电能传输到地面。这项技术适用于所有地区,在成本上具有竞争力,且便于安装。

空中风力发电机噪声很小,不会对环境造成不利影响,同时也非常便于维护。这款风力发电机可应用于偏远的工业和军方设施以及乡村。空中风力发电机是一项具有里程碑意义的成就,采用的是一款发电效率能够高出传统风力塔两倍的涡轮机[13]。

澳大利亚悉尼大学工程师布赖恩·罗伯特也曾从 20 世纪 80 年代开始花费 25 年制造出一个带有 4 个螺旋桨的类似直升机的风力发电机,这些螺旋桨都是由碳纤维和轻合金材料制造而成,半径达 20 m。

该风力发电机在开始时像直升机一样通过旋转产生上升力,直到将质量达 20 t 的发电机送到拥有强劲而稳定风力的 15 000~30 000 英尺高空。在这个高度,风力会代替电力吹动螺旋桨维持升力,并由螺旋桨连接的发电机转子将风能转换为电能。直径 10 cm 的电缆则束缚发电机使其不会被强风吹走,并同时传送电能至地面。

布赖恩·罗伯特已经组建了自己的空中发电公司,并和他的合作伙伴——美国航空航天局的科学家,在美国加利福尼亚州的偏远沙漠中进行进一步的试验[14]。

(2) 空中太阳能发电站。

航天技术突飞猛进,人造卫星、宇宙飞船、空间站等航天器上的能源大部分采用太阳能电池供电。

1968 年,美国科学家彼得·格拉赛(Donald Arthur Glaser)提出了空间太阳能发电站的技术设想。这一设想建立在一个极其巨大的太阳能电池阵列的基础上,由它来聚集大量的阳光,并利用光电转换原理达到发电的目的,所产生的电能将以微波形式传输至地球,通过天线接收后,再经整流、逆变转换为标准频率电能,送入供电网[15]。

在宇宙空间建立太阳能电站,最好设置在赤道平面内的地球同步轨道上,位于西经 123°和东经 57°附近,使太阳能电池阵列始终对着太阳定向,且发射天线的微波束必需指向地面的接收天线。由于处在赤道平面的同步轨道上,空间太阳能电站与地面任何地方的相对位置均保持不变。电站上需带有少量推进剂,以便克服由太阳和月球重力作用、太阳光压和地球偏心率等因素造成的轨道漂移。

在外层空间,太阳能的利用绝不会受到天气、尘埃和有害气体的影响,再加上日照时间长,空间太阳能电站与同一规模的地面太阳能电站相比,接收到的太阳能要高出 6～15 倍。

由于太空中的小型陨石、太空垃圾等对任何航天设备都是严重的威胁,一旦空间设备遭到碰撞等,短时间内难以修复,考虑到太空的环境、安全性以及工程难度等因素,建设一个超大型空间发电站并不实际。采取众多小型电站集群构建方式,可以大大提高电站的安全系数。

随着科技的进一步发展,未来空中太阳能发电站必定会成为人类电能来源的重要组成部分。

## 参考文献

[ 1 ] 佚名.洪成膨化柴油工业装置试产成功[N].哈尔滨日报,1993 - 07 - 03.
[ 2 ] 何祚庥,赵忠贤,邹承鲁,等.调查"水变油"的投资对经济建设的破坏[N].中国科学报,1995 - 08 - 04.
[ 3 ] 乔石月.水氢发动机在南阳下线,市委书记点赞[N].南阳日报,2019 - 05 - 23.
[ 4 ] 佚名.神车破产能彻底终结"水变油"式骗局吗?[N].人民日报,2019 - 11 - 19.
[ 5 ] 刘科.冷静透视电动车、氢能和我们的未来[EB/OL].(2021 - 06 - 15)[2021 - 05 - 09] https://finance.sina.com.cn/tech/2021-06-15/doc-ikqcfnca1142672.shtml.
[ 6 ] 曾胜.中国智慧能源发展趋势研究[J].智慧中国,2021(4):80 - 81.
[ 7 ] 邵鑫.新能源产业发展趋势与优化策略[J].中国外资,2021(3):24 - 25.
[ 8 ] 佚名."人造月亮"造福人类指日可待[J].现代班组,2019(2):16.
[ 9 ] 秦川."人造月亮鼻祖"弗拉基米尔将明媚阳光变成武器[J].环球人物,2008(09):43 - 45.
[10] 王瑞良.用人造月光替代路灯[N].新民晚报,2018 - 11 - 25.
[11] 程醉."人造月亮":深林人不知深林人不知,明月来相照[J].农村青少年科学探索,2019(3):8 - 9.
[12] "人造月亮"将横空出世?若发射成功,又将给人类带来怎样的影响[EB/OL].腾讯网,2021 - 09 - 29.
[13] 严圣禾.未来的发电站要上天了[N].光明日报,2015 - 01 - 11(06).
[14] 江鑫.澳科学家在空中建风力发电站[N].北京科技报,2006 - 04 - 26.
[15] 佚名.美军计划建设空间太阳能发电站[EB/OL].人民网,(2019 - 11 - 26)[2021 - 05 - 09]http://military.people.com.cn/n1/2019/1126/c1011-31475271.html.

# 后记——笨鸟的时代情结

半个多世纪以前,正值青春年华,曾在心中默默立下"雄心壮志"——为祖国海军科技奉献一生。没有想到,时代的洪流却把我带到了祖国边远的"十万大山"之中,从此我的学术生涯便远远偏离了预定的航道⋯⋯

一时间,环顾四周,除了迷茫,就是成烟的碎梦!

漫长的寒夜里,只有孤灯在闪烁。欲问知音何在之时,却于冥冥之中,收到来自天际、穿透层层云雾的启迪,回响在耳际的是"贫贱忧戚,庸玉汝于成也"。渐渐地,又从青山丛草的意志与智慧中悟出了世间万物灵性的真谛——哪怕被夹在石头缝隙中,也要竭力舒展自己倔犟的身躯,决不能让脊梁被压弯!

"路漫漫其修远兮,吾将上下而求索"。尽管身处绵延不绝的坎坷之途,却能侥幸地远离世间的喧嚣,不沾染嘈杂而混沌的虚华浮尘,始终深感心灵上的淳朴而踏实。

往事虽不堪回首,但也无法从记忆中抹去。

不由自己,沉寂于山水之间。虽愚笨至极,却也一步一个脚印,踏遍青山路万里,阅尽"杂书"逾万卷⋯⋯作为莫名的"山间过客",观望山色雨色,也在审视人间诸色,最终还是洞穿了世上的"奇人"与"怪事"⋯⋯

数十年间,时而无意而有心,时而无心而又有意,反反复复"漫游"于动力、能源、电气、控制、计算机、电子、通信、人工智能、图像处理与模式识别,乃至武器制导技术等学术领域,留下了自己前行的足迹;"破四旧"书堆里的"杂书",也少不了我那沾满原野沃土的指纹;还有那过眼烟云般的"工宣队",一闪而过的冷酷的目光,是我"记忆单元"里深深的历史伤痕,而始终无法抹去⋯⋯

倍感自己不过是一只不会翱翔的笨鸟,无法摆脱尘世的纷扰,勉强只会在书林的枝丫间蹦蹦跳跳,却有幸吮吸了滋润的书香气,而渐渐演变成可怜的"杂家"——菜鸟。

不过,心有远山,大道便在其中!

感叹啊!"曾经沧海难为水,除却巫山不是云"。虽穿越过山林花丛,却从不自恋，只因我笨鸟是也，菜鸟亦似乎！无所事事乎？还是事事有为乎？不得而知！然而，一生未曾有过任何奢望，却是真事！如今耄耋，更是无意于痴梦。只求，静观庭前花开花落，遥望天上云卷云舒；想来，倘若有一天能扶梯、登高、回眸，曾在书林间走过的脚印仍依稀可辨，便是对自己莫大的抚慰。

但愿，将自己从书林中汲取到的天地之精华，尽力释放，去回报养育自身的父母、祖国、自然与社会——为了维护人类共同地球村尽一份微薄的心力，此生足矣！

张秀彬<br>
于上海交通大学